饥饿的眼睛

吃喝以及罗马至文艺复兴时期的
欧洲文化

[美] 伦纳德·巴坎 著

潘文捷 译　肖斌斌 校译

THE HUNGRY EYE

Eating, Drinking, and European Culture
from Rome to the Renaissance

生活·讀書·新知 三联书店

图书在版编目（CIP）数据

饥饿的眼睛：吃喝以及罗马至文艺复兴时期的欧洲
文化／（美）伦纳德·巴坎著；潘文捷译. -- 北京：
生活·读书·新知三联书店，2025. 6. -- ISBN 978-7
-108-08000-4

Ⅰ. TS971.25
中国国家版本馆 CIP 数据核字第 2025PQ8748 号

责任编辑　崔　萌
装帧设计　赵　欣
责任校对　常高峰
责任印制　李思佳
出版发行　**生活·讀書·新知** 三联书店
　　　　　（北京市东城区美术馆东街 22 号　100010）
网　　址　www.sdxjpc.com
图　　字　01-2021-6219
经　　销　新华书店
印　　刷　北京隆昌伟业印刷有限公司
版　　次　2025 年 6 月北京第 1 版
　　　　　2025 年 6 月北京第 1 次印刷
开　　本　635 毫米 × 965 毫米　1/16　印张 27.5
字　　数　280 千字　图 187 幅
印　　数　0,001 - 3,000 册
定　　价　128.00 元
（印装查询：01064002715；邮购查询：01084010542）

献　词

　　正如在致谢中所指出的，我的学术生活中围绕着无数的朋友和同事。如果能像以前一样，把这本书献给他们中的一位或几位，将是一种荣幸。但我选择了一个不同的做法，似乎特别适合这本书。撰写《饥饿的眼睛》的最后阶段恰逢新冠疫情最为严峻的封锁阶段，在我写下这段话时，危机还远远没有结束。我和爱人尼克·巴贝里奥决定进行特别严格的隔离，我们俩好几个月来几乎没有离开过普林斯顿的住所。如果不是因为许多食物、饮料及其他家庭需要的供给不但没有间断，而且还在高效和安全地进行着生产和运输，我们永远不可能实现这一点。说到食品材料，无论是面对来自新泽西的新鲜鸡蛋还是产自翁布里亚的橄榄油，我们都是一对难伺候的客户——这很奇怪吗？作为消费者，我们可以买到种类如此丰富的食物和日常用品，从供应的角度来看，数量如此之多的肉商和菜贩、农夫和牧民、采摘和包装工人、运输商和送货人得到了就业机会：这代表了一个黑暗时代的生存。

　　我把这本书献给所有这些英雄，他们在这段孤独的岁月里一直滋养着我们的身体和灵魂。

L.B.

普林斯顿，2020 年 10 月

隔离的第 30 周

1

目　录

致　谢

　　我原本是一名研究文艺复兴和古典时代的学者，喜欢烹饪、美食、品酒，种种机缘巧合下，我开始收到与烹饪、美食、品酒相关的写作邀请。几十年来，我一直把学术事业和美食品鉴严格加以区分，现在我似乎不可避免地要把这两个方面联系起来，试图一边保持文化史学者的严谨，一边关注美食家的愉悦。我究竟成不成功，他人自有论断。我之所以能做这样的尝试，得益于很多聪慧、亲切、喜爱享受生活的朋友们的帮助。

　　我在思考这些努力的开端时，首先想到的是两位威望素著的同事。我刚进纽约大学的时候，几乎不认识本系以外的人。营养和公共卫生领域的伟大学者、社会活动家玛丽昂·内斯特尔（Marion Nestle）不知怎么听说我是个美食爱好者，没多加验证就邀请我在一次关于食物和文化的小组活动上发表简短演讲。我并不知道在这种论坛上究竟该说些什么，所以就草草写下一份讲稿，内容我称之为烹饪自传。玛丽昂坐在前排，笑容无比迷人，更重要的是，她在活动最后欢迎我进入到饮食研究的世界。十五年后，时任普林斯顿大学校长的传奇人物雪莉·蒂尔曼（Shirley Tilghman）邀请我做校长讲座[1]的主讲。我想做

---

[1]　普林斯顿大学的校长系列讲座始于 2001 年，旨在让教师有机会了解其他同事的工作。该讲座每年举办三次，对公众开放。讲座主题涉猎广泛，从简·奥斯汀小说到细菌研究不一而足。——译者注，以下若无特殊说明，均为译者注。

一些不辜负她期望的事情（不容易啊！）。我这场题为《吃有文艺复兴吗？》（"Did Eating Have a Renaissance?"）的讲座虽然距预想结果甚远，但它依然给这本书奠定了基础。谢谢你，玛丽昂；谢谢你，雪莉。

我之所以能成为写作食物和美酒的作家，完全归功于许多年来一些非常了不起的朋友的慷慨相助。虽然我写了一本关于饮食的书，但至今不知道自己为何如此幸运，记得多年前刚到罗马的时候，就正赶上一帮知识分子、政客、美食家在开创美食新闻的大事业——《大红虾》（Gambero Rosso）[1]。我也不确定他们为什么愿意带我一起玩。后来他们分开，做了很多不同的事业，但依然是令我钦佩的好朋友：尼埃莱·塞尔尼利（Daniele Cernilli）、琳达·戴维森（Linda Davidson）、保罗·扎卡利亚（Paolo Zaccaria）、玛丽娜·汤普森（Marina Thompson）、塞尔吉奥·塞卡雷利（Sergio Ceccarelli）、桑德罗·桑吉奥吉（Sandro Sangiorgi）和已故的斯特凡诺·波尼利（Stefano Bonilli）。真想跟你们大家多干几杯。

这些年来，从本书的开始到现在再到未来（我希望），我有幸加入了两个非凡的学术和文化机构：罗马美国学院和柏林美国学院。并非巧合的是，在两所学院里，美酒佳肴激发出了融洽气氛，由此展开了诸多学术活动，为此我向这两所学院里的美食专家们致意：罗马的蒙娜·塔尔博特（Mona Talbott）和柏林的莱因霍尔德·凯格尔（Reinold Kegel）。当然在这些美妙且令人振奋的场所，我们并非总是坐在餐桌旁边。我在罗马时，也有幸和富有学识且亲切友善的卡梅拉·富兰克林（Carmela Franklin）、克里斯·塞伦扎（Chris Celenza）、马丁·布洛迪（Martin Brody）、科里·布伦南（Corey Brennan）、拉梅·塔戈夫（Ramie Targoff）、比尔·富兰克林（Bill Franklin）、安·瓦萨里（Ann Vasaly）、丽萨·博埃拉瓦（Lisa Boelawa）、史蒂

---

[1] 意大利美食杂志和出版集团，创立于 1986 年。

芬·韦斯特福尔（Stephen Westfall）、大卫·罗桑（David Rosand）、爱伦·罗桑（Ellen Rosand）和尼克·怀尔丁（Nick Wilding）结识。在柏林，我很高兴能与加里·塞尼斯（Gary Senith）、瑞克·阿特金森（Rick Atkinson）、乔尔·哈灵顿（Joel Harrington）、苏珊·霍（Susan Hoe）、内森·英格兰德（Nathan Englander）、安德鲁·诺曼（Andrew Norman）和大卫·亚伯拉罕（David Abraham）成为朋友。柏林美国学院的两位理事格哈德·卡斯帕（Gerhard Casper）和盖尔·博特（Gahl Burt）的支持一直令我为之欣喜。

在马丁·路德大学穆伦堡美国研究中心的支持下，以及作为慕尼黑中央艺术史研究所（Zentralinstitut fur Kunstgeschichte）的首任詹姆斯·勒布讲师，在一些非常专注的听众面前谈论这些话题，也是一种乐趣和荣誉。这两次活动中的热情接待和愉快就餐体验令人难忘；非常感谢慕尼黑哈佛俱乐部，感谢赫尔曼·迈耶（Hermann Mayer）博士、罗伯特·斯托克斯塔德（Robert Skokstad）博士和埃里克·雷德林（Erik Redling）博士。我还有幸在柏林洪堡大学艺术与历史研究所担任鲁道夫·阿恩海姆客座教授。本书中阐述的许多观点都源于我在那里以艺术和美食为主题开设的讲座。我对非凡的霍斯特·布雷德坎普（Horst Bredekamp）表示最热烈的感谢。他的灵魂就像他的学识一样博大。还要感谢不知疲倦、魅力十足的塔里克·易卜拉欣（Tarek Ibrahim），他是我在洪堡的助手。

最后，对普林斯顿大学表示全面的感谢：费尔斯通图书馆、普林斯顿大学艺术博物馆、马夸德艺术图书馆、巴尔－费里出版基金、我的同事们，以及我的学生们。当然还有普林斯顿大学出版社，很高兴再一次与他们合作，为此非常感谢米歇尔·科米（Michelle Komie）、克里斯蒂·亨利（Christie Henry）、彼得·多尔蒂（Peter Dougherty）和艾米·K.休斯（Amy K. Hughes）。能与这些杰出人物为伴，并从这些非凡的机构中获益，是一种殊荣。

我总是觉得，正是与我一起喝酒、一起吃饭、一起做饭的人激励着我成为学者，成为人。恕我无法一一列举你们的名字，但我渴望有朝一日，我们可以不受保持社交距离的限制，一起下厨，一起享用美酒、美食。

引　言

托比·贝尔契爵士："我们的生命不是由四大元素组成的吗？"

安德鲁爵士："不错，他们是这样说；可是我以为我们的生命不过是吃吃喝喝而已。"

托比·贝尔契爵士："你真有学问；那么让我们吃吃喝喝吧。"

《第十二夜》第二幕第三场[1]

在两个次要角色看似随意的对话中，莎士比亚道出了可能是支撑本书的最根本的冲动：我们喜欢吃吃喝喝。当然，托比爵士和安德鲁爵士或许不是最可靠的发言人。说实在话，他们其实是酒鬼。他们在《第十二夜》里一路放纵自我，在某种程度上还算令人喜爱。只有在这种交流中，我们才觉察到，他们的纵饮无度是有可能（像我们现在有时候讲的那样）被理论化的。看来，安德鲁爵士，这位富有但头脑简单的乡下人，暂时住在伊利里亚那些文雅的城里人身边，他可能是在更为节制有度的年轻时期积累起了一些学识。所以托比爵士才会问起他在元素方面的知识——土、气、火、水，这些东西都是在古代宇宙学中被看作构成自然世界的要素。然而安德鲁爵士却用一种新宇宙学取代了旧学说：吃吃喝喝。托比爵士一定对这种改写教科书的理论感到非常高兴，他立刻跟上，追求完全符合逻辑的结果——也就是说，为了向这种科学的重估表示敬意，他们应该把所有时间都用在吃吃喝喝上。这个想法倒也不是荒谬透顶，因为无论什么样的生活，没有吃吃喝喝是完全无法想象的。

这样，莎士比亚为本书提供了一个十分简单的前提。那就是在人类（实际上是所有生物）的生活中，没有什么比进食和饮水更加重要、更加基础和更加不可避免的了。诚然，莎士比亚借以表达这一真理的角色有些可疑。安德鲁爵士从学校学到的东西是正确的，而他的新宇宙学是错误的：世界是由四大元素构成的，他那种异端新科学只不过是为那种给吃与喝带来坏名声的放纵行为找借口。确实，任何对这些行为的强调——比如说，写一本书，其中所有的文化事业都从食物角度进行解读（引用第一章的标题）——都是在自讨坏名声。

再来看另外一段引文，其时间和空间距离莎士比亚都非常之遥远：

> （在中国）要成为有文化的人，首先要知书识礼；其次，会吟诗作画；第三，能品鉴美食——也就是能分辨出不同的风味和口感。不过，虽然好的职业厨师会受到尊敬，但烹饪本身，由于有着剁、切、煮、炒等不可避免的暴力，而且和鲜血与死亡有着密切联系，却会令人不安。[2]

我们这些完全是欧洲背景且喜欢讨论食物的人需要铭记，和中国的古老文明相比，文艺复兴时期的意大利或者 19 世纪法兰西的美食巅峰不过是小意思——这不仅仅是说给美食家们呈上的菜肴，也是指餐桌上关于美食的见解。本书的讨论范畴只涵盖欧洲。虽然我们可能在这些篇章里不会再看到关于东方的内容，还是容我借用杰出地理学家段义孚的洞见，他指出了自己所研究的领域中的一个悖论。中国人高深的文化造诣，使他们对神圣的仪式，古人的艺术、诗歌和绘画，以及他所说的"品鉴美食"同样推崇。这里多说几句，我们注意到一个即便对我们这些非亚洲学者来说也很熟悉的命题：在中国文明悠久的历史中，烹饪艺术被赋予了的荣耀，不亚于艺术、文学、音乐、宗教研究等其他高级文化成就。然而，这里有一个"但是"：虽然备受推崇，烹饪的某些方面——剁、煮、炸，更不用说与之相关的鲜血和死亡——会（用段义孚的精彩表述）"令人不安"。

这本书讲述的推崇和不安，与段义孚关于中国美食的评述类似，但经过了一些修改，也就是改变了需要改变的东西，以便展示从古典时代到早期现代的欧洲文化。要改变的东西实在太多了。这里要讲的，并非关于那些对美食高谈阔论的伟大圣贤、艺术家或神学家（虽然本书还是会提到一些）的故事，而是吃与喝——我们称之为托比爵士的宇宙学——如何必然进入到具有文化创造力的个体作品中。哲学家在餐桌上进行哲学思考，宗教围绕着具有划时代意义的筵席开展活动；统治者以举行宴会加强统治；画家可能并只为隐喻更重要的事物而描绘饮食，他们还可能注意到自己的劳动和厨房中的劳作并没有很大差别；诗人发现进食、营养和味道的语言是一种启发灵感的模式，可以构建出他们想要通过自己更中介化和虚构的作品产生的效果——这里只是举几个例子。

但是——回到段教授兼顾两方面的论述——这里不仅仅是说西欧的文化巨擘们被证明是，或者通过对他们作品的参读可以看出他们实际是（这可能是真的）主厨和美食家，表述的另外一半——关于引发不安的部分——也是非常重要的。本书中讨论的这些作品的作者们把吃与喝看作自己想象力创作的核心，但是，不论是剁、炒还是对身体和快乐的焦虑，抑或在创作之后遭到贱斥，这种创造活力永远流露着那一丝由于不安而带来的清醒，正如我们对《第十二夜》中那两位微醺的发言人疑信参半。

如果最后得到的只是刺耳的贱斥，那就太遗憾了。《饥饿的眼睛》并非一本彻头彻尾的美食历史，虽然它有一些大的篇幅用史学研究的办法介绍了过去的事情，它也不大可能为晚餐吃什么提出很多建议，虽然它（读者会听到很多次）偏好单纯地把食物看成食物本身，而不是看作其他那些（很可能）不那么好吃、不那么有营养且令人不那么愉快的物品的象征。西方高雅文化，尤其从古典时代到早期现代，对饮食这一主题亏欠实在太多，本书要做的，正是对这些亏欠加以弥补和歌颂，不论其中掺杂着多少喜悦与不安。

"西方高雅文化"这个短语值得我们反思片刻。本书介绍的古典时代到早期现代的生活与作品，都是精选自特别的阶层。大多数情况下，这些人的作品无论以何种媒介保存下来，都足以使对过去的描述成为可能。我们都知道，这样做的结果是普遍性非常之低；我们也知道，历史学家已经找到了超越语言、视觉和所有其他形式的读写能力的方法。本书欣然接受广为人知和容易获得的历史档案，但前提是这些档案在几千年来一直是常见、可以获得且共享的。同时，它明确地集中在所有人，不论哪个阶层都共有的一个基本活动上：味觉的体验和营养的获得。从这本书的写作到出版，整个地球都在经历着被剥夺，不仅停留在味觉和营养层面，对成千上万的人来说，甚至还有对生命的剥夺。这种损失无法弥补，也无法通过一本书来假装缓和。作为对当前历史时刻的贡献，我们能说的就是肯定吃吃喝喝，其中的乐趣尤其值得被铭记和赞美，值得被赋予应有的地位，就像本书想要努力做到的那样，从而将每个人过去的一些碎片带到当下。

最后再谈谈本书的结构。第一章详细说明的是本书的范式：哲学、美学、文学、艺术等高雅文化活动需要引入吃吃喝喝的话题才能更加出名。在某种程度上，每一项关于人类精神的崇高表达中，都有着对于下一餐的思考或正在享用餐食。这一章也有不少关于全书方法论原则的部分。之后的章节会围绕更具体的重点话题进行阐述。在第二章和第三章，主题遵循历史与年代顺序展开。第二章"罗马的饮食"讲的是古典时代，第三章"食读《圣经》"不仅讨论犹太教与基督教共有传统的古老起源，也讨论了它们的传播和复兴。最后的两章在不同的、更加概念化的基础上分解了话题。在这两章里，讨论主要绘制于早期现代的作品，还有它们古典时代的先驱。但这两章都遵循着各自独特的路径，贯穿着有关吃喝的广泛主题。第四章"晚餐争论"关注从阿特纳奥斯到文艺复兴时期的饮食庆典，同时也按时间顺序记录了对这些庆典的抨击，因为从文化角度出发，吃吃喝喝可能被看作没意义的、琐碎的、容易着墨过多，缺少更高尚作品拥有的那种写作体系或者说是技艺（*techne*）。我们会看到，很多人通过理论或实践对此做出了辩护和反击。最后一章"模仿、隐喻和具身化"处理本体和隐喻的问题，也就是说从食物本身到抽象领域，例如进食、营养、口味和共餐要么被抹除，要么被隐喻得难以辨识。这一章探讨的既有这些方法的对立，也有它们之间的关联。这些内容的安排——在第一章里会讲更多——并不总是严格遵照线性叙事。希望这些内容能够通过在介绍吃与喝对文明特定贡献的同时，启发读者找到自己的认识和反思之路。

第一章

从食物角度解读

至少在原则上，古希腊人严格区分一顿正餐的两个阶段。首先是"deipnon"（晚餐），享用很多道不同的菜肴，然后是"symposion"（会饮），正如这个词的本义（"一起喝"），主要是喝酒。后面这个阶段可能会持续到凌晨，全员男性（必然是这样的）就餐者们会进行闲谈，甚至会开展有女奴、高级妓女等参加的色情活动。[1]

那么，我们如何理解最著名的会饮呢？根据柏拉图的记载，苏格拉底和学识渊博的同僚们曾在那次会饮中清醒地讨论爱的本质。有种思路是从对话的开头几页入手，其中只是极为模糊地谈到了爱——苏格拉底恭维阿伽松[1]的美貌，同时也旁敲侧击地讽刺了他的智力——但是对晚餐却多有着墨，包括谁受邀谁没受邀，说苏格拉底作为客人带了一个人来，自己却迟到了，还描述了主人安排的座次。

不过最为特别的是，记述中还提到了酒。看起来，参与宴会的人追求的是一个相当规范的用餐结构。结束了吃的部分，"他们向神祭酒、唱颂神歌，进行了其他例行的礼仪，然后开始饮酒"[2][2]。然而主要关注之处都是在讲他们如何不愿饮酒。鲍萨尼亚[3]和阿里斯托芬本

---

[1] 公元前 447 年～公元前 400 年，古希腊悲剧作家之一，首位通过想象人物构成虚拟主题的作家。

[2] 译文参考 [古希腊] 柏拉图著：《企鹅口袋系列·伟大的思想·会饮篇（双语版）》，孙平华、储春艳译，中译出版社 2019 年版。

[3] 阿伽松的爱人，《会饮篇》中的主要人物。

来就宿醉未醒，阿伽松身体也有点虚弱，没力气再喝，医师厄律克西马库[1]（Eryximachus）想要就酒精的害处做一番医学演讲（好在柏拉图没有记叙这部分内容，我们就不用看这番长篇大论了）。他们还同意打发走吹长笛的女子，因为她们带来的感官娱乐和豪饮是一回事。

那么这是什么场合呢？在普鲁塔克《道德论集》的"餐桌谈话"一章中，他得意扬扬地指出会饮场合只会留下"昨日的气味"[3]，但是哲学的睿智言语则会永久保鲜，他说，这就是《会饮篇》里没有写菜单而只写了对话的原因。（应当指出，在这次"餐桌谈话"里，有很多对食物细致入微的描述。）不管怎么说，柏拉图的叙述让最超然的哲学事物得以围绕着一顿饭展开。"deipnon"的晚餐阶段得到了简略但适当的记录，接下来的喝酒阶段则含糊其辞，被严格的禁酒和一些明显相反的活动取代了。但是，如果接下来没有饮酒的话，为什么这段对话被命名为会饮篇呢？

* * *

后世伟大的哲学家伊曼努尔·康德花费若干年进行了一系列演讲，最后形成了《实用人类学》。[4]以现代眼光来看，这些演讲既不完全是人类学的，也不是实用主义的，但是代表了康德想要离开全然抽象的哲学推理、形而上学或认识论的世界，涉足更接近人类行为，特别是认知的描述，正如这部作品最终展现的那样。

在这两个领域的论述中，康德密切关注的是审美，尤其是审美判断。在《判断力批判》中，他的思考本质上是抽象的逻辑思维。他致力于定义审美判断的哲学地位，以及和包括道德判断在内的其他判断相比，审美判断包含着怎样的真理。他的《人类学》则致力于描述和

---

[1] 古希腊医师，《会饮篇》中的主要人物。

分析实际的人类行为过程，所以比起审美判断的有效性，他对产生审美判断的人类能力更感兴趣。因此，主导他思考的不再是抽象逻辑，而是对人的主体性，包括愉悦和不愉悦能力的描述。

概括审美判断和人的主体性的术语，不可避免地是"口味"（taste）这个字眼。作为一个十足的哲学体系化论者，康德在这一明显个体化的领域寻觅着普遍性。在《人类学》中"论对美者的情感"这个部分，康德写道："口味这个词也被当作一种感性的评判能力，即不仅根据对我来说的感官感觉，而且根据某个被表现为对每个人都适用的规则来做选择。"[5][1]接着他又围绕着个体判断和普遍规则进行了一番艰深的哲学论述，例如，在吃饭的习俗方面，德国人是先喝汤，英国人则是先吃固体食物。

但是一旦脱离用餐的语境，口味就还需要另做解释。康德为这个部分只写过一次附释。"这怎么可能发生？"康德在附释的开头说道："尤其是现代语言，用一个仅仅指示着某个感觉器官（口舌）及其对可享用物的辨别和选择的表述（*gustus, sapor*［味觉、口味］）来表示审美评判能力？"（《人类学》，139）值得注意的是"仅仅"这个词。康德致力于寻找兼顾美学和普遍性的一条普适标准，来对口味进行哲学描述，在此之中，味觉极为重要。这种特殊的身体感觉，不论是由德国白菜汤还是英国熏鲱鱼引发，会成为那么多更为重要的审美体验的原型和同义词，远远超出开胃菜能够提供的审美体验，这究竟是为什么？[6]

* * *

1435 年，莱昂·巴蒂斯塔·阿尔伯蒂（Leon Battista Alberti）创作了非常有影响力的论著《论绘画》，他先用拉丁语创作，译为意大

---

[1] 关于此书，译法均参考［德］康德著：《实用人类学（外两种）》（注释本），李秋零译注，中国人民大学出版社 2013 年版。

利语时略有修改。在其中一段相当简略的文字里，阿尔伯蒂颂扬了绘画的辉煌，探讨了再现和透视的技术问题，阐明了最新的绘画规范。特别值得一提的是，他把某种特定的叙事构图作为典范，并称之为"historia"（历史画），赋予其文化意义，就像贺拉斯（Horace）在《诗艺》里赋予诗歌以文化意义一样。

在制定创作原则时，阿尔伯蒂提到了与他称为构图（compositio）的概念相关的问题。他不喜欢画面太空或太满，然后说道：

> 在一幅"历史画"里，我强烈赞成悲剧和喜剧诗人的做法，用尽可能少的人物把故事讲出来。在我看来，没有什么"历史画"的内容能丰富到九个人、十个人都无法展示。[7]

阿尔伯蒂用古典戏剧的演员人数来类比绘画中的人物数量。这种比较是合情理的：他毕竟是在讨论叙事，他可能很熟悉的古代戏剧（例如泰伦斯［Terence］和塞涅卡［Seneca］）[8]可以作为简洁叙事的典范成立，三维的戏剧很容易迁移到二维的板画。换句话说，我们看到的是从一个到另一个美学媒介的逻辑转换，在一个熟悉的媒介里，阿尔伯蒂希望从古典文本那里获取一些高贵气质，转移到当代绘画上。[9]

但阿尔伯蒂没有以戏剧的类比结尾。根据古代戏剧家的权威，他建立起了绘画中至多九到十人的限制后，这样结束了讨论："我想瓦罗（Varro）的意见在此是切题的：他认为，正餐上的客人不会超过九人，以避免混乱。"从索福克勒斯（Sophocles）突然转向晚餐饭桌的确令人惊讶，但如果我们回头看看阿尔伯蒂思想的来源就更感震惊了。他并没有真的读过瓦罗；他也读不到，因为瓦罗的著作都佚失了。[10]他的这道古典禁令借鉴的是奥卢斯·格利乌斯（Aulus Gellius）《阿提卡之夜》[11]里的转述。这本书是一本极为繁复的学究式纲要汇编，类似于古典时代晚期的维基百科，给人文主义者提供古典典故。

与阿尔伯蒂的论述不同，在《阿提卡之夜》的内容里，瓦罗关于宴会的观点并非与其他事物进行类比，而仅仅是关于宴会的建议。但是在这段文本里，招待的规定是通过类比来正当化的："与宴者的数量，"瓦罗称，或者说奥卢斯·格利乌斯告诉我们，"应当以美惠女神的数量为起点，以缪斯女神的数量为上限"[1]（13.11），也就是在三至九之间。实际上，阿尔伯蒂可能知道，而瓦罗肯定也知道，数字九是卧躺餐席（*triclinium*）[12] 带来的结果。有种卧躺餐席设有三张沙发，每张沙发上坐着三位用餐者。所以和缪斯女神的联结本身就是一种对神话的逆向推导。不管怎样，绘画的立法者阿尔伯蒂在美食的语境中为自己的一条法则找到了正当理由，而这条理由又是由美惠女神、缪斯女神等古典主题赋予权威。美惠女神、缪斯女神本身当然也是历史悠久的绘画主题。但是阿尔伯蒂没有把画家的实践当作绘画范例，而是将手伸到了餐桌上。他也回避了一个事实，那就是在他自己的文化中一些关于实际宴会的绘画几乎不能被缩减至瓦罗所谓的与宴者数目，例如《最后的晚餐》或《迦拿的婚礼》。另一方面，根据阿尔伯蒂传统创作的几十幅板绘画[2]，[13] 一般是圣坛装饰画，其主题和用餐无关，虽然看起来不怎么像是宴会，反而符合他关于参加宴会客人数量的规定。在最终增订版《著名画家、雕塑家、建筑家传》（1568）里，乔尔乔·瓦萨里（Giorgio Vasari）整理了近二百位艺术家的生平。[14] 当然，这些艺术家并不全是多纳泰罗和拉斐尔这样的巨匠，瓦萨里也不像百科全书一样拥有每一位艺术家的信息。当需要充实一个人的传记时，他常常求助于逸事材料（有时比史实更公式化）或个性特征的描述，从而把传记变成了幽默的人物素描。

---

[1] 译文参考［古罗马］奥卢斯·格利乌斯著：《阿提卡之夜（11～15卷）》，周维明等译，中国法制出版社 2020 年版。

[2] 将画作绘制在木板或其他硬质材料上的绘画技巧，常见于中世纪和文艺复兴时期的欧洲绘画。

* * *

对乔瓦尼·弗朗切斯科·鲁斯蒂奇（Giovanni Francesco Rustici）的描述好像同时采取了这两种策略。瓦萨里将他描述为一个典型的怪人：他养了只豪猪当宠物；他的一个房间里有许多束带蛇；他涉猎通灵术。他还是好心肠却笨手笨脚的人：虽然他是"一个拥有出众美德的人，对穷人非常有爱心"，但他的职业总是走偏。[15]更令人惊讶的是，在讲述鲁斯蒂奇的故事时，瓦萨里打断了讲述雕刻家职业里程碑的套路——先当学徒，接着获得或者失去委托，继而完成了若干作品——取而代之的是对他在一个艺术家与美食家圈子里成员身份的描述。例如，在同侪聚集的一个晚上，瓦萨里告诉我们：

> 鲁斯蒂奇的贡献是一个馅饼形状的大锅，里面表现的主题是尤利西斯浸泡他的父亲，以使他恢复年轻；煮熟的两只公鸡摆成男人模样，所以四肢排列得很好，旁边还有各种美味配菜。安德烈·德尔·萨尔托（Andrea del Sarto）带来的是一座八角形神庙，与圣乔万尼（S. Giovanni）的神庙相似，但是建在柱子上。地面是一盘巨大的果冻，上面有各种颜色的马赛克图案；柱子看起来像斑岩，实际上则是又长又粗的香肠；柱脚和柱头是帕尔马干酪；檐口是糖，后殿由杏仁糖组成。中间是一张用冷小牛肉做成的唱诗班桌子，上面有一本千层饼书，字母和音符是用胡椒粒做的。桌子旁的唱诗班是张着嘴站着的熟鹤鸟，穿着用上等猪网油做成的白色罩衣，后面的男低音部是两只胖乎乎的小鸽仔，还有六只蒿雀充作女高音部。（2.524）

应该指出的是，上述内容只是瓦萨里全部美食语象叙事的一小部分，类似内容在7500字的《鲁斯蒂奇传》中占了近一半。这段插曲可能是对鲁斯蒂奇二三流艺术家地位的补偿，也可能是对他怪癖的一种确认。不过，这些怪异的烹饪恶作剧与瓦萨里《著名画家、雕塑家、建筑家传》的核心关注点——艺术家创造艺术——有何关联？

*　*　*

在 1747 年的巴黎沙龙上，弗朗索瓦·布歇（François Boucher）展出了一幅画，主题源于他的朋友查尔斯－西蒙·法瓦特[1]（Charles-Simon Favart）创作的田园戏剧场景。[16] 在布歇描绘的一个情节中，一位多情的牧羊人为爱人吹起了笛子；在另一幅更著名的画中，她给他喂葡萄（图 1.1）。与许多洛可可风格的作品一样，这里的简洁是通过相当多的复杂元素实现的，在这里，乡村生活的现实细节与盛装的古典田园风格交融。不穿鞋的、有些脏的脚与精致的彩色连衣裙为伴，乱蓬蓬的山羊和胖墩墩的绵羊在两旁烘托着优雅的理想化人像。

如果不是因为这幅画有一个标题——《他们在想葡萄吗？》（Pensent-ils au raisin）[17] 我们就不会谈论这幅画，全世界也很可能不会像一直以来这样谈论它。标题也是个问题。我们不能确定它是否为作者所命名，只能确定它出现在一个非常早期的雕刻品上，且流传甚广（图1.2）。这不是布歇作品标题的特点，无论主题是日常生活场景（《磨坊》）还是古典神话中的情节（《狄安娜出浴》），他的作品大多都有直截了当的称谓。无论给作品这样一个名字的是不是布歇，我们看到的这幅画都被贴上了一个令人浮想联翩的标签。它以问题的形式出现就很耐人寻味：这幅画不再是被封存在某个虚构空间里的田园生活中的一段插曲，而是艺术品和观众之间的一场游戏。观众必须从画布上收集物证，推断画中人物的内心状态——这正是绘画永远无法可靠揭示的东西。

---

[1] 1710 年～ 1792 年，法国剧作家和戏剧导演。

图 1.1　弗朗索瓦·布歇，
《他们在想葡萄吗？》，1747 年。
芝加哥艺术博物馆，芝加哥

图 1.2　弗朗索瓦·布歇之后，勒巴（Jacques Philippe Le Bas），
《他们在想葡萄吗？》，18 世纪。
大都会艺术博物馆，纽约

　　而且还有其他耐人寻味之处呢。题目中的问题相当具体地引导我们观看。为了寻求答案，我们把注意力集中在姑娘身上，她左手拿着一串葡萄，右手将一粒葡萄放在牧羊人的唇边。葡萄把我们的视线带到了一些有趣的地方——他的嘴唇、她的胸脯——然而，这一视觉路线为我们的故事提供了一个饶有趣味的反转：如果没有这样的标题，我们本该追随的是这对恋人之间充满激情的眼神交汇，完全绕过葡萄。但最后，标题是什么并不重要；无论我们是跟随眼神还是葡萄，信息都是一样的。在这种情况下，雪茄不仅仅是一支雪茄；事实上，它根本就不是雪茄。看着眼前这幅画，再加上"他们在想葡萄吗？"这个问题，我们就知道答案了。当然不想！这种时候，谁会想到吃的东西？

很明显，我会。

也可能不会。几年前，我出版了一本书，其中谈到我认为 15 世纪和 16 世纪对罗马古代艺术品的考古发现，是围绕历史、文化和艺术创作的一系列行动的关键。[18] 这个故事中的一个关键事件发生在 1506 年 1 月 14 日，当时一位罗马市民在埃斯奎利诺山（Esquiline Hill）开垦以便建葡萄园时，偶然发现了拉奥孔雕像。

我们对这一事件详情的了解来自六十年后建筑师和雕塑家弗朗切斯科·达·桑加洛（Francesco da Sangallo）撰写的一份目击者报告。在这份如今非常著名的文件中，他详细描述了雕像的出土过程，特别提到米开朗基罗也在场，以及如何根据普林尼在《自然史》中的描述对雕像进行鉴定。其他学者也曾关注过这一情节，但我特别想摘录的部分在文件的结尾：

> 然后他们把洞挖得更大，以便能把雕像拉出来。见到雕像，大家就开始画画，一边画一边讨论着古代的文物，也聊着佛罗伦萨的那些文物。[19]

正是在雕像被完全提取后就开始的这最后两件活动让我很着迷。我写道："桑加洛和其他围观者的反应方式有两种：画画、讨论。"而且实际上，我那本书接下来的几百页讲的也就是这两件事。

唯一的麻烦是，我可能译错了。《拉奥孔》重见天日后，桑加洛说："ci tornammo a desinare."我们（大概是从对雕像的直接思考中）转向了"desinare"。这是一个 16 世纪的拼法，而我（和其他评论者一起——如果我错了，犯同样错误的也大有人在）把它理解为"disegnare"，也就是"画"。因此才有了我言简意赅的表达，"画画、讨论"。但是，"desinare"可能还有另外一层含义。在意大利语托斯卡纳方言中，它可能相当于"digiunare"——也就是打破禁食或吃顿饭。[20] 因此，我们对这一重大发现现场的描述就有了两种截然不同的画面。桑加洛为这个故事选择了哪个结局？要么他们挖出了《拉奥孔》，接着上了堂艺术课，要么他们挖出《拉奥孔》，然后开始吃午饭。[21] 我原本选择艺术课；但真实情况很可能是，在挖掘那么久之后，他们已经饿了。

在两千年循环往复的文化趣闻里，这算不上是什么大的谜团。至少在我们宽泛地称作古典传统的一脉中，吃与喝似乎扮演了"抢镜头"的角色——当更重要的事情应该出现在画面上时，它们却挤了进去。

苏格拉底和他寻求真理的同伴们尽其所能地保证他们事业的严肃性，但这一事业却被并入了一顿晚饭，而且他们都难逃醉酒的可能。康德对"taste"一词耿耿于怀，他对话语的言外之意极其敏感，因此，尽管这个词给他造成了困扰，他还是无法否定它在舌头上的起源。阿尔伯蒂对于晚餐的比喻看似随意，但也令人困扰。这对他给绘画赋予高贵气质的计划有什么影响呢？区区一顿饭与他的"历史画"旨在促进的那种严肃的主题（无论是古典的还是基督教的）有什么关系？瓦萨里——同样是出于自愿，因为没有人要求他在鲁斯蒂奇的生活里插入关于新潮烹饪聚会的三千字文章——让猪网油和杏仁糖与大理石和青铜等媒介来进行艺术创作的竞争，又会发生什么呢？同样，布歇为什么要在他的田园爱情故事里插入一条"熏鲱鱼"呢（食物的隐喻皆拜这里的主题所赐，要么是祸根，要么是乐趣。）？[1] 如果他们没有想到葡萄，那我为什么要想呢？既然谈到了"我"，为什么我一生都对食物和饮料感兴趣，而且对早期现代意大利语也相当了解，却全然忽略了"desinare"看起来最合理的含义？

---

[1] 熏鲱鱼（red herring）有转移注意力的话题之意，传统观点认为气味浓烈的熏鲱鱼可用来训练猎犬跟随气味，或在狩猎时诱使它们偏离正确的路线。

* * *

先考虑一下葡萄吧。作为对绘画标题问题的回答，我们可以同意，这对恋人并没有在想葡萄，但观众却不得不去想。布歇的问题——我在这里跳过许多个世纪和许多视觉艺术的实践，更不用说生活了——在于他不被允许再现性本身。我们可以看着任意一幅画中任何一对谈情说爱的人，让想象力离开画布，朝着比绘画呈现出来的更色情的方向发展。在这种情况下，葡萄——特别是当它们以图像和文字的形式呈现时——是激发想象的工具（vehicle）[1]。

葡萄的确是工具：这是类似于隐喻的转移；而且，和隐喻一样，这种相似关系中的形象元素（I. A. 理查兹教我们称之为"喻体"）22 在"真实"主体——或者用理查兹的话说，是"本体"——上留下了相当具体的印记。布歇的恋人不是用一尊雕像、一只小猫或一本书（我们把书这个话题留到但丁《神曲》"地狱篇"中刻画的恋人保罗和弗朗西斯卡时再讨论）调情，这里涉及的是可食用的东西，而且是相当具体的吃食。他们把玩的也不是花椰菜。

我们可以从很多方面来理解葡萄——首先就能想到异教的狄俄尼索斯或基督教的圣餐——但对于布歇的媒介来说，有一个关于葡萄的故事做基础，普林尼在《自然史》中告诉我们，公元前 4 世纪的希腊画家宙克西斯（Zeuxis）夸耀自己画的葡萄如此逼真，以至于鸟儿都飞来啄食。23 与他同时期的画家巴赫西斯（Parrhasius）交给他一幅自己的新作。"让我掀开遮布看看。"宙克西斯说完才意识到他要拉开的遮布其实就是画作。虽然宙克西斯欺骗了鸟儿，但巴赫西斯却骗倒了一个人——甚至是位艺术家。这里正在上演一场葡萄对阵遮布的布歇式的恶作剧。可以肯定的是，葡萄画得令人惊叹，因为画出能够欺骗

---

[1] vehicle 指交通工具，喻体。

动物的逼真事物，无疑代表着超过所有人类认知和语言能力的艺术天才。然而，无论普林尼在这里对宙克西斯的赞美有多夸张，对巴赫西斯的赞美显然还要更胜一筹。

事实上，这一切都和食物有关。这些鸟儿展示了它们审美意识的局限，宙克西斯审美追求的局限也在这里显露无遗，因为鸟儿只是想吃葡萄，而不是欣赏画出葡萄的艺术天赋。（它们只是"想到葡萄"。）当然，它们吃不到，因为葡萄是画上去的。宙克西斯在这场比赛中输给了巴赫西斯，后者在人类更高的视觉水平和感受水平上创作。这幅获胜的画——不过是假装用来遮画的布——的问题是它实际上什么也没有提供。二流艺术家再现食物，而且，只要他把自己限制在描绘真实事物——食物正是真实的体现——他就会被判为处于从属地位，正如柏拉图在《理想国》里极有说服力的论述那样。[24]另一方面，一流的艺术家再现的只是再现这一行为的本身，人们认为这比一串葡萄这样的可消费对象要高明无数倍。实际上，布歇创作了他自己的巴赫西斯画作；他在画的是一幅横贯场景、无法再现的遮布。可以吃的葡萄，尽管在某种程度上是必不可少的，但在爱情或艺术的道路上却是多余的，仅仅是一个路标。

布歇的画围绕着葡萄（至少在我看来是这样）；瓦萨里的《著名画家、雕塑家、建筑家传》则围绕着艺术。然而，食物在对鲁斯蒂奇的生活描述中咄咄逼人地出现了，瓦萨里列举了这些烹饪游戏的大约五十名参与者。然而，每一项放肆的创作都是文艺复兴时期艺术家们用正常的（即不能吃的）材料来完成的项目。有些是建筑，比如之前提到过的安德烈·德尔·萨尔托的佛罗伦萨洗礼堂，还有之后会提到的一个有平面图、柱子、框缘的维特鲁威巨像。这些晚宴上呈现的其他作品是有具体形象的，比如叙事画：描绘异教地狱，有折磨者和怪兽；或是异教天堂，有奥林匹斯山诸神的常见形象。一切都是用食物创作的。

一群佛罗伦萨大师不用颜料和大理石，而是使用牛肚和乳清干酪进行创作时，会发生什么？这种对艺术创造力的戏仿提醒我们（和参与者），艺术创作中使用的所有材料都是普通的自然产物，无论用卡拉拉的岩石还是帕尔马奶酪进行创作，产生的杰作同样神奇。（这里不妨借鉴斯蒂芬·尼科尔斯[1]［Stephen Nichols］的简洁表述："要说到我们必须追溯到古典时代的原因，是因为食物自然地唤起了艺术过程，因为它与艺术过程本身就如此紧密相连。"）25 事实上，这个场景再现了戏剧的逼真度。到了艺术史上的这一时刻，在瓦萨里的《著名画家、雕塑家、建筑家传》中，我们可能已经对宙克西斯的奇迹感到厌倦了。葡萄如此逼真，引来鸟儿啄食；肖像如此逼真，似乎在呼吸；雕像如此逼真，好像会说话。新的媒介提高了难度系数，使模仿再度成为奇迹。画出逼真的食物很了不起，但**运用食物**来创造出宏大的具象作品又是另一回事。

　　然而，这里也有一些不那么值得颂扬的事情。即使食物可以与颜料和大理石相提并论，相较之下它也是极为卑微的。毕竟，正如瓦萨里所展示的那样，鲁斯蒂奇、安德烈·德尔·萨尔托和其他人不仅用千层面、猪网油等等材料构建了作品，还破坏了它们。事实上，这种场合的进食只能用拆毁来形容。参加宴会的人们认为，一栋建筑的底层建得很糟糕，所以他们把它大卸八块，大嗜那些本来是建筑材料的糕点和肝脏。随后他们盯上了一根大柱子，吞食用帕尔马干酪做成的底座和用阉鸡、小牛肉和牛舌制成的柱顶。当原材料变成可以食用的，或者我们干脆就说食材，它们也表现出了一种可变性，这种可变性比传统的文艺复兴浪漫主义更令人不安，文艺复兴浪漫主义通常关注的是古典时代，是长期的艺术衰败。随着这种媒介的转移，以及随之而来的暴力，我说这些艺术家是在将佛罗伦萨化为粪土似乎不大合适，但他们肯定是在把它撕成碎片。

　　对试图将现代叙事艺术的某种观点正统化的阿尔伯蒂来说，这种

---

[1]　生于 1936 年 10 月 24 日，美国中世纪研究专家。

对宴会的牵强比喻意味着什么呢？为什么不继续借助古代戏剧的特权，为什么忽略了同样有用的美惠女神和缪斯女神的例子？那段最后与瓦罗的晚宴相比较的段落是这样开始的："我讨厌历史画中的孤独"（*Odi solitudinem in historia*）；虽然他接下去说自己也讨厌过度拥挤，但很明显他用的美食比喻与一种快乐原则有关，而他提出的所有形式上的限制，只能部分制约这种原则。美惠女神和缪斯女神具有典范性的数目范围，她们的舞步规律而有节奏，这都没有什么问题。然而，即使限制了人数，宴会也可能失控。就像阿尔伯蒂在几页之前提到的，半人马族和拉庇泰族的打斗将婚宴变得一塌糊涂。

但是，恰恰是食物的象征性意象对抗着他对礼仪的所有非难：

> 就像食物和音乐一样，新奇和特别的事物让我们快乐，原因有很多，尤其因为它们与我们习惯的旧事物不同，所以对于一切事物，心灵在多样性和丰富性中获得极大的快乐。因此在绘画中身体和色彩的多样性是令人愉快的。如果一幅画里，老人、青年、男孩、主妇、少女、儿童、家畜、狗、鸟、马、羊、建筑物和乡村的背景安排适当，那我就会认为它是丰富多彩的。（2.40）

食物和音乐在这里为画家的聚会带来了一些东西，而这些东西是那些高雅的古代戏剧家没有提供的，尽管他们拥有古典和文学的声望。一应俱全的主题清单证实了对一种快乐原则的需要。毕竟，如果拘泥于美惠女神或缪斯女神的数量，你永远无法在画布上容纳从老人到乡村背景这样的大杂烩。古典时代和文艺复兴之间的差异折射出的食物味道和用餐经验，为有序性提供了一种可能，这种有序性无论在哲学上多么值得称赞，都有可能呈现为令人讨厌的孤独。"我讨厌历史画中的孤独"不仅是关于绘画的，你也可以把这句话解读为"我讨厌历史中的孤独"[26]。我们是不是可以说，重塑过去的人文主义的全部表现就是试图通过超越历史的晚宴来对抗孤独？

现在我们用另一种思路来考虑阿尔伯蒂提供的素材。正如我们所观察到的，我们不可能将基督教故事中的神圣场景局限在瓦罗的宾客数量上，虽然也可能还存在一些交叉影响。三乘三的卧躺餐席（我们将在下一章中探讨）可以激发强烈的想象力，以至于在一部我们或者早期现代人士并不陌生的作品中，瓦罗把它作为完美礼仪的典范。他在《论拉丁语》（*Lingua Latina*）中说，不遵守拉丁语语法规则相当于破坏了卧躺餐席中餐桌完美一致的大小或摆放位置。[27] 这种布置包括，一张餐桌放在中央，另外两张侧桌与之构成约 45° 角。毕竟，这个摆放方案本身也是线性透视的。在同一时期，无论是受阿尔伯蒂的影响，还是受人们说的“弥漫在空气中”的想法影响，叙事画开始反映这种结构，“最后的晚餐”的构图往往也类似于卧躺餐席。[28]

提供一点背景说明：我们将在第五章再次提到“最后的晚餐”，主题将是食物。这里探讨的是卧躺餐席，问题则是关于构图本身：如何表现几十个或十三个人围坐在餐桌旁，才能让它看起来“真实”也便于观看？沿着这些思路，将 14 世纪 30 年代的塔德奥·加迪[1]（Taddeo Gaddi）和 14 世纪 90 年代的安格诺洛·加迪[2]（Agnolo Gaddi）这对父子画家进行比较是有启发意义的。[29] 老加迪展示了两种做法，这两种选择都有典型的前阿尔伯蒂时代的特征。在一块最初为佛罗伦萨圣十字大教堂的圣器柜制作的小十字形花饰上（受乔托在斯克罗维尼礼拜堂的创作的影响）（图 1.3），人物确实以一种可以大致称为写实的方式被安排在一张桌子周围，但却没有什么形状或空间感——桌子本身是一种不规则的圆形，而且没有对观众的视点做出任何让步（即没有透视）。在圣十字教堂创作规模更大的壁画（图 1.4）时，老加迪采

---

[1] 约 1290 年～ 1366 年，意大利画家和建筑师，瓦萨里认为他是乔托的学生中最具天赋的。
[2] 约 1350 年～ 1396 年，意大利画家、颇有影响力和多产的艺术家，也师从乔托，是最后一位继承乔托风格的佛罗伦萨主要画家。

图 1.3　塔德奥·加迪,《最后的晚餐》,
在佛罗伦萨的圣十字教堂圣器柜四叶饰,14 世纪。
佛罗伦萨学院美术馆,佛罗伦萨

图 1.4　塔德奥·加迪,《最后的晚餐》,1360 年。
圣十字歌剧院,佛罗伦萨

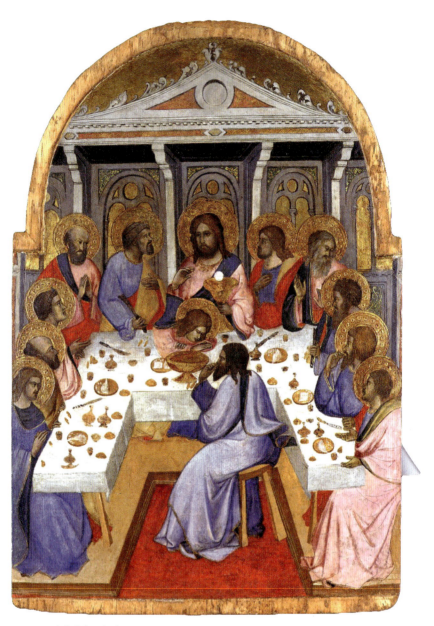

图 1.5 安格诺洛·加迪，
《最后的晚餐》，约 1390 年。
林德瑙博物馆，阿尔滕堡，德国

图 1.6　路加·西诺雷利，
《基督的故事：最后的晚餐》，约 1502 年。
教区博物馆，科尔托纳，意大利

用了更为开阔的构图方式，让门徒以个体的方式展示出来，圣徒们好似被放在橱窗里，除一人，其他人都在桌子的同侧。那一个当然也应该在桌子的另一侧，但这个构图与"真实的"就餐场景不符。

　　当然，这种画面安排在未来将产生长期影响。作为对照，有必要去了解一下现存于阿尔滕堡林德瑙博物馆的安格诺洛·加迪的版本（图 1.5）。这里我们看到了一种空间形式，或者说一种室内设计的元素，它将成为绘画作品中宴会座位布置的一种标准结构。画家把两个门徒挤在角落，把一个门徒（估计是犹大）单独放在前面，将睡着的圣彼得截断，让他不需要座位空间，从而解决了九人桌坐十三人的问题。其结果基本上是卧躺餐席模式：三条长凳，每条长凳上有三个人。（卧躺餐席分成三部分不是为了观赏，而是为了方便用餐服务。）到了 16 世纪初，正如我们在现存于科尔托纳的路加·西诺雷利[1]（Luca Signorelli）的祭坛装饰画（图 1.6）中看到的那样，使用透视法的卧躺

---

[1]　约 1441/1445 年～1523 年，意大利文艺复兴画家，以擅长素描和前缩透视法闻名。

餐席正在成为经典，即使用餐者的数量可能不那么平均分布。因此，无论阿尔伯蒂是否知道，晚宴的问题可能并非不值得与历史画相提并论；它其实是线性透视的基本构成要素之一。

事实证明，康德对晚宴也有自己的想法，尽管他用的是不同的（我想说的是，甚至是更迂回的）方法。鉴于他的论证条件，康德实际上面对的是一个看起来无法解决的逻辑困境。当审美主题从《批判》（*Critique*）的哲学世界过渡到他所谓的"人类学"世界——也就是实际的人类活动——时，"口味"的概念连同其所有宏大的抽象意义，再也无法与味觉分离。这在表面看起来没有问题，但康德仍然在寻找普遍性。

对于像我这样不是哲学家的人来说，看着康德纠结地解决这个问题，还是有些乐趣的。晚宴是他提出的第一个解决方案：

> 没有一种场合像好伙伴们一起吃一顿美餐那样，能够把感性和知性结合在一种享受中，如此长久地延续，并常常兴致勃勃地重复。（《人类学》，139）

但他立即意识到，嘴巴对于这种口味的描述并不重要。毕竟，人们不是通过自己的味蕾，甚至不是通过客人的味蕾来选择晚宴客人的。（这给我些许安慰，可以不必提前询问客人有无忌口。）康德继续说，主人有选择客人的品味——这仍然与他的嘴巴无关，客人也有各种不同的口味（这与康德寻找的普遍性恰恰相反）。最后，他找到了一种原达尔文式的语言学解释。味道（*sapor*）与智慧（*sapientia*）有关；实际上，人类有一种感官，这里也就是味觉，可以本能地识别出健康的东西，排斥有害的东西。

干得漂亮。这个解释可能适用于我最喜欢的康德家乡菜柯尼斯堡肉丸，但要用来解释牡蛎、温达卢咖喱和榴莲的诱惑力，还是差了点

　　饥饿的眼睛：吃喝以及罗马至文艺复兴时期的欧洲文化

儿。事实上，康德在这里的挣扎恰好说明食物被简单纳入任何一种美学规则是多么困难（这不是我们最后一次听到这话）。在这一点上，我相信我们必须遵循一个在哲学上远不如康德著作复杂的箴言：

品味无可争辩。（ *De gustibus non est disputandum.* ）

这句话没有伟大的古典血统（它甚至可能就不是古话），[30] 但在我看来，它很清楚地回答了康德的问题，为什么"审美判断能力"总与口舌脱不开干系？我们与食物的关系——具体地说，我们从食物中获取快乐——从根本上看是个人主义的。这种隐喻把饮食经验转移到欣赏莫扎特、马萨乔（Masaccio）和弥尔顿的作品上，尽管每次都只涉及一部分人的味蕾从而否认了康德的普遍主义，但其优点在于将个体与他们最喜爱的艺术作品联系在一起，这样，这些作品如同食物，好像真的在人们的身体里被消耗掉并产生了营养一样。饮食的隐喻激化了其他感官的通感。

我们会看到，柏拉图的问题和康德不同，但是吃与喝——这里尤其是喝——也被牵扯进来了。柏拉图的著作被归入"哲学"的范畴，《会饮篇》由一系列演讲组成，逐渐朝着爱的主题发展，稳步提高了哲学严谨性，展现了令人着迷的崇高庄严。在苏格拉底的演讲上，缺席的女性对话者狄奥提玛[1]（Diotima）体现出更高层次的智慧，演讲由此达到了高潮。

但是把《会饮篇》当作小组讨论，还没有给予聚餐经验本身足够的重视。我们可以看到，这个场合自称会饮，但是传统的饮酒活动却

---

[1]《会饮篇》中一位古希腊女性的名字或化名，很可能是生活在公元前 440 年前后的真实历史人物，苏格拉底在《会饮篇》中记录的她对于感官之爱的思想是如今柏拉图式恋爱概念的起源。

被禁止了。不过，禁令没能成功。从柏拉图构建的叙述模式中不难看出，被压抑的一直都在寻求反弹。先是有人打嗝。发言顺序由每个人的位置决定，这本身也显示出辩论的规则必须遵循宴会的规则。但是到阿里斯托芬的时候，这个顺序就被打破了，因为他突然开始打嗝。一位喜剧作家受到有喜剧意味的折磨，显然是很适合的。实际上，打嗝不仅仅能排气——使得精神再度与身体联结——还与饮酒有特别的关系（对希腊人和我们来说都是这样）。所以这个哲学讨论会实际上暂时地成为了本不该成为的饮酒会。[31] 只有一位医生——他的名字厄律克西马库被译为"打嗝征服者"——可以暂代其责。

阿里斯托芬可能违背规则偷偷喝酒了，还可能因打嗝被赶了出去。但是有个目前还没有透露姓名的人参与了一场更加欢快的宴饮。当苏格拉底沿着爱的阶梯抵达顶峰，在思考天国之美的狂喜中摆脱了所有个人欲望时，噪音打断了这一切：

> 一大群人抵达庭院门口，他们大声拍门，伴随他们而来的是吹笛女子的尖叫声。（212C）

闯入者是喝醉的亚西比德[1]（Alcibiades）。他一头撞进了这场清醒的小组讨论，成为了原本严格规定只能坐两个人的席位上的第三者，这也让他和苏格拉底、阿伽松构成了一种爱情三角关系。

亚西比德对规则有自己的看法——在饮酒的规则里，需要指派一位司仪，根据传统，应当由他来决定酒和水的比例。但是亚西比德破坏了规则，自荐担任此职（确保酒里掺水不多），他规定大量饮酒的同时还要坚持进行交谈，不能闷头喝。所谓对话，其实主要就是亚西比德本人的独白。那些饮食有度的哲学家就他们的主题谈了自己的看法，

---

[1] 雅典著名的政治家、演说家和将军，是苏格拉底的门徒之一。

把这个话题（也就是赞美爱或者爱神）变得越发抽象。这位醉醺醺的闯入者却讲述了自己爱的经验，据他的描述，他爱的是苏格拉底，对话的结果完全摧毁了之前整个讨论的基本前提，即关于爱人者与被爱者之间有关阶层的——甚至可以说是教条上的——差别。

事实证明，酒醉不是意外，而是在这种叙事中的必然。柏拉图的问题——远超这场对话之外——在于他不能判定究竟应该通过辩证还是通过启发来揭露真理。由清醒的饱学之士来进行一系列循序渐进的对话，是否能够最终抵达爱的真理呢？在亚西比德闯入之前，这个过程在《会饮篇》的上下文中显然还不够充分，因为它需要缺席的女性对话者迪奥提玛的介入来到达令人忘形的巅峰。但是这个高峰还不够令人忘形，至少还不完全充分。因为没有饱饮烈酒，哲学家们没能成功找到爱的定义。俗话说得好，"Ἐν οἴνῳ ἀλήθεια"[32]（酒后吐真言）。

但是对我们来说的真言或者说真理是以对话的整体结构为基础的。柏拉图的《会饮篇》对我来说是关于吃吃喝喝的大师级叙事。吃与喝这两种活动，具有重要的营养和社会意义，但是在这里与清醒辩论的哲学实践相比，重要性却屈居其下，变得边缘化了。食物显得比饮酒更不重要：夜间的主题一旦得到确定，某人可能会写一本关于盐的书的想法[33]受到了直接的嘲笑（与爱的主题形成对照），在"deipnon"（晚宴）中，吃饭的重要性如此之低，令人诧异的是，阿伽松居然告诉奴隶们想上什么就上什么（175A）。如果做适当的变动，我们还可以在阿尔伯蒂的宴会、瓦萨里的可食用艺术、布歇的葡萄上看到同样的边缘化行为。但是这些与吃有关的内容并不自甘被放逐到边缘，它们仍向核心施加着压力。亚西比德闯入了禁酒的宴会，并在这一过程中将我们进一步带向真理。

因此，本书是一本关于高雅文化和通俗文化、核心与边缘，以及受压抑者回归的书。[34]（所有这些框架本身当然是可以讨论的，我把它们看作是有启发性帮助的，而非绝对的真理。）我理所当然地认为，在我工作的领域和几千年的历史中，吃与喝最起码在官方层面是比很多其他文化行为都要低端的，而这种评价更可能被视为理所当然，而不是经过调查论证得出的。从一些观点来看，这种假设当然可以受到挑战。对人类有机体来说，吃与喝很明显比挖掘古代雕塑或者对爱展开哲学讨论要重要得多。那些发现自己更接近生活必需品的人——不仅仅是挨饿的大众，还有普通的家务操持者，甚至也包括某些通过宴会娱乐来治国的君主（比如英格兰国王詹姆斯一世和法国王后凯瑟琳·德·美第奇）[35]——都有理由宣称我之前关于吃与喝地位低下的假设一开始就错了。对这样的人我只能说，讨论这些假设，会不可避免地涉及对它们的质疑。

但大多数时候我不会质疑，因为我是通过毕生对欧洲高雅文化的跨学科的思考，从历史和超越历史的角度来讨论这个主题的。对我来说，这首先意味着文学和视觉艺术。但如果一个人花费一生时间不仅作为消费者，也作为学者认真地与审美对象打交道，那么会不可避免地从历史、哲学、政治、治国方略的角度以及对所有肯定或否定生命、美化或丑化历史的情况进行思考。上述所有话题中都会出现食物和饮料，而且我乐意宣称，至少提出一种基本假设，总体上不论它们出现在何处，官方赋予它们的位置通常都是边缘的。

与其他关于核心与边缘的故事一样，边缘人物与活动受到忽视不仅仅是历史事实，也是学术事实。我带着怀旧的心情回想三十年前自己刚开始讨论这些问题时，单是公开宣称（配上一系列适当的史实为例）食物在文学、艺术和音乐学者认为属于他们领域的高雅文化中有着惊人的重要地位，就已经收获颇丰了。实际上，那时候我到其他大学讲述莎士比亚或者古代经典的复兴等严肃话题时，主办方会通读事先分发的简历，每当他们看到这个部分，"他也定期为美国和意大利美食和葡萄酒出版物供稿"，房间里总是响起笑声，就好像我在简历里写的是自己痴迷 HO 比例火车模型（声明一下，我并没有这方面的爱好）。

情况变了。显然，边缘已经成为了——恕我直言——所有学术领域的核心。就这个特定的方面来说，《日常生活史》鼓励我们意识到，不论是多数还是少数人，所有人生活的历史都是由日常生活而非划时代的大事塑造的。[36] 我们被鼓励着认识到，历史宏大叙事边缘的群体拥有自己独特的故事，我们重新构造普遍史以包括甚至突出这些群体。虽然美食学在原则上可能被性别化或者完全非性别化，但是很明显当学者们越发关注女性成就时，对美食学的兴趣也会增长。[37] 确实，食物史的相关书籍在数量和质量上都有了显著提高。这可能也解释了为什么我在之前的章节里没有遵照传统的时间线。

你甚至可以说，我之前跨越媒介和时间框架的自由联想顺序，可能反映出的，与其说是负责任的历史编纂，不如说是某种强迫症式的百科全书主义。引导我走向并浏览这些材料的知识途径确实是不局限于一种学科的和不系统的。这实际上也是本章标题中所揭示的材料的一个方面（这一点将在后续内容中经常重复）。我注意到在那些表面上并非关于吃与喝的作品中，吃与喝几乎无处不在，因此我才开始了这一章的写作。有一次我受邀参加《马太福音》研讨课（我对此知之甚少），这让我产生了焦虑，因为我完全找不到比"人不能只靠面包活着"更贴近食物的内容；最后我讨论了约四十段经文，在这些经文中，吃与喝在字面或比喻的角度都具有重要意义。[38] 还有一次受邀参加关于莎士比亚的讨论，我谈到了《暴风雨》（我很了解这部作品），事实证明无论在该书文本中还是探索新大陆的背景文献中，关于饮食的材料的广度和深度都令人惊叹。[39]

这种工作——让我们老套地称之为收集资料卡片——并不是一个完整的学术项目。另一方面，到处寻找自己的中心主题是一种光荣的学术实践。稍微不那么普遍的做法是在最不可能出现的地方寻找，甚至集中在这些地方寻找。然而，如果我的主题以边缘性为前提，那么我就必须在边缘处寻找它——难道还有什么别的地方吗？当被问及理论上的理由时，我倾向于绕过库尔提乌斯[1]（Curtius）和福柯（Foucault），转向巨蟒剧团[2]（Monty Python）。具体说来，是他们称为"鹦鹉新闻"的东西，例如：

> 今天在 M1 公路上发生了一起事故，当时运送高辛烷值燃料的卡车与另一车辆迎面相撞，事故中没有鹦鹉受到伤害……鹦鹉发言人说，他很高兴没有鹦鹉卷入该事件中。[40]

其实，我从来没有完全确定鹦鹉发言人是否对 M1 公路进行了充分检查。如果我们可以用非鹦鹉的方式来看待这个问题的话，我想问，当我们把某个文本、图像、或者文化产品拿出来，并试图把它变成"X 新闻"时，会发生什么？这里几乎没有证据表明 X 是事件的中心，甚至是不在场的事物。这项工作要求很高，而且毫无疑问有时会发现一些并不真正存在或并不真正重要的东西。但是，在这项工作彻底完成之前，我们是否可以完全确定，在货车事故造成的十英里长的交通堵塞中，真的没有几只惊慌失措的鹦鹉，甚至有可能鹦鹉才是整个混乱局面的隐藏原因？

所以，通过本章标题，希望我们能够密切关注那些无疑是文化客体的大杂烩，像一只流浪的鹦鹉或一串葡萄一样，它们之间的关系可能只是巧合。如果这种做法会引发对其历史主义充分性（即把所有的东西都放在日历上的适当位置）的忧虑，那么，至少在某种程度上，我是满足于冒这种风险的。饥饿和口渴、匮乏和过剩、清醒和醉酒、

---

[1] 古罗马历史学家，著有《亚历山大史略》。
[2] 英国六人喜剧团体，搞笑风格可以称作"无厘头"，在 20 世纪七八十年代影响甚大。

共餐行为，以及人类经验中味道和快乐之间的关系：所有这些都将在本书中出现，而且我认为它们从根本上来说都是超越历史的。在这个意义上，我认为这一章的标题和本书的标题是互补的："饥饿的眼睛"是所有运用创造性想象之人的普遍状况。"从食物角度解读"是恰当的回应，而且——至少是有可能的——它的有效性不受特定的历史或地理限制。

话虽如此，构成本书核心的吃与喝的事例却坚守着欧洲传统约定俗成的概念，比如我在其他地方考虑过的。对于这一领域的研究可以遵循多种思路，但对我来说，它们都可追溯到艺术史学家和文化理论家阿比·瓦尔堡（Aby Warburg）。我在本书写作过程中收集到的两个材料给了我启发和安慰。其中之一是 20 世纪 20 年代恩斯特·卡西尔（Ernst Cassirer）坐在瓦尔堡的文化科学图书室里。在那里，他深入阅读了近乎无穷无尽的关于文化实践的材料——全球的、跨学科的，且基本无视实证主义对其实际价值的审问——他试图从中建立一种系统而严谨的哲学。[41] 另一份来自瓦尔堡本人，特别是他尚未出版且几乎无法出版的著名作品《记忆女神》，这套木板上的图像（基本没有说明性的文字）看起来可能像异想天开选择的结果，每一组都是为了唤起人们对文化经验中某些情感线的认识。[42]

对于这些活动中究竟哪一个可以构成体系有待商榷，但它们合并起来，再加上其他许多人在这一传统下所做的工作，可以为一种特殊的分析提供基础。在这种分析中，神话和艺术、历史和经验找到了共同的基础，因为它们都存在于现象和隐喻之间。卡西尔对此提出的术语是"符号形式"，一代又一代致力于分析想象性艺术作品的学者都在这一范畴内轻松地处理诗歌、绘画以及宗教和哲学作品。

"诗歌、绘画……"是一种简略表达，指的是我这个项目背后传统的一个最基本的方向。无论在哲学上是否可行，符号形式的分类都有助于打破学科之间的壁垒。要做好代表瓦尔堡传统的那种工作，一个人最起码必须同时是文学学者和艺术史家。而且要在这个过程中重塑那些学科，方式就是集中关注诗人和画家的创作活动之间存在的巨大的、往往未被注意到的重叠，而且这些人的作品原本就是学术研究的基础。就我个人而言，如果不是花了几十年让自己习惯于"诗如此，画亦同"（*ut pictura poesis*）的跨学科研究，我不会涉足古典传统历史中吃与喝的问题，这种研究既包括绘画与诗歌作品之间的相互成就，也包括它们彼此之间无法解决的摩擦。[43]

但这不仅仅是在我个人的跨媒介研究中再增加一个媒介的问题。我很久以前就提出关于文学的问题需要通过视觉艺术来回答，那是因为我感觉到诗人想成为画家。（后来，我认识到了相反的情况：是画家想成为诗人。）事实上，当我阅读莎士比亚或凝视提香（Titian）的作品时，我通过巨蟒剧团的指引在高速公路的隐蔽角落里找到了"鹦鹉"，它们体现了对另一种艺术交流系统的渴望。这里的关键——我现在指的是诗人——在于话语（discursive）与感性（sensuous）的问题，是走出高度中介化的语言领域（文字毕竟不是物而是任意符号）的愿望，进入一个必然对情感提出更多要求的领域。经过近一个世纪的怀疑解释学，我们清楚地知道，爱德华·马奈（Edouard Manet）的《奥林匹亚》（图 1.7）并不比夏尔·波德莱尔（Charles Baudelaire）对过路女子的文字描绘更"真实"。[44]而且我们甚至会觉得，读到"颀长苗条，一身丧服，庄重忧愁"[1]，比看到一个用颜料涂抹在画布上的躺着的裸女更有亲切感。无论其生产方式是人工还是机械，感性（sensuous）都有不可抗拒的主张。卡西尔的符号形式，尽管原则上是以逻辑为中心的，但很快就变成了符号**形象**，这绝非偶然。

然而，在这里，我跨学科的触角又进一步伸向了感官的、无媒介的、有形的事物，从而进入一个与语言和媒介的关系更加神秘的领域。

---

[1] 译文参考［法］夏尔·波德莱尔著：《恶之花》，郭宏安译，上海译文出版社 2011 年版。

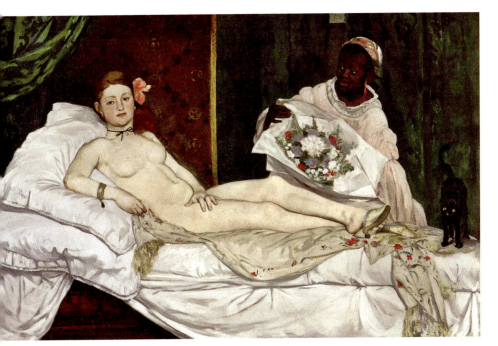

图 1.7 爱德华·马奈，
《奥林匹亚》，1863 ～ 1865。
奥赛美术馆，巴黎

吃与喝——我指的是被食用的物质、用餐的实践、用餐的物质环境，以及所有加诸其上的回顾和纪念的力量，毕竟它是（除呼吸外）人类生命中最持续的体验。我认为它构成了典型的象征性形式，是中间性的，是可以做出大量解释的，像任何经典的瓦尔堡主题一样是对历史的反映，而且可能更具有普遍性。这里我援引这一传统中另一位伟大学者的观点，欧文·潘诺夫斯基[1]（Erwin Panofsky）在充分发展了图像阐释学之后提出，对他所谓的"内在含义或内容"的解读，可以通过观看者"对人类精神本质倾向的熟悉"（原文为意大利语）获得45。

---

[1] 1892 年～ 1968 年，美国德裔犹太学者，著名艺术史学家，在图像学领域影响广泛。

我相信本书的主题可以让我们通过一条特殊的途径进入那个极重要的阐释领域，不过我可能从潘诺夫斯基的"人类精神"扩展到人类感官之类的东西。

并非巧合的是，这一传统中的许多学者——绝不仅是与历史无关的或超越历史的——都关注文艺复兴，而且特别关注早期现代的人们作为个体如何接受和重塑古代文化。这种接受和重塑对他们来说，就像对我一样，是卡西尔所谓的"符号人"（*Homo symbolicus*）的主要证据——人类是制造符号的动物——我画蛇添足地进一步解释为（而且还要感谢保罗·利科给予我的灵感）[46] 人类是阐释性动物，也就是说，人类这种动物在创作符号和努力解读符号之间循环往复。本着这种历史和超越历史的意识，我想要以一种食物再现来总结对主题的阐释，这可以作为我的主题和研究方法的写照。

* * *

尽管马赛克这一媒介在古典时代晚期得到了极大的传播，但老普林尼——我们对希腊和罗马世界视觉作品的了解几乎都归功于他——对此却言之甚少。作为一位形式精英主义者，普林尼倾向于贬低任何不是用青铜、大理石或颜料制作的东西，也可能因为马赛克与私人住宅的内部装修有关，所以在他的排名里受到影响。但他确实挑出了一件这样的作品：

> 在后一个领域［马赛克］中，最著名的表现者是索苏斯[1]（Sosus），他在帕加马铺设的地面装饰在希腊语中被称为"未清扫

---

[1] 公元前2世纪的希腊马赛克艺术家，也是唯一一位名字被记录在文学作品中的马赛克艺术家。

的房间"，因为他用各种色调的小方块在地面上再现了厨余垃圾和其他垃圾，看起来就像被丢在那儿一样。[47]

在《自然史》这个相当工艺化的部分，引用一位大师的名字本身就引人注意，在这部著作中，材料和工艺所占的篇幅比艺术家大得多。不过不管是什么媒介，可以肯定地说，普林尼的兴趣总是为艺术幻觉法所激发，正如宙克西斯和巴赫西斯关于鸟和葡萄的故事已经显示的那样；索苏斯创作的特别令人惊讶的错视画，无疑有助于推动这件作品超越普林尼眼中媒介的限制。

当然，就像大多数普林尼钟爱的艺术品一样，索苏斯的马赛克早已消失。现存最好的版本（图 1.8 和 1.9）创作于索苏斯时代的三四百年后。这件大幅作品曾经装饰着罗马阿文提诺山一座别墅的餐厅，[48]现在保存在梵蒂冈额我略俗艺博物馆（Museo Gregoriano Profano）。这幅马赛克由边框的三片组成，加上一小块中央图案。宽阔边框空间的大部分被种类繁多到令人惊叹的厨余占据：鱼骨和鱼鳍、龙虾腿、各种海洋生物的壳（包括几个特别漂亮的茸毛海胆）、鸡腿和鸡爪、橄榄核、几串几乎被摘干净的葡萄、豆荚、枣子、坚果、莴苣叶，最引人注目的是一个几乎空掉的核桃壳，还有一只老鼠正在啃食所剩无几的残渣（图 1.10）。

我们当然可以在这个非凡的艺术品上做食物史的文章。很明显，地中海盆地一群富有而有教养的人——在佚失希腊原件以后，我们永远无法确定罗马时期的仿制品传递的是哪个世纪的信息——有着我们现在认为是非常优越的饮食习惯；毫无疑问他们也是这样认为的，因为这些食品出现在马赛克上是一种炫耀的标志。很显然，他们有大量的浪费，这些可能通常是留给仆人的，或是作为献给神的祭品。

但最好不要把它视为人类学意义上的文献。《未清扫的地板》是展示将可食用物品变成艺术品的可能性的丰碑。镶嵌式马赛克是使用大

图 1.8　罗马的赫拉克利特，《未清扫的地板》，
马赛克，细节，2 世纪。
额我略俗艺博物馆，梵蒂冈博物馆，梵蒂冈

图 1.9　罗马的赫拉克利特,《未清扫的地板》,
马赛克, 细节, 2 世纪。
额我略俗艺博物馆, 梵蒂冈博物馆, 梵蒂冈

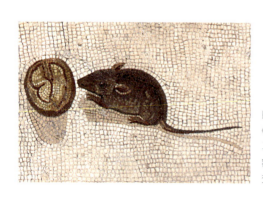

图 1.10　罗马的赫拉克利特,
《未清扫的地板》,
马赛克, 老鼠的细节, 2 世纪。
额我略俗艺博物馆,
梵蒂冈博物馆, 梵蒂冈

图 1.11　罗马的赫拉克利特，
《未清扫的地板》，
马赛克，鸡骨的细节，2 世纪。
额我略俗艺博物馆，
梵蒂冈博物馆，梵蒂冈

量的小石子、石块和玻璃创作的，如果没有这种艺术形式的存在，这些材料不过是地球上不起眼的废料。从这个意义上说，所有这类作品，即使远没有《未清扫的地板》那么雄心勃勃，也都称得上是幻觉的杰作，尽管如此，它们仍然（以颜料通常没有的方式）保留着低微的出身。不过，大多数情况下，当我们看到这样的马赛克作品时，我们看到的不是垃圾碎片，而是它们转化为不可思议的真实作品。这种转化的过程无论如何都会使结果变得神圣，它们不再是普通物品，而散发出劳动和灵感的灵晕。梵蒂冈的《未清扫的地板》通过一整套再现手法，使作品焕发出只有工艺品拥有的、远超实物的魔力。发光的白色背景，每样物品的完美逼真度，每样物品在自己独立空间里的位置，每样物品的比例都与周围物品的比例无关，还有我最喜欢的一点——每样物品投下的小小阴影（图 1.11，这在马赛克中并不容易做到！）：所有这些艺术上的选择都被倾注在了晚餐材料上。

　　或者更确切地说曾经是晚餐的材料。不仅是从垃圾到艺术，而且是从垃圾到再现垃圾的艺术。主人——估计是一个玩心大起的人——把饥饿的客人们带到一个房间里，那里似乎已经举行了一场宴会，而清洁工还没有完成工作。他安排给客人的座位不仅最适合观赏艺术品，而且，如果他们按照惯例把餐后残渣扔在地上，那么这些垃圾就会和前人的垃圾处于同一空间。当然，没有所谓的前人；事实上，没有哪一个食客能用真正的厨余摆出这样一个垃圾珠宝盒。今天晚宴的开胃菜就是可以以假乱真的戏中戏（Mise en abîme）。

这个游戏的特殊维度是古典时代晚期特有的。普林尼讲述了这样一个故事——我也经常讲，以至于它已经成为我的口头禅和周围的人都知道的笑话。故事讲的是一个条顿使节对罗马进行国事访问，东道主试图用大都市的辉煌给使节留下深刻的印象。[49] 有人特意问他对一幅珍贵的老牧羊人的画像有何看法。他不以为然地回答说，他甚至不希望自己房子里有一个老牧羊人，所以他为什么要对一幅这样的画感兴趣？就希腊化的审美[50]而言，就像《未清扫的地板》所体现的那样，只有傻瓜（更糟糕的是：日耳曼的傻瓜！）才会不明白事物与事物的艺术再现之间巨大的鸿沟。用阿佛洛狄忒的雕像和华丽的风景画——让我们称其为雄心勃勃的艺术作品的常见主题——来讲述这个故事就不合适（或者说无法引出日耳曼使节的恶评），因为它们的真实之美和艺术再现之美之间很少或根本没有区分。我们需要的是描绘老牧羊人的画作和体现餐桌残渣的马赛克来强调审美的转化特点。

这一切讲述了食物的什么意义？《未清扫的地板》漂浮在两种古老模式之间。一方面，用马赛克和颜料来再现那些看起来可以吃的东西；在这个意义上，食物被认为是描述真实的主要场所，表明实际经验和艺术成像之间天衣无缝的自然转换。（毕竟，条顿使节家里可能没有真的老牧羊人，但他的储藏室里无疑有一条猪腿和一些无花果，而且他可能希望它们看起来令人垂涎，哪怕只能达到装饰罗马别墅的食物一半的程度。）当然，这是真实事物的理想化版本，就像那些美丽的阿佛洛狄忒雕像，也相当于今天的食品造型行当。[51]

另一方面——现在我们已经从图像过渡到了文字——特别是在古罗马，也有对低俗近乎痴迷的态度；食物（当然还有性）是一个必然的、取之不尽的主题，可以满足成熟的公众对厌恶的需求。想想马提亚尔[1]（Martial）一篇短诗（7.20）中的叙述就明白了。桑特拉是所有吃客中最贪婪的，他不仅没受邀就在晚宴上大吃大喝，还把剩饭偷偷带回家，起初他用肮脏的餐巾装满渗汁的石榴和无花果、母猪乳房的皮和软软的蘑菇，餐巾装不下了，他就把鱼骨和没吃完的烤鸽子塞进斗篷；他甚至还收集奴隶和狗没能清理掉的残羹剩饭。[52]

类似的，在昆体良[2]的《雄辩术原理》中也有一段引人注目的文字。他的主题是"生动"（enargeia）这个永远难以捉摸的概念，他以传统的方式对其进行了定义——表达某种东西时，"它似乎真的被看到"，但也与美化、润饰和抛光等概念联系在一起。接着他举了一些例子，除了一个例子以外，其他都来自于罗马崇高的公共行为：《埃涅阿斯纪》第5章中的拳击比赛、西塞罗（Cicero）在《反对维雷斯》的演说中的罗马执政官，还有他自己编造的关于攻城的内容。然而，在这些例子中，他插入了一个完全不同的"生动"的例子：

> 有时，我们希望呈现的画面是由一些细节组成的，就像西塞罗（他自己就足以体现美化［ornament］的所有美德）在描述一场奢华的宴会时说："我好像看到有些人进去，有些人出来，有些人喝得晕头转向，有些人因为宿醉而瞌睡。地上很脏，酒流得到处都是，枯萎的花环和鱼骨扔得乱七八糟。"进入这个房间的人还能看到什么呢？[53]

---

［1］ 马库斯·瓦列里乌斯·马提亚尔，古罗马诗人，出生于西班牙，以诗集《隽语》著称。

［2］ 马库斯·法比尤斯·昆体良，约公元35年~公元100年，古罗马修辞学家、教育家、演说家。

宴会场景进入画面，这时"生动"引导着低俗而非喜庆的场合。这个场景提供的不仅仅是一种不同的氛围：精妙语言描绘的宴会反乌托邦结局带来的是更为广泛的感官体验。但昆体良也使用了一种媒介技巧。西塞罗因让文字像图片一样生动而受到赞扬，但在这里，有一幅画本身就是作为"画诗"（ekphrastic）作品而广泛传播、众所周知的。

那么，《未清扫的地板》的马赛克与真正的饭后垃圾或桑特拉当作打包袋的脏斗篷一起，为我们提供了一幅作为进食动物的人类肖像。通过马赛克所体现的奇想，食物实现了它从边缘到核心，从被鄙视的废物到艺术最高荣耀的胜利之旅。食物是关于物质性的；也是关于日常经验的。此外，从它在"马赛克的俏皮"（*jeu d'esprit*）操作中可以看出，食物受制于约翰·赫伊津哈[1]（Johan Huizinga）对"游戏的人"（*homo ludens*）54 这个短语的定义——食物是（至少有可能是）游戏性的。还有更复杂的含义：它既是丑陋的也是美丽的，也就是说，它在最基本的意义上是物质的，与此同时又是最高程度的审美化对象。此外，如果它是物质的，它也是短暂的（确实它会迅速腐坏而令人作呕），甚至远远超出它在这里的消亡状态——如果我们可以暗指（像罗马人喜欢做的那样）消化过程中接下来的阶段的话。55 然而在人造的马赛克中，还存在一个悖论：行将变质的食物正在变得不朽。

最后，本书中一些更富猜测性的幻想也源自《未清扫的地板》。在这幅马赛克的奇思妙想中，食物被再现为缺席、缺失、已经被食用的东西。我们在这里看到的在某种意义上是宴会的对面；我们从吃喝的后果中解读吃喝的经验。我还注意到这样一个事实，即地面上的物品处于一种根本性的分裂状态：尽管古代的用餐（正如《会饮篇》和柏

---

[1] 1872年～1945年，荷兰语言学家、历史学家，现代文化史的奠基人之一，以关于中世纪晚期的著作闻名。

拉图在其他作品中提到的那样）[56] 可能拥有一套严格的排序原则，但用餐后的残渣却没有这种秩序或者能自行另寻一套秩序。如果在本书中我有时相当认真地对待那些似乎不存在的东西，又如果我有时罔顾按照时间空间排序的传统体系，我希望读者能给我一个拥有"未清扫的电脑屏幕"的特权——把它看作一幅 21 世纪的马赛克。毕竟，我的眼睛是最饥饿的，上菜的顺序也许不可能——或者说我不希望——总是完全按照传统。

第二章

罗马的饮食

我们这些专攻罗马而非希腊文化的古典时代研究者在某种程度上有种自卑情结。柏拉图总是胜过塞涅卡，阿里斯托芬胜过泰伦斯，阿佩利斯[1]（Apelles）胜过……没有人能与之相提并论，因为老普林尼在他的《自然史》中很少甚至没有赋予任何罗马艺术家神话般的地位，而希腊人则成为他艺术史中的英雄，因此也成为我们艺术史上的英雄。[1]这种自卑情结由来已久，可以追溯到罗马人自己，维吉尔（Virgil）笔下的埃涅阿斯口中说出的话就显示出这一点，他告诉儿子"其他人"（指的当然是希腊人）会成为更为卓越的艺术实践者。[2]虽然这个预言实际上是一个更大赞美（埃涅阿斯的后裔将在秩序与和平中统治世界人民）的收尾，但在艺术方面，对罗马的不以为然仍然存在，正如对西塞罗本人来说，希腊文化是至高无上的。[3]到了近代，情况并没有什么大变化。研究罗马的被迫在恺撒的《高卢战记》中行军，而研究希腊的则可以陶醉于欧里庇得斯（Euripides）的《酒神的伴侣》。事实上，我们这些研究罗马的学者的唯一希望，就是关注文艺复兴这一个历史时期，正如我之前一样——至少在一段时间里，古典时代复兴者们对希腊了解不够，没有意识到爱奥尼亚海对岸的一切是多么美好。

如果采用美食学而非雕塑、哲学或戏剧的标准衡量文化成就的话，那么情况可能会有所不同。古罗马在饮食方面无疑胜过古希腊。不仅是

---

[1] 公元前4世纪的希腊画家，老普林尼认为他的艺术造诣空前绝后。

因为前者比后者吃得更精致（历史记录就是这样，我们在此讨论的是饕餮盛宴，而非简陋餐食），而且更丰盛、更健康，食物种类更繁多。坐拥意大利的罗马在自然条件的多样性方面具有不可否认的优势，它还将其优越的技能应用于此。罗马文明彻底改变了农业，在具体农作物和生产方式上都差不多塑造了我们现在所知的欧洲农业。特别是，我们应该把樱桃、桃子等无数水果的种植归功于罗马人的毅力和智慧。更不用说最重要的水果——葡萄了，以它为基础的发酵饮料也应归功于罗马人。[4]

我应该指出的是，如果这一切都是作为罗马人优越性的标志，其中原因恰恰是埃涅阿斯预言中那些归属另类的世界统治技能。罗马人比希腊人更擅长烹饪，并不是因为某种基因上的优势，甚至也不是当地地理环境的巧合使然。他们在意大利半岛内外的扩张野心，创造出一个过去意想不到的广袤帝国，其气候和（酿葡萄酒的）风土的范围直到今天仍然是地中海和"大陆"饮食高度多样化的基础，进而成为欧洲美食的规范。仅仅拥有领土并不能保证美食的发展。罗马人还知道如何管理土地和组织人员，如何创造技术，如何通过建立公路和运河系统保障远程货物运输。在21世纪，我们正在目睹本土膳食主义强烈谴责食品全球运输涉及的各种消耗，而这种模式其实说到底是罗马人建立的。

毫无疑问，罗马的所有这些成就都可以归功到一套社会和政治安排，而因此得以随心所欲享用美食的我们却觉得这套安排无法容忍：比如奴隶制。而且，可悲但真实的是，同样是由于罗马人，我们今天的商品全球化的基础，可能建立在一个专制的世界性组织体系之上，这个体系与两千年前的罗马体系非常相似。这一主题本书不予讨论；我们只能接受并重复瓦尔特·本雅明（Walter Benjamin）的声明："所有文明的记录都是野蛮的记录，无一例外。"[5] 同时，还要接受这样一个事实：在这些污浊的文明记录中，有许多为餐桌增色的美食。

现在，罗马人在饮食方面的所有卓越成就给本书带来了一些问题。这不仅仅是一项毫无希望的任务，即想要在一个章节中涵盖罗马和食物历史的庞大主题；在这里我们写的不是一部全面的美食史，有许多学术著作都能很好地完成这项工作。[6] 确切地说，是我们的前提本身给人的感觉可以说是受到了罗马的威胁。如前所述，本书写作的背景在于吃与喝被默认为处于高雅文化的边缘，却对核心施加了巨大的压力。罗马的问题在于，在无论高低贵贱的任何可以想象的文化地图中，食物是无处不在的。所以哪怕只是作为基本假设，也很难为它在边缘地区占据一个位置。因此，尽管到目前为止除了布歇的葡萄和阿尔伯蒂的晚餐聚会以外，没有提出什么有说服力的内容，但我们不得不对写作背景进行重新考量。事实证明，吃与喝在罗马并非处于文化的边缘地带；恰恰相反，从长期的古典传统来看，罗马的例子趋向于激励后来的欧洲文明把饮食从边缘推向核心。

在前一章以及后面的章节中，我们倾向于关注有张力甚至矛盾的时刻，例如，之前的瓦萨里、阿尔伯蒂和康德的作品，或者在之后我们会提到的提香、伊拉斯谟（Erasmus）以及基督教神学和图像学的创作者；这些原本都不是美食学的记录。当我们再次从食物角度解读时，吃与喝的重要性显示了出来。正如这里所说，罗马在各方面都影响了欧洲相关文化，需要从某种不同的角度来看待。所以，这里的内容是对餐桌上罗马文明的选择性描写。如果说《未清扫的地板》是负面的——描述着食物被完全清空的一餐——那么这一章就是正面的：对古罗马的描述中，食品柜永远是满的，永远是得到补充的，在其中，权力和文化的事业既推动了无限的美食供应，也被其所推动。[7]

1

例如庞贝。当诗人马提亚尔怀着最悲壮的心情，为维苏威火山的爆发写下挽歌时，他借用了希腊传统中适用于早已湮没的城市的常见套路——"尘世荣耀就此消逝"（*sic transit gloria mundi*），但在这里用在了十年前发生的灾难上——诗人对这场灾难的看法与建筑物的毁坏或生命的损失毫无关联，反而首先与葡萄园有关：

> 这是维苏威火山，不久前山坡上还覆盖着郁郁葱葱的葡萄树。
> 在这里，曾有把酒桶塞得满满的名贵葡萄：
> 酒神巴克斯爱这里胜过尼萨的山丘。[8]

这首短诗的大部分内容都遵循了神话 / 幻想模式。维纳斯很悲伤，因为她曾是庞贝的守护神，赫丘利也很难过，因为赫基雷尼亚[1]（Herculaneum）是以他的名字命名的。唯一有现实触感的是那些满溢的酒桶。无论马提亚尔指的是庞贝之前大量出产的佳酿，还是酒桶里的酒被火山喷发的热度烧到沸点造成的梦魇，他关注的重点都在于葡萄酒的损失。

其实，论起特级葡萄酒庄，庞贝并不突出。在火山爆发中丧生的老普林尼记录了这里葡萄酒悠久的年份，但抱怨它会给人带来可怕的头痛。（他对这些问题的描述非常精确——持续到第二天的第六个小时——这表明，就像《自然史》中的许多内容一样，他记录的是个人经验。）[9] 不过，当地的葡萄酒产量颇丰，在出口市场上有一定的地位，在相对较远的港口城市奥斯提亚（Ostia）的发掘中发现的庞贝酒桶就证明了这一点。[10] 葡萄酒并不是该地区唯一与美食有关的产品：橄榄的种植和橄榄油的榨取也都很普遍。维苏威火山山坡上的肥沃土壤盛产（当时和现在一样）优质的水果和蔬菜，平地则被大量用于种植谷物。[11] 由于毗邻大海，庞贝成为了捕鱼业的中心，既可以满足当地对新鲜鱼类的需求，也带来了该城市最著名的一种调味品，即鱼内脏发

---

[1] 又称赫库兰尼姆，位于今埃尔科拉诺，面向那不勒斯湾，是一座于公元 79 年被维苏威火山爆发所摧毁的古城。

酵制成的鱼酱（*garum*）。[12] 庞贝作为一个高端的海滨城市（例如，尼禄［Nero］的妻子波佩亚的祖籍在此，后来因蒙特威尔第［Monteverdi］的歌剧《波佩亚的加冕》而愈加闻名），显然是全古罗马食物金字塔的供应商。

然而，这些都不是真正使庞贝变得特殊的原因；总的来说，我们描绘了意大利半岛上的一座繁荣城镇，它在美食产业上倾注颇多，这可能更具典型性而非独特性。对我们来说，庞贝之所以特别，不在于当地人如何吃喝或者吃喝了多少，而在于这些活动的证据被保存的完整程度——从出现在华丽住宅餐厅墙上的美观的宴会场景，到可以从排泄物化学分析中推断出的居民饮食的细微构成。所有这些物质文化在同一次大灾难中保存下来，使我们看到，庞贝并不是某种独特的新兴美食城市，而是某一时期在自己地盘上的古罗马人的剖面。这座保存在火山灰下的城市为我们提供了作为酒徒和饕客的罗马人的缩影。

庞贝人有很多机会在这些事业中发挥自己的特长。全城大约一万五千人可以在一百多个公共食堂（迄今已发掘的数量）中进行选择，这些食堂被称为"热食店"（*thermopolia*）（图2.1）。[13] 主要的生意是售卖从下面加热的双耳罐中舀出的热的食物。从古今中外的共餐经验来看，庞贝人在用餐时也同时进行着许多非饮食形式的生活交易，这一点也不奇怪。庞贝的快餐店有许多选举涂鸦，显然兼具了政治公告栏的活跃功能。许多文字都在赞美最受欢迎的候选人——例如，"杰尼阿利斯要求布鲁提乌斯·巴尔布斯成为执政官。他会保护国库"（拉丁语语料库 *CIL* IV 3702）[14]，还有其他内容显示着历史悠久的抹黑竞选对手的做法，其中最引人注目的对象似乎是某个叫作马尔库斯·亚里努斯·瓦提阿的人，一些自称为晚睡者、深夜酒徒和小摸小偷的人在各种涂鸦中对他进行了颇具讽刺意味的赞美（*CIL* IV 576，IV 575，IV 581）。无论政治态度如何，餐馆都是使其获得最大曝光度的地方。[15]

热食店墙壁上另一种极受欢迎的公报可能会令人更为惊讶。它们有

图 2.1　庞贝市 Lucius Vetutius Placidus 热食店柜台，
I.8.8，庞贝市

时非常简单。例如，在被称为索特里卡斯酒店（Caupona of Sotericus）的
建筑上有"Futui copanam"，也就是"我和房东太太上床了"（*CIL* IV
8442）；在维雷昆达斯酒馆（Tavern of Verecundus）处则有"雷斯提图
塔，请脱下你的袍子，让我们看看你毛发浓密的私处"（*CIL* IV 3951）。
还有些是以对话的形式出现，比如在普利玛热食店（Thermopolium of
Prima），塞维乐乌斯和苏克塞斯索斯为了女奴艾利斯争吵，一个人传达
他的相思，另一个人则宣示自己的爱情主权。在公元 79 年和在 21 世纪
一样，这类表达为什么需要公开传播，原因都同样神秘；但对我们来说
重要的是，庞贝的饮食场所经常也承担信息传播的功能。当然，在庞贝
的所有户外墙壁（有时室内墙壁也是）上，有许多这样的主张和声明。
如果说热食店在这类信息上有特权，不仅是因为这里人群扎堆，还因为
它们经常兼做妓院。在这个问题上学术界有很多争论：过去的专家倾向
于把庞贝所有的公共场所都看作妓院；现在钟摆可能已经摆向了另一

个方向：学术界如今显然致力于呈现一种"净化"过的餐馆的早期历史。[16] 但是不容置疑的是，无论谁经常光顾这些地方，无论在那里满足了何种欲望，庞贝的证据表明，饮食都是公共和私人生活的中心，事实上，它既确立也模糊了两者之间的区别。

当然，家庭领域是不同的：那里更为精英，更加昂贵，没有涂鸦（大多数情况下）。但它也为我们提供了另一种证据，证明了吃与喝在罗马文化中的核心地位，这与其说与吃喝的实际内容有关，不如说是关于围绕这一经历的意识形态和愿望。关于私人家庭用餐的实际地点，材料考古学透露了一些信息，但并不完全是确定的。经过两个世纪的考古学研究，在已发掘的城市中有大约一百个不同的地点被认为是卧躺餐席，即由长榻构成长方形的三个边（尽管不一定是直角）形成的空间。[17] 事实上，它们并不都有三面布置的实际证据，正如前一章所讨论的那样，如果说在现代，卧躺餐席成了罗马餐厅的代名词，那么应该记得，富裕的庞贝人的用餐地点包括了屋内和屋外的各种不同空间。我们还应该记得的是，即使在当时，卧躺餐席这个词也是一种混合物，它起源于希腊语的"κλίνη"，但做法却显然是罗马的；我们可以把这一"拉丁逆生"（Latin back-formation）现象作为一条线索，以此了解罗马人自述的宴会习俗的故事。

如果这是一个故事，那么庞贝人和他们的室内装饰师显然希望以各种方式频繁地讲述它。例如，在卧躺餐席（现藏于那不勒斯的国家考古博物馆）（图 2.2）的几幅与用餐有关的壁画中[18]，我们发现了一些长榻陈设的经典直角定位，画中只有两个长榻，每个长榻上有三个人（尽管有第四个用餐者，可能已经离开了他在右侧长榻的位置），这幅画描绘的时刻一般被理解为是宴会的尾声阶段。参与者都是男性，图画的前景——一名食客弯着腰，被一个男孩搀扶着，而另一名食客正在被人帮着穿鞋，显然他即将离开，看起来有人给他奉上了一杯送行酒——暗示我们正在见证着那些完全字面意义上的会饮活动。这幅

图 2.2　卧躺餐席屋的壁画，西墙，V.2.4，庞贝。
国家考古博物馆，那不勒斯

作品的附件（图 2.3）在相邻的墙上，以长榻的类似排列方式在户外布置了宴会场景（关于出席者是否都是男性，众说纷纭），但这里强调的不是喝酒而是音乐，壁画上刻的文字表明了这一点，其中两个人，也许是发言者，向他们做了一个明确的手势："玩得开心。""我要唱歌。""去吧。"

　　作为类比和对比，我们可以考虑在赛斯提乌斯·维努斯图斯洗衣店（Fullonica of Sestius Venustus）发现的一幅壁画（图 2.4）。这里的

图 2.3　卧躺餐席屋，北墙，V.2.4，庞贝。
国家考古博物馆，那不勒斯

参与者都是女性，而且和上面的醉酒场景一样，奴隶们与参与者的性别相同。几乎看不出是不是卧躺餐席，虽然肯定有酒，但没有醉酒的迹象。与前作恰恰相反，这里的主题似乎是秩序，画面居中位置的女士掌控着全场。她手中拿着的可能是一个西斯铃（*Sistrum*），既是打击乐器（类似于拨浪鼓），也是权力的象征，尤其与女神伊西斯（Isis）有关。女性的聚会画得比男性的聚会更高雅端庄，这一点并不奇怪；但这样场景的存在却值得注意。19 世纪那不勒斯的展品目录将这幅作品

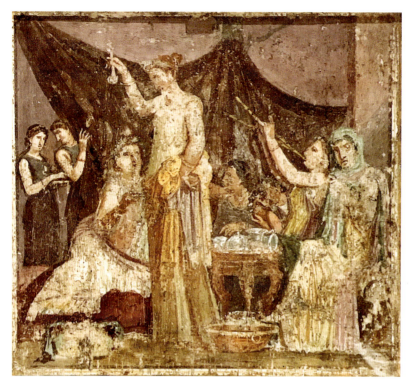

图 2.4 赛斯提乌斯·维努斯图斯洗衣店中的宴会场景壁画，I.3.18，庞贝。
国家考古博物馆，那不勒斯

图 2.5 纯洁恋人之屋壁画，
3 号房间，北墙，IX.12.6，庞贝

称为《妓女的会饮》(*Symposium of Hetaerae*);无论这种会饮是否正式存在，很明显，宴会的参与者可以全部都是女性。[19]

在"纯洁恋人之屋"(House of the Chaste Lovers)中发现的一幅图像（图2.5）提供了另一种对比。不管19世纪的考古学家为这个住所命名时受到何种启发，在这里可以看出，无论是喝酒还是性爱方面，女性并不需要像赛斯提乌斯·维努斯图斯的壁画中那样节制。卧躺餐席再次出现；不过，占据它们的不是喝醉酒的绅士而是一对对情侣，即使他们不太明目张胆，也绝对是亲密无间的。同时，左边那对情侣极为引人注目的手势把我们的注意力吸引到另一个女人身上，大概是因为喝了酒，她需要别人搀扶，但即使在醉醺醺的状态下，她仍能握住一个酒瓶。与其他女人不同的是，她并没有和伴侣靠得很近，尽管有迹象表明在卧躺餐席后面有一个正在睡觉的男子。也许这对情侣比其他两对更嗜酒；现在她正在迅速委顿，而那名男子一定是早早就开始喝，现在已经醉倒，在睡觉了。

"纯洁恋人之屋"还有一对类似的作品（图2.6、2.7），取景于露天宴会。酒具相当繁多，其中一幅画了特别生动和优雅的玻璃器皿，另一幅增加了一个仆人的形象，他正在碗里调酒。但卧躺餐席似乎已经失去了与会饮的所有联系，因为它逐渐演变成了性爱沙发，画中人物的姿势与更露骨的色情插图联系更紧密。赫基雷尼亚的一幅壁画（图2.8）更是将这种刻画推向极致，只有两个人物在进行类似于会饮的活动——男人拿着酒角正要啜饮，而女人则向等待的奴隶做手势，但这一场景的整体冲击力显然是有关色情的。

在这一类壁画中，我们看到的是弗里茨·萨克斯尔在其富有启发性的文章《图像意义的连续和变异》中所阐述的原则：建立一个视觉图标，在其文化内外都可以被识别为特定意义的承载者，同时也容易受到某种意义灵活性的影响。[20]这里的连续说的正是萨克斯尔所谓的经典图像：一组具有一致性的形状，使其意义——或至少其外延意

图 2.6　纯洁恋人之屋壁画，
3 号房间，东墙，IX.12.6，庞贝

图 2.7　纯洁恋人之屋壁画，
3 号房间，西墙，IX.12.6，庞贝

义——可以在其文化中或在某些超越其文化的情况下被立即识别。这种象似性（iconicity）被描绘宴会的作品所进一步证实。在庞贝的马库斯·卢克莱修之家（House of Marcus Lucretius），宴会参与者是从事狂欢和音乐创作的丘比特，而在医生之家（House of the Physician），参与者则是尼罗河畔的俾格米人[1]（图 2.9），他们正在进行一些显然并非饮食的活动——与河马搏斗、肛交等，但我们又一次看到的是，遮篷、构成长方形三面的布局、音乐演奏、其中一位食客举起的手臂，甚至还有一个明显是原始酒桌的器物确定了古典宴会的外延特征。21 显然，无论是否亲眼目睹过精英宴会，罗马人都知道它是什么样子。这并非是说宴会真的看起来如此，只是说这样的安排是宴会的一个标志。

就像罗马帝国的大部分精英文化一样，这个标志重又指回了希腊，希腊文明在最富盛名的时候通过哲学和宴会场景来表达自我，在柏拉图、色诺芬[2]（Xenophon）和普鲁塔克的著作中都能找到"会饮"的标题。在罗马人中，宴会的参与者可以全部是男性，也可以全部是女性，或者是男女都有；他们进行的主要活动可以是讨论哲学、享用美食（尤其是饮酒）或欣赏音乐。卧躺餐席可能是公民通过卧姿表达其精英地位的场所，否则，卧姿可能会蜕变为一种便于性爱的姿势。所有这些变化——这是最重要的——都可以包含在那套标志性位置的一贯安排之中，当它们以小型化或戏仿的形式呈现时，也是明确无误的。就像卧躺餐席这个词本身一样，这是对希腊风格进行的积极改编。

西塞罗在《论老年》（De senectute）中写到了宴会，这有助于我们理解这里的问题。他借由加图（Cato）之口反思了适合老年的快乐：

---

［1］ 泛指男性平均身高不足 5 英尺（约 1.52 米）的民族，该名称源于古希腊人对于非洲中部矮人的称呼。
［2］ 公元前 434 年～公元前 355 年，古希腊将军、历史学家，著有《长征记》。

图 2.8　喝酒的夫妇壁画，来自赫基雷尼亚。
国家考古博物馆，那不勒斯

图 2.9　尼罗河流域场景的壁画，
其中有俾格米人的宴会、音乐演奏和性交，来自庞贝医生之家的卧躺餐席。
国家考古博物馆，那不勒斯

我曾经和这些［俱乐部］的同伴们一起吃饭——总的来说，是以一种完全适度的方式，但却带着某种适合我年龄的热情，随着时间的推移，我对各种快乐的热情每天都在削减。事实上，我在这些社交聚会中的快乐，更多的是与朋友见面和交谈的快乐，而不是身体上的愉悦。我们的祖先把朋友们在宴席上的躺卧称为"聚会"（convivium），因为它意味着生活上的交流，这比希腊人的称呼更好，希腊人有时称其为"一起喝酒"，有时称其为"一起吃饭"，这显然在把这些聚会中最没有价值的东西抬到了给予聚会最大魅力的东西之上。[22]

　　他在希腊人的"一起喝酒"和罗马人的"一起生活"之间进行区分，指出了我们在庞贝墙壁上看到的一个方面：形象地再现的宴会，被认为包含了各种各样的、陪伴之中的生活。然而他断言吃与喝是其中最不重要的部分，这就出现了一个问题。普鲁塔克也提出了同样的主张，他指出柏拉图和其他人在会饮上没有提到菜谱，只记录了哲学讨论。[23] 食物和酒可能被推到边缘（正如我们在上一章看到的），但吃与喝为更高层次的活动提供了场合和先决条件。在罗马帝国高阶层公民住所中如此常见的宴会壁画不能被看作哲学或友谊的再现；为了吃饭而聚在一起的人才使它们具有辨识度和标志性。

　　在这些绘画中，有一个要素可能把它们拉得离哲学更远，离晚餐更近。问题还是在于连续和变异。无论庞贝壁画中的活动类型如何，无论人物的具体造型如何，十几幅壁画中都存在着一个几乎完全相同的要素。从视觉证据来看，在描绘罗马文明的每个自矜的住所内都拥有一张带弯脚的三腿小桌（mensa delphica）。[24] 即使是丘比特和尼罗河流域的俾格米人居住的华丽住所（马库斯·卢克莱修之家、医生之家中的装饰物可以证明）似乎也有这件器物。当然，并不是说这种设计元素一定算作忠实记录。"mensa delphica"起源于公元前4世纪的希腊，因此在这里无疑是希腊化精致的象征。但它也是一种真实的财产，在庞贝的帕奎奥·普罗库洛之家（Casa di Paquio Proculo）发现的一个保存完好的样本就是证明。（在图 2.8 的前景中也能看到）

我们对"mensa delphica"感兴趣，因为这种三腿小桌上面总是摆放着一系列酒具。事实上，在所有这些图像中它都处于这样的显著位置——前面和中间，也是最接近观众的位置——不可避免地，它展示了用于饮酒的器具，这些酒具标志着宴会一个特定方面的首要地位。庞贝城的物质文化传递出这样的信息：无论罗马文明中的用餐在整体上的文化威望有多大，其核心都在于饮用葡萄酒。回想这些描绘用餐场景的壁画，而不仅仅是那一件家具，你会意识到，事实上从来没有任何吃饭的迹象，只有喝酒。的确，尽管在整个庞贝（和其他地方）有许多食品的图像，但我们从来没有看到人们在吃这些东西，就好像进食固体食物是一个不雅的绘画主题。

而饮酒就不是了，精心布置的"mensa delphica"表明，如果酒被置于文化价值的顶点，那么它的价值表达可以在调制、倒酒以及最重要的——上酒的容器中被最明显地看到。据悉，拉丁语中有 25 个关于酒杯的词（例如：*ankon, batioca, calyx, cantharus, caucus, crustallus, culilla, modiolus, phiala, poculum, potorium, scaphium*）；[25] 而且，即使爱斯基摩语中有许多关于雪的单词的这些不严谨说法在很大程度上已经被推翻，但不可否认，这种语言密度揭示出的，是一种在主题特别重要的地方对含义进行具体说明的文化需要。一个更生动的证据是庞贝的维斯托里乌斯·普里斯库斯（Vestorius Priscus）之墓，墓室里有一幅美丽的壁画，描绘死者收藏的 19 件银质酒具，陈列这些酒具的实际上并不是"mensa delphica"，而是一张四条腿的希腊式桌子，考虑到需要展示的酒具数量，这张桌子无疑是必要的。[26] 这幅画不仅展示了他的家庭财富（维斯托里乌斯死时只有二十三岁），而且传达了他通过有大量美酒助兴的娱乐活动在公共生活中崭露头角的政治家潜能，这也是当时的

图 2.10
有提比略凯旋队伍场景的银杯，
来自博斯科莱尔，1 世纪。
卢浮宫博物馆，巴黎

图 2.11　银杯，
所谓的奥古斯都皇帝杯，
来自博斯科莱尔，1 世纪。
卢浮宫博物馆，巴黎

常态。

　　无论是以什么词语来命名，这些杯子本身都能充分说明饮酒的文化地位。举例来说，19 世纪末在庞贝附近博斯科莱尔（Boscoreale）出土的两对容器就值得注意。[27]（顺便说一下，还有一个特征能够说明此类物品的价值，它们往往被囤放在一起，经过原主人慎重的包装和隐藏，为的是防备窃贼或自然灾难的发生，如维苏威火山爆发前 17 年的地震。）这对杯子的主题完全不同：一个是涉及提比略（Tiberius）和奥古斯都（Augustus）的宏大帝国主题（图 2.10 和 2.11）；另一个是一套神秘的哲学寓言，上面有著名的贤哲和跳舞的骷髅。我们之后会更详细地讨论后一对作品（图 2.12 和 2.13）；目前，最重要的细节也许是这些作品都是成对出现的。这意味着，在与一位密友进行最神圣的交流时，主人会拿出最好的银质高脚杯，其图形表面具有复杂的含义，适合两人一边进行长时间的讨论，一边啜饮杯中的葡萄酒。

饮酒并不是唯一通过用具来体现重要性的美食活动。在庞贝迄今为止发现的物品中，有相当一部分与烹饪有关。[28] 这些物品的数量惊人，质量更惊人。这里有种类丰富、制作极为精良的烹饪器具：包括陶制和青铜制的加热容器、金属和赤陶的锅、蛋糕盘，以及一些精致的雕刻食品模具，显然是用来制作油酥糕点或肉末饼的，我毫不怀疑布里亚－萨瓦兰[1]（Brillat-Savarin）对这些模具会感到非常满意。餐具的设计水平更令人惊叹，通过类似于茶汤壶的内部热源来保持食物的温度，而且——也许更值得注意的是——即使是在相当实用的餐具上，也专门进行了精心装饰[29]。庞贝的例子呈现给我们的是一个以美食为价值核心的社会。看来，罗马人不仅吃（以及喝）得好，在餐具的装饰上也花了很多钱。

2

从最基本的意义上说，庞贝提供的是所谓的无声的证据：我们检查了一组保存完好程度惊人的无生命物体，我们"阅读"它们，哪怕只是在比喻的意义上。不过幸运的是，古罗马文明也提供了大量不那么无声的材料。事实证明，吃与喝在文本档案里，与在庞贝的街道上一样，有着响亮而清晰的核心地位。

首先是历史编纂学。在罗马人自己撰写的罗马编年史中，关于吃什么以及食物是如何生产的叙述起着重要作用。所有这些文本中的主

---

[1] 1755 年～1826 年，法国政治家、美食家，以所著的《口味心理学》闻名。

叙事都有着固定模式：诚实正直的古人变成了今天自我放纵的酒徒。科鲁迈拉（Columella）在他的《论农业》（*De re rustica*）的开篇就哀叹（在随后的两千年里，情况没有什么变化）近几代人放弃了对土地的耕作。随着他的论说渐入佳境，他提到了所有古老的职业——耕作、种植、葡萄栽培、狩猎，这些职业造就了过去基本的、正当的食物，他将这种生活方式与当今罗马人屈服于"可鄙的恶习"，如"促进贪食的食物调味和更加奢侈的菜肴"进行了对比。[30]

在这些情感的基础上，普林尼利用原始的食物创造了整个罗马的早期历史。[31] 罗马的第一顶王冠是用玉米穗做成的；努马·庞皮留斯（Numa Pompilius）设立了烤炉节，用烤二粒小麦（被认为是所有谷物中最基本的一种）[1] 做成的咸饼来祭祀神灵。我们通常用意大利语"farro"一词来表示这种谷物，而且我们倾向于购买磨成小圆粒状的，因为它的外壳难以消化，从而证实了它的"原始"品质；最早的姓氏也与农产品有联系——如词源分别是蚕豆、扁豆和鹰嘴豆的费比乌斯（Fabius）、兰图鲁斯（Lentulus）和西塞罗（Cicero）[2]。他还引用了瓦罗关于可食用物品数量的说法——同样，他选择了那些象征着简朴生活的物品——在古代，人们只需花一个阿斯[3]（as）就能买到：1 配克[4]（peck）小麦、30 磅无花果干、10 磅油和 13 磅肉。记载罗马衰落的历史学家们总是用非常熟悉的食物单位做衡量标准。

盛行的哲学流派提供了另一份档案，尤其是斯多葛派和伊壁鸠鲁派之间长达几个世纪的辩论；[32] 在这里，食物和饮料也会发挥核心作用。当然，这些哲学的源头在希腊，但它们之间的矛盾，以及它们如

---

[1] 二粒小麦是比较常见的小麦品种之一，由单粒小麦与杂草山羊草杂交而成，所谓"二粒"指的是每个小麦颗粒中含有两颗籽粒。
[2] 三个姓氏分别与拉丁语中的"faba"（豆子）、"lentis"（小扁豆）、"cicer"（豌豆）同源。
[3] 古罗马标准铜币。
[4] 干量单位，一般用来量谷物，相当于约 9 升。

何被重塑为日常生活中的两大信条，成为了罗马思想的一个重要趋势。我们都知道这种对立的简单版本：伊壁鸠鲁派为快乐而活，斯多葛派则设法对痛苦不以为意。而我们也可能被告知这两种哲学传统实际上比这更复杂。伊壁鸠鲁主义的"快乐"来自对自己欲望的谨慎控制（这使它听起来有点儿斯多葛），而斯多葛主义与其说是被动面对逆境，不如说是积极发展个人意志来应对变幻莫测的命运。

伊壁鸠鲁派（Epicurean）在意食物是不奇怪的，毕竟，他们给我们提供了"epicure"一词，也就是"美食家"；他们哲学的简化版本经常与"吃喝快乐"（Eat, drink, and be merry）联系在一起，不过这句话其实是来自《圣经》[1]。但它跟吃与喝的关系远比流行口号要深刻得多。[33] 正如我们所料，食物的主题在阿特纳奥斯描述晚宴的十五卷本《欢宴的智者》（*The Learned Banqueters*）中出现了。其中一位哲学家老饕宣称：

> 符合自然规律进行的推理完全是为了肚子而进行的。教导这些人的是伊壁鸠鲁（Epicurus）[2]，他曾经大声疾呼：从肚子里得到的快乐是一切美好的起源和根源，凡是明智的或特别的，都是以它为参照的……不管怎么说，如果我别除食物味道中获得的快乐，我就无法想象出"善"。[34]

尽管从音乐、视觉美感和性爱中也可以获得快乐，但伊壁鸠鲁主

---

[1] 此语出自《路加福音》12：19，"然后要对我的灵魂说，灵魂啊，你有许多财物积存，可作多年的费用。只管安安逸逸地吃喝快乐吧。"（And I will say to my soul, soul, thou hast much goods laid up for many years; take thine ease, eat, drink, and be merry.）

[2] 公元前341年～公元前270年，古希腊唯物主义哲学家，伊壁鸠鲁派的创始人，在伦理上主张达到不受干扰的宁静状态，并要学会快乐，与其追随者以吃简单餐食、讨论广泛的哲学主题闻名。

义的这一部分——毕竟对话本身是在饭桌上进行的——会把吃与喝视为决定快乐的事物。

更令人惊讶的是，罗马的斯多葛派发现，他们和伊壁鸠鲁派一样，很难远离餐桌，这在爱比克泰德（Epictetus，希腊人，但一生中大部分时间住在罗马）的作品中体现得尤其明显。他用也许是很常见的进食隐喻来联想眼下或者今后的人生机会：

> 记住，你在生活中的行为应该像在宴会上一样。当有食物被传来传去时，它早晚会来到你身边；伸出手，礼貌地取用一部分。继续传递；不要留住它。还没有到你面前的时候，不要把你的愿望投射其上，而要等它来到你面前。对待孩子如此，对待妻子如此，对待职位如此，对待财富如此；这样终有一天你配得上参加诸神的宴会。[35]

然而，在其他方面，人们有一种感觉，盛大的宴会对爱比克泰德来说不仅仅是隐喻。比如在他举的例子里，当一个人应该用斯多葛主义应对的逆境并非孩子早夭或损失财富，而是未受邀参加晚宴：

> 你是没有被邀请参加某人的晚宴吗？当然不是；因为你没有付主人给晚餐开的价钱。他要的是赞美，是个人关注。你若是感兴趣，就按标价付钱。但如果希望空手套白狼，那你就是个贪得无厌的蠢货。（25）

这个晚宴的例子带来了一个很不一样的对灾难的"斯多葛式"反应。和前一段引文中不同的是，没有人告诉我们要被动面对机会的来临或丧失；我们要么忍受，要么闭嘴，屈从于体系而不是抱怨它。在斯多葛主义者似乎非常熟悉的罗马公共宴会的世界，有严格的、被广泛接受的互惠规则，这些规则在这里却遇到了相当多的冷嘲热讽。斯多葛主义就像在玩游戏，而这个游戏就是宴会。从斯多葛派的哲学到贺拉斯式的讽刺只差几步之遥，我们在本章后面会看到。

阿特纳奥斯认为，这些对立的哲学原则实际上是在宴会中所讨论的，而宴会构成了哲学争论的核心部分。更值得注意的是，如前所述，我们拥有一对物件，是字面意义上对这件事展示并讲述的证据。

在博斯科莱尔宝藏中发现的一对银杯上有大量的图形和文字装饰。[36] 一个杯子上的场景（图 2.12）描绘了希腊戏剧的精英；他们的名字——欧里庇得斯、索福克勒斯、米南德[1]（Menander）——都刻在上面。他们正在凝视着一个巨大的戏剧面具，另一个这样的面具放在基座上。另一个杯子上的场景（图 2.13）描绘了斯多葛派的创始者芝诺（Zeno）和伊壁鸠鲁派的创始者伊壁鸠鲁，他们也是骷髅。周围是一些哲学格言，例如，"活着的时候要高兴"。这两位哲学家正处于对峙状态：芝诺的骷髅抬起手指着对手，似乎在非难他，但伊壁鸠鲁似乎被附近一块刻着"快乐是最高的善"的蛋糕吸引了。杯子所讲述的故事显然想要包含文化智慧的两个伟大媒介：哲学和（戏剧的）诗歌。这两种媒介都有同样的野心，意图揭示关于生与死的真理，其中最根本的——可以看到这里的所有人物都是骷髅——是死亡的不可避免。如果对此还能有一个反驳论点的话，就是葡萄酒杯子本身的存在是让一对活人来啜饮美酒。

从某种意义上说，杯子提供的所有证据似乎都有利于伊壁鸠鲁一方，然而这些物品本身似乎暗示着持续的辩论和其中的快乐。主人和朋友用这些杯子喝酒的奢华而亲密的环境让我们想起某种私人场合，在这种场合下，吃与喝不仅被体验，还受到哲学的分析，这本身就是对不可避免的死亡的一种回应。

---

[1] 约公元前 342 年～约公元前 290 年，古希腊戏剧作家，雅典新喜剧的最杰出代表。

图 2.12　有骷髅和戏剧面具的银质高脚杯，
来自博斯科莱尔。
卢浮宫博物馆，巴黎

图 2.13　有骷髅的银质高脚杯，
上有芝诺和伊壁鸠鲁，来自博斯科莱尔。
卢浮宫博物馆，巴黎

　　如果我们能偷听假设中的有学问的宴会者之间的对话，不管是在阿特纳奥斯的书页里还是在家里，他们手拿博斯科莱尔出土的杯子高谈阔论的时候，我们很可能发现他们的语言本身就是奇怪的烹饪语言，即使主题不是食物或饮料。威廉·迈克尔·肖特（William Michael Short）在一篇令人产生无限遐想的文章中指出，在拉丁语中，有一类以烹饪、上菜、品尝和消化为中心的非常广泛的传统隐喻。[37] 肖特认为，现代语言可能效仿机械和商品运作的方式来塑造交流——语言经由渠道，从传播者传递给接受者——拉丁语使用者则把他们的话语描绘为从厨房开始，以消化结束。

　　不可否认，在某些类型的拉丁语文本中，烹饪语言出现的频率和密度都很高。政治阴谋和喜剧情景是 *cocta*、*decocta*、*concocta*、*excocta*[1]（肖

────────────

[1]　在烹饪语境下分别为"将水煮沸""将水煮沸然后放入雪中冷却""煮熟""煮干"。

特, 249），否则就是 *parata* 或 *adparata*[1]，在这些语境中，"准备"有烹饪上的意义。修辞语言本身的特点被说成是有味道的、咸的、甜的、调味好的，可以被 *esa* 或 *devorata*[2]，一旦被了解，就是易于被 *ruminata*[3]。

事实上，正是在关于语言本身或语言产物的讨论中，这些隐喻才显得格外明显。当罗马人写到文字、书籍或文学时，头脑中经常会联想到与吃、喝相关的动词。昆体良不仅在《雄辩术原理》中谈论写作时提到了烹饪活动，他还用这类术语来表达一种类似于消化过程的智力过程。[38] 对文学有最低限度的认识就是"勉强用嘴唇尝过它"（*qui literas vel primis...labris degustarit* [12.2.4]，包括一个有自我意识的 *ut aiunt* [如他们所说]，承认他是用比喻意义）。当他自己希望以总结的方式对待文学时，他只是在**品尝**各种体裁，而不是搅过（churn through）整个图书馆（*nos genera degustamus, non bibliothecas excutimus* [10.1.104]），并暗示如果不是品尝的话，也可能会朝着呕吐的方向发展。对男孩进行阅读的系统教育，必须通过让他们**反复咀嚼**相同的食物来诱导他们**吞咽**无聊的重复；这里用到的动词"remandere"[4]，被普林尼用来指称黑海老鼠对食物的啃啮。事实上，这整个过程的词语都可以追溯到《自然史》的一个篇章，普林尼在此提出动物是否有味觉的问题——他的答案是有——接着详细介绍了它们摄取食物的方法：*alia augunt, alia lambunt, sorbent, mandunt, vorant*, 即"有的吮，有的舔，有的吸，有的嚼，有的吞"（10.91）。无论是隐喻上还是字面上，饮食的语言都开始像那些拉丁语里许多形容酒具的词一样：在最重要之处存有大量语义特异性是文化的要求。[39]

就像词语和事物之间的任何相互作用一样，语义特异性不仅是语

---

[1] 两个词都有"准备"之意。
[2] 分别为"吃"和"吞"。
[3] 有"咀嚼"之意。
[4] 意为咀嚼。

言的属性，也是它所要象征的东西的属性。其实对于一个特定烹饪主题的特异性，罗马人很权威[1]。我们可以从维吉尔和普林尼之间的跨代争论中观察到这一点。《农事诗》（*Georgics*）第二卷的主题是果实植物，其中包括一个史诗体的清单，介绍了罗马人治下地区的葡萄品种。[40] 然而，这段话是从希腊人开始的：维吉尔说，我们的葡萄树不像莱斯博斯岛[2]（Lesbos）的米西姆纳[3]（Methymna）（"我们的树上挂着的不是莱斯博斯岛从米西姆纳的枝丫上采集的那种葡萄"[2.89-90]）。这句话在修辞上是含糊的。米西姆纳的葡萄园因其产量和质量广为人知，[41] 特别是考虑到维吉尔在赞美罗马时喜欢打希腊牌，人们期待在这个开局之后会有某种对比。但后文并未出现任何对比。"不是……那种"之后只是对一些葡萄品种赞美性的列举，并有不同程度的细节。但这种列举也很快就没了下文，这段话的结尾是对开始时列举行为的否定。"但对于许多品种或它们的名字来说，没有统计——事实上，也不值得费心统计。"（*Sed neque quam multae species nec nomina quae sint, / est numerus; neque enim numero conprendere refert.*[2.103-104]）

这里正是普林尼介入的地方。在他怀念过去美好时代的众多表述中，有一则是对古代农业知识已被遗忘的谴责，其中他引用了维吉尔的话："尽管他是个快乐而优雅的诗人，但他只摘取了我们可以称为他主题的花朵：事实上，我们发现他只说出了葡萄的大约 15 个品种。"[42] 《自然史》报复式地极力纠正了这一遗漏。普林尼做的还不只是继续讨论了 91 种葡萄和 166 种葡萄酒。维吉尔仅有的 15 个例子伴随着一套很大程度公式化的描述："最好的葡萄酒""最优质的""鼓鼓的葡萄串"（*firmissima vina, rex ipse, timidis ... racemis*），有点像史诗目录里加在人

---

[1] wrote the book，是有权威有经验的意思，字面意思是写书。
[2] 希腊岛屿，位于爱琴海北部。
[3] 莱斯博斯岛上的一座城镇。

名后面的形容词，或多或少可以互换。普林尼不仅增加了葡萄藤和葡萄酒的数量，更重要的是，他增加了它们个性化的密度。

首先，普林尼与维吉尔不同，他制作了葡萄和葡萄酒的排行。在《农事诗》中，描述的原则是优雅的诗文变化，而《自然史》则将等级作为其组织原则，无论是对葡萄品种还是对葡萄酒。（当然，维吉尔是在写诗，而普林尼是在写散文。）阿米尼亚（Aminnean）的葡萄是 *principatus*（最好的），努曼西亚（Nomentanian）的葡萄是 *proxima dignitas*（次一级的）；塞蒂亚（Setinum）的葡萄酒因与皇帝有关而加冕，费勒年（Falernian）的葡萄酒则是 *secunda nobilitas*（第二级的）。但这种区分是有外部标准的，也就是说，并不是由普林尼本人决定的。他明确指出，塞蒂亚之所以能居于首位，只是因为奥古斯都的继任者遵循了他的个人喜好。费勒年获得声誉是因为出色的葡萄栽培技术（现代葡萄酒专家可能会认为这是一种讽刺的恭维，暗示它的自然状况不一定是一流的）。事实上，普林尼接着说："这个地区的名声也因为重量轻质的错误而逐渐消失了。"（14.62）这种情况我们在今天同样感到熟悉。索伦托（Surrentinum）排在第三位，但在这一点上，普林尼自己也有疑问：皇帝提比略声称，它排名高只是因为医生们的阴谋；他本人觉得索伦托的味道更像醋。

事实证明，口味本身是一个偶然的问题，正如普林尼承认的：

> 然而，谁能怀疑某些种类的酒比其他种类更令人满意？谁不知道来自同一酒桶的两种酒中一种可能优于另一种，只是由于酒桶的原因或一些偶然因素？因此，每个人都可以自行判断哪种酒名列前茅。（14.59）

真正重要的是差异。费勒年有三个品种："干型、甜型、淡型。有些人将其分为以下三种——生长在山顶上的高西年（Caucinian），生长在

半山腰上的福斯田（Faustian），以及生长在山脚下的费勒年。"（14.62）

所有这些区别都可以追溯到葡萄酒的起源，它取决于普林尼特有的密集描述。以下是一段几乎随意选择的文字：

> 都拉佐[1]（Durazzo）的人对巴利斯卡葡萄的评价很高，西班牙各省称之为海葡萄；这种葡萄的葡萄串相当稀疏，可以承受炎热的天气和南风；用它来酿造的酒很容易上头，但产量很高。西班牙各省将这种葡萄分为两种，一种是长方形的葡萄，另一种是圆形的；他们把这些葡萄留到最后才采摘。海葡萄越甜越好；但即使它有涩味，也会随着时间的推移变甜，而原来甜的则会变涩。（14.30）

这里显而易见的是，在拉丁文明的鼎盛期，葡萄酒的生产依赖于对自然界看似无限的掌握，对自然物质本身和用来命名它们的语言的百科全书式的认识，以及对随着时间的推移而演变的味觉体验的丰富知识，与饮用后的影响。

当然，酿酒葡萄并非《自然史》中唯一被列举、排名和描述的主题，普林尼也不是唯一（甚至不是第一个）对葡萄酒进行这种百科全书式研究的罗马人。但罗马、普林尼和葡萄的结合将具有持久的意义。这段文字看起来现代得不可思议，这并非巧合。如果说普林尼（像有人说的那样）在他的百科全书的后几卷中发明了艺术史，我们甚至可以说他在这里发明了《葡萄酒观察家》[2]（*Wine Spectator*）。事实上，整个问题是建立在一套几千年来都没有改变的前提之上的。酿酒葡萄从根本上说是单一的实体；然而它还是会有许多变种；这些变化，尽管

---

[1] 都拉斯，Durrës，今阿尔巴尼亚都拉斯州首府，位于阿尔巴尼亚西部亚得里亚海滨。

[2] 关注葡萄酒及其文化的美国杂志，每年发行15期，每期除新闻、专题报道等内容之外，还包括400篇以上的葡萄酒测评。

看起来无穷无尽，但却能够以可重复的方式进行统计，在某种意义上可以算作科学知识；这些公认的子特征容易受到约定俗成的质量等级的影响，这与其他非等级描述的形式是并行不悖的；而无论约定俗成的等级是什么，只要保持在一定范围内，个人口味出现不同就是合情合理的。现代人把酿酒葡萄作为单一的物种来谈论，我们分析葡萄酒的化学特性，一杯柏图斯酒庄[1]（Château Pétrus）的葡萄酒和一杯廉价的葡萄酒有约93%的相似之处，而不同的那7%则交给上帝。43

这一切并非都是化学反应。普林尼及同时代的人再次以众所周知的爱斯基摩人对雪的方式和他们自己对酒器的实际方式来应对这些差异。酒足够重要，也很容易受到差异的影响，以至于产生了一套庞大的词汇。或者说，它是由一套庞大的词汇产生的。这取决于不同的语言理论，但对我们来说，这种区别并不重要。44酒能定义文化差异。但这种差异性的爆发还有一个必要条件。与爱斯基摩人不同，罗马拥有一个庞大的、在某些时期还是高度集权的帝国。（在这一点上，与我们时代的中产阶级化的西方没有什么不同。）举一个中世纪的例子，如果一个人住在酿造单一品种葡萄酒的修道院里，那么葡萄就不是差异性的核心，尽管即使在那里，气候或土壤的变化也可能会产生一些差异。鉴于人们对罗马霸权时代的深刻记忆，普林尼的巴利斯卡葡萄，也就是海葡萄（上面提到过的例子），可以与巴尔干地区的底拉西乌姆（Dyrrachium，即都拉佐，今阿尔巴尼亚境内）向西到西班牙的帝国疆域相对应，所有这些葡萄都被认为脱胎于同一品种，它们都受制于古罗马的文化控制，并且都需要通过若干词语的含义和应用来区分。

普林尼在帝国和个人品味体验这两极之间做出了平衡。然而，就广义的罗马而言，吃与喝的主题更有可能集中在公共领域。一方面，我们看到普林尼带着他的笔记本周游世界，那些两两结伴的庞贝绅士

---

[1] 位于法国波尔多地区的酒庄，其用梅洛葡萄酿造的红酒是公认的极品。

则握着他们精雕细琢的酒杯；另一方面，对于在公共场合用餐的罗马人的历史记载颇多，而且也赋予了许多文化想象。在这座城市的历史上，居民集体参与的大大小小的公共宴会一直以来都是城市生活的特色。[45] 每年至少八次宗教节日，纪念城市特定地区（多达 265 个）的庆典，由寻求关注的个人举办并支付费用的活动，以及随着领土的扩大，越来越多的纪念军事胜利的活动，所有这些都让人感觉，即使在共和时期，这座城市都是被节庆活动支配的，而且几乎所有活动都包括吃吃喝喝。

但正是在元首制和帝国时期，所有这些消费才变得众所周知。尤利乌斯·恺撒在非洲凯旋后，为所有参加胜利集会的罗马公民举办了一场宴会（根据普鲁塔克的说法，宴会包括两万个卧躺餐席）。[46] 操办私人宴会、公开宴会，以及公众注视下的私人宴会的尼禄，曾因为建造作为大宴八方的场所的金宫（Domus Aurea），而几乎让国库破产。图密善（Domitian）则试图兴建更胜金宫一筹的宴会厅，根据斯塔提乌斯[1]（Statius）的说法，该宴会厅的柱子数量足够支撑天堂。[47] 臭名昭著的贪食者维特里乌斯（Vitellius）即位于四帝之年（公元 69 年），他的故事为关于诸多罗马皇帝的记载添了一抹喜剧色彩，他花了一大笔钱买了世界上最大的炖锅，必须在乡间一处特制的炉子烧火加热；他将其命名为（有人认为是亵渎神明的）"密涅瓦之盾"[2]。[48]

以贪吃出名的皇帝们跨越了公共和私人宴会之间的界限，但早在尤利乌斯·恺撒和尼禄之前，罗马的某些超级富豪就已经开动脑筋，举办了他们自己的盛宴。当时和现在的传统说法是，帝国在公元前 1 世纪左右的扩张带来了财富和贪得无厌的品味，正如道德家们不

---

[1] 公元 45 年～ 96 年，古罗马著名诗人，因创作了大量反映古希腊神话的相关史诗作品而闻名，其作品现仅存残篇。
[2] 密涅瓦是罗马神话中的智慧和战争女神。

厌其烦地指出的那样，当它被用于私人目的时就更为可鄙了。全赖普鲁塔克，我们得到了对卢库卢斯[1]（Lucullus）的描绘（他的名字永远是沉湎美食的代名词），他对宴会的追求达到穷奢极欲的程度——宝石镶嵌的酒器、反季节的画眉等，他甚至独自用餐也要大讲排场。[49] 不出所料，普林尼如实地记录了这类贪得无厌的私人用餐行为，并指出哪个公民是为卧躺餐席放置银器或在晚宴时供应整只烤野猪的始作俑者——但是他还补充说，在接下来的一个世纪里，情况变得更糟了。[50]

我们的问题和以前一样，与饮食场景如何定义周围更宏大的文化有关——这里说的是政治和社会文化。两个时间相距遥远但都有据可查的宴会有助于说明一些核心问题。最早的庆祝宴会之一发生在公元前214年，这种模式后来成了罗马公共宴会的主流，那时候是为了庆祝罗马军队在贝内文托（Beneventum）战胜汉诺[2]（Hanno）试图增援汉尼拔的迦太基军队。[51] 罗马胜利的情况，正如李维（Livy）详细描述的那样，是复杂的，因为获胜一方的大多数士兵实际上是奴隶。这种特殊情况一度延续下去，代表着罗马的历史将继续被奴隶和自由之间的灰色地带困扰几个世纪。而根据李维的说法，令这一情况更为复杂的是，并非所有的奴隶士兵都作战勇猛。

所有这些区别都被融进了庆祝活动。得胜将军提比略·森普罗尼乌斯·格拉古[3]（Tiberius Sempronius Gracchus）开始了他的胜利演说，他慷慨地奖励了普通公民老兵，然后宣布所有奴隶都将被释放，无论他们是否表现英勇。因此，他履行了罗马对士兵做出的解放承诺，这显然是因为整体的胜利，而不是每个奴隶士兵的勇敢表现。事实证明，即便如此，区别还是存在的，而且这个关键问题将在餐桌上体现出来：

---

[1] 公元前118年~约公元前57年，古罗马将军兼执政官，以财富和举办豪华宴会闻名。
[2] 第二次布匿战争中马戈·巴卡（Mago Barca）麾下的迦太基将领，汉尼拔的外甥。
[3] 与其父同名，公元前212年去世，在第二次布匿战争期间担任罗马共和国执政官。

我将下令上报那些拒绝战斗、不久前离开的人的名字给我知道，生病之人除外；我将逐一传唤他们，让他们发誓，只要他们还在服役，就只能站着吃喝。这个惩罚你们将默默地承受，因为你们会意识到这是给怯懦之人最为轻描淡写的处分。（12-15）

当贝内文托公民怀着感恩的心情提出举行庆祝宴会时，格拉古同意了，条件是要公开进行，关于这一点，李维接着说，新解放的奴隶现在被允许戴上象征自由的白帽；"他们尽情享用，有的躺着，有的站着，边将饭菜端上桌边吃"。宴会向所有人开放，一视同仁，但宴会也是差异的标志；而宴会传达的所有信息，不管是否矛盾，其含义不言自明。换句话说，罗马的公共宴会既是一项参与性的活动，也是一场供参与者观看的宣传。在这种情况下，不仅是参与者：正如李维所报告的那样，再合适不过的是，格拉古下令作画——画面上可能包括象征性的头饰和姿势——来纪念这个场景，这幅画就供在自由神庙（Temple of Liberty）之中，它使胜利宴会的制度与宴会原始场景中展示的包容性和差异性成为典范。

我们没有关于这幅画的其他记录，但关于这个场面的一切都将成为之后几个世纪许多罗马宴会的形式特点：军事胜利、（不参与战斗的）公众的感激回应，以及最重要的是，在一种宣传平等的形式下同时进行社会区分。到了图密善和图拉真（Trajan）的时代，也就是格拉古胜利后约三百年，在公共场所举行的帝国宴会，无论目的如何，都是社会宣传的核心工具。歌颂皇帝就是大肆宣扬他与所有阶层的罗马人一起用餐；因此斯塔提乌斯在谈到图密善举行的一次宴会时说："所有阶层的人都在同一张桌子上吃饭：儿童、妇女、民众、骑士、元老。自由已经让敬畏松懈了。"（*Silvae* 1.6.44）小普林尼[1]（Pliny the

---

[1] 罗马帝国时期的律师、作家和议员，老普林尼的侄子。

Younger）在谈到图拉真时说："您总是在公开场合用餐，您的餐桌对所有人开放，您的饭菜及其乐趣就在那里等着我们分享，您鼓励我们交谈并加入其中。"[52]

然而，同样丰富的文献对这些场合的解读与其对社会平等的主张背道而驰。普鲁塔克"餐桌谈话"中的一位发言人怀旧地指出，得胜将军埃米利乌斯·保卢斯（Aemilius Paullus）举办胜利宴会时（图密善和图拉真之前两百年），宴会安排与作战计划本身一样有序和等级森严。然而，如今情况发生了变化：

> 我们亲眼看到，没有组织的奢侈晚餐气氛并不愉快，菜肴也不丰盛。因此，厨师和侍者十分注重应该先上什么再上什么，中间或最后上什么，这是很荒唐的……然而，对于那些受邀参加这种娱乐活动的人来说，他们是在随意和偶然选择的地方吃饭，不分年龄，不分地位，也没有任何等级上的区别——这种区别可以让杰出人物感到尊重，让仅次于他们的人感到放松，并体现主人的判断力和分寸。[53]

至少对于那些担心阶级流动的人来说，维持秩序的愿望显然已经从注重阶层的社会组织转移到了无须在意阶层的菜单组织。这是把食物降到边缘位置的另一种坚持，正如柏拉图的会饮贬低饮酒以支持哲学，或者布歇的恋人当然不会想到葡萄。但就社会秩序而言，当考虑到罗马的讽刺文学时，我们将再次目睹这种认识，甚至还会更加生动：无论是在皇帝的餐桌上，还是在各种城市显贵（即使出身卑微）的餐桌上，宴会是平等和不平等同时上演的场所。

在普鲁塔克的《道德论集》（*Moralia*）中，社会保守派演讲者对公共宴会上与饮食相关的方面表示不屑，其实这种态度与时代格格不入。根据李维的说法，当格拉古在公元前 3 世纪举行胜利庆祝活动时，对个体的分类可能并不民主，但菜单肯定是民主的（见上文注释51）。事实上，这个场合的起源是自下而上的。贝内文托的每家每户都在前院摆好酒席，然后"邀请大家，并恳请格拉古让他的部队享用盛宴"。但是，对不速之客的慷慨并不是后来宴会的常态。下面我们就来了解第二个标志性宴会。[54]

昆图斯·凯基利乌斯·梅特卢斯·皮乌斯（Quintus Caecilius Metellus Pius）是公元前1世纪早期的次要军事和政治人物，在不同时期分别与伟大的庞培（Pompey the Great）和苏拉（Sulla）结盟，并晋升为联合执政官和祭司院（College of Pontiffs）首领。如果不是有几个有据可查的宴会，我们今天可能不会怎么记得他。首先，在镇压西班牙叛乱的持续战事中的一个放松时刻，当地人认为梅特卢斯值得歌颂，众所周知他喜爱奢侈，因此受到了配得上神祇或者至少得胜将军（严格来说他不是）的盛宴款待。我们从马克罗比乌斯（Macrobius）的《农神节》（Saturnalia）里看到，宴会环节包括喇叭吹奏、演员表演、播撒藏红花、戴上胜利桂冠，梅特卢斯本人穿着一件刺绣繁多的长袍，菜肴中还出现了"许多以前闻所未闻的鸟类和动物，不仅来自整个行省，还来自大洋彼岸的毛里塔尼亚[1]（Mauretania）"。[55]

四年后，梅特卢斯本人举办了一场可能不如之前那么惊天动地的宴会，以庆祝一位叫作兰图鲁斯·奈杰尔（Lentulus Niger）的新任战神大祭司的就职典礼。梅特卢斯·皮乌斯全力以赴，正如马克罗比乌斯记叙的那样：

> 这就是晚餐：前菜是海胆、生牡蛎（想吃多少就吃多少）、鸟蛤和贻贝、芦笋烧画眉、肥母鸡、一盘烤牡蛎和蛤蜊、黑白贝类；接着又是贻贝，蛤蜊，海蛰，啄木鸟，狍子里脊，野猪里脊，用

---

[1] 北非古国，疆域包括今摩洛哥东北部和阿尔及利亚西部。

面团包裹的肥鸡、啄木鸟、骨螺和紫贝；主菜：奶脯肉、野猪脸颊肉、烤鱼、烤奶脯肉、鸭子、煮水禽、野兔、烤肥鸡、麦片粥和皮西努姆[1]（Picenum）面包。（3.13.12）

　　如果贝内文托以及接下来六个世纪的无数庆祝活动里的主题是社会包容，那么这里的主题——而且在相当长的未来也将继续存在——就是炫耀。宴会就是剧场，无论从浮夸的仪式还是华丽的服装来看都是如此，就像梅特卢斯早先的招待宴会一样。或者需要盛装角色扮演，就像屋大维（尚未获得奥古斯都封号）让他的客人打扮成奥林匹斯诸神，而自己则以阿波罗的身份进行主持——指责这场宴会是渎神行为的不乏其人。[56]

　　然而不应忘记，食物是这个景象的核心，尽管它的炫耀形式可能比那些直接搬上舞台的戏剧要更为微妙。梅特卢斯的宴会上提供的菜肴清单可能看起来像大杂烩，但它自成一派壮观的大戏。制作菜单中的一系列食物，本质上几乎就是征服自然，因为这个分布广泛的菜单无视季节和地理的限制。同时，它遵循着宏伟的设计。文本用重复（iterum）把第一组和第二组菜肴分开，然后用主菜（in cena）引入最后一组菜肴，就好像之前的一切都不算是真正的主菜；而且支配着整个流程的是一个更大的结构原则，从咸的东西（主要是贝类），到清淡菜肴（主要是鱼和家禽），最后是更精心炖制或烤制的美食。但也许这种烹饪奇观中最令人印象深刻的部分是在整个用餐过程中都存在经过特殊处理的食物。在这个菜单上出现整整三次的肥鸡可以被理解为人工干预自然的产业的一部分。在晚宴中上了两次的奶脯肉，同样是烹饪中重点关注的对象，将其作为食材毁誉参半，因为使它尤为美味的是吃力且残忍的做法。

　　盛大的宴会，以及有些私人宴会（如卢库卢斯独自用餐时），和

---

[1] 位于古意大利中部，是庞培的故乡。

我们这个时代一样也包括了昂贵的食材。以罗盘草（silphium）（图2.14）为例：凯基利乌斯·梅特卢斯可以吃到（虽然我们看到那不在他的菜单上），但它被过度采摘，注定要灭绝。这不奇怪，显然，这种植物只生长在利比亚的昔兰尼（Cyrene）的某个角落。[57] 据我们所知，罗盘草是茴香的近亲。我们判断它有一种独特的刺激味道，这是由以下事实推断出来的：没有它的时候，可以用阿魏[1]做替代品，这种难闻的草本植物也被称为"魔鬼的粪便"。毫无疑问，它的地位类似于哈姆雷特所说的"将军的鱼子酱"[2]：也就是说，不懂美食的门外汉（和没钱的人）可能会厌恶，但富有的鉴赏家会为之疯狂并一掷千金。毋庸置疑，它的很多魅力源于它的医学特性，包括避孕，这（以及可能治疗勃起功能障碍，但这不是罗盘草的明显特性之一）总是能令任何草药或香料价格高昂。

无论罗盘草有什么不可重构的味道或效果，公元前4世纪提奥弗拉斯特[3]（Theophrastus）已经详细记录了它是稀有和上等的。[58] 但如果说是希腊人发现了这种植物，那么不出所料，是罗马人将其产业化，并使用必要的技术来收集（包括采取了控制收割以确保再生的措施，但最终是徒劳的），再用船来运输这一有价值的货物。它的标志性地位也在拉丁语文献中得到颂扬。普林尼详细描述过罗盘草，宣称它与等重的白银一样值钱，并且记述了最后一根罗盘草如何被作为见面礼赠予了尼禄皇帝（《自然史》19.15）。从普劳图斯（Plautus）所著《缆绳》（*Rudens*）中的一些发言者那里，我们了解到，它的生产成本和出口风险是众所周

---

[1] 一种印度香料，类似芫荽。
[2] 即不合大众口味的鱼子酱，引申含义与曲高和寡类似。
[3] 约公元前371年～约公元前287年，古希腊哲学家和科学家，先后受教于柏拉图和亚里士多德，后来接替亚里士多德领导其"逍遥学派"。据说其名字并非真名，而是亚里士多德见他口才出众而替他起的名。

图 2.14　画家阿科斯拉，阿科斯拉杯，约公元前 565 ～公元前 560 年。
黑绘陶器。国家图书馆，巴黎
应该指出的是，并不是所有的专家都同意绘制中使用的制作材料是硅藻土。
国王的出现表明，无论这是什么材料，都算得上是一种非常有价值的商品。

知的。[59] 在以阿皮基乌斯[1]（Apicius）的名义出版的食谱中，它作为一种大量使用的特殊原料被给予了仔细的关注，其中建议可以用一根罗盘草茎来给一整罐松子增香，就像现在将松露放在大米里一样。[60]

　　鱼酱（Garum）是另一种在培养起嗜好之前都不会喜欢的食品。[61] 这种发酵鱼类的调制品，类似于现代世界的南亚鱼露 nam pla 和被称为盐腌鲱鱼（Surströmming）的斯堪的纳维亚日晒鲱鱼。不过，这种转变的经历，以及这种食物本身，似乎具有比罗盘草更广泛的社会

[1]　古罗马美食家，以对美食的热爱和研究闻名；阿皮乌斯同时也是古罗马烹饪书的名字，该书被认为是最早的烹饪书之一。

经济特征。我们已经注意到庞贝是鱼酱生产中心，这解释了在那里发现的数百个装鱼酱的双耳细颈罐（其中有可能是为犹太市场制作的特酿），[62] 但考古学已经证实整个罗马世界的鱼酱都很丰富；例如，西班牙是最高品质的鱼酱的主要产地。这样的数量可能并不表明其奢侈的地位，经济分析表明，至少在某些形式下，鱼酱有不同价位，面向许多不同社会阶层。

不管它的实际价格范围是多少，鱼酱还是被广泛认为是奢侈的标志。作为一种制成品（与罗盘草不同），它可以以不同的质量水平生产——例如，这取决于原材料是由鱼血和内脏制成，还是由整条鱼制成。后者是劣质产品，还有个不同的名字"liquamen"，但随着时间的推移，这种区别逐渐消失了，而且，正如我们熟知的那样，过了许多年之后，一个更花哨的名字被传播开来，用来指代一种选择较少的产品。在这种等级的游戏里，鱼酱和今天意大利香醋（balsamic vinegar）的情况惊人地相似。它们在原材料上没有任何共同之处，但味道也就是在鲜味方面有一些相似，这也是两者的吸引力中最重要的部分。[63] 然而，更重要的是两者在等级区分上很相像——一方面是一种超市产品，在各地的沙拉吧里都可以看到它，另一方面则是在米其林星级餐厅里，非常特别的菜肴上洒着的几滴精致调味剂。因此，在古代文献中，人们对"liquamen"和"garum"（更不用说 allec，即加工过程中的沉淀物）之间的区别做了很多解释，更有甚者，作家们还小心翼翼地将纯粹的"garum"与名为 garum sociorum 的东西进行区分，后者完全由卡塔赫纳[1]（Cartagena）和加的斯[2]（Cádiz）的鲭鱼制成，价格要高昂很多。

但无论如何，文学记录比经济记录更能说明问题。在拉丁语文献中，"garum"有众所周知的地位，和"罗盘草"（silphium）类似，但

---

[1] 西班牙东南部海港，临地中海。
[2] 西班牙西南部的滨海城市。

含义更为复杂。普林尼对它给予了密切的关注，以一种看似不加评判的方式提及了它自相矛盾的品质。一方面，他告诉我们，它来源于腐物，是由原本会被扔掉的成分制成的；另一方面，它是一种具有极高价值的液体，给制造国带来荣耀；事实上，经过适当的混合，它类似于"mulsus"，即蜂蜜酒，在这种形式下它还是比较好喝的（31.43）。普林尼喜欢抨击奢侈，但令人惊讶的是他对"garum"的描述却非常正面。与他同时代的年轻人马提亚尔的做法则截然不同，他让矛盾全部暴露出来。《隽语》第 13 卷曾一度为他赢得了"厨师马提亚尔"的美誉，这一卷叫作 xenia（《给客人的礼物》），里面的每首诗都是为了配合食物的馈赠而设计的对句。[64]（这一迷人作品本身又一次表明了吃与喝在罗马文化中的地位；我将在第五章中对它做更多介绍。）当以饮食为主题时，马提亚尔说到了这种珍馐的荣耀。在 13.102 节中，他向一位友人赠送了这份礼物，明确指出这是属于"garum sociorum"这种特殊等级的食物，并进一步称赞它来自"一息尚存的鲭鱼的第一滴血"。在另一处（13.82），他让礼物自己发声，自称为双壳动物的主角来自卢克林湖（Lucrine Lake）的著名牡蛎养殖场，坚持认为自己有最高贵的出身。陶醉于此种特殊的液体，该生物宣称："nobile nunc sitio luxuriosa garum"，意即现在它已经变得尊贵，有权要求得到最好的"garum"；它含蓄地指出，无论价格如何，接受礼物的一方必须提供鱼酱。

普林尼同时承认，"garum"还有另一面，这也是马提亚尔在与饮食不那么相关而是更加下流的情况里提到的情况。一个叫泰丝的女人散发出的臭味与一系列令人不快的东西相似，其中包括毛蛋里的死鸡仔；而列举的最后一项——估计也是最恶毒的一项——"一罐腐烂的garum"（6.93）。在另一首诗中，马提亚尔的措辞更为复杂，他以对朋友的称呼开始：

你是铁打的，弗拉库斯，你的女友已经要了六大勺鱼酱，你还能

硬起来。（11.27）

这是一个非常暧昧的时刻，取决于对鱼酱可能的联想。弗拉库斯之所以瘫软，是因为他不得不花很多钱买一份礼物，还是因为任何事情做六次都很累？事实证明，这种自负是基于对弗拉库斯的女友和讲话者的女友的比较。前者不仅想要鱼酱，还想要其他腥臭和油腻的东西；作为对比，讲话者认为自己的爱人对珠宝和丝绸等更高贵更漂亮的东西感兴趣。因此，这个黄色笑话的核心是恶臭的鱼酱，而不是价值一个月薪水的鱼酱。然而，当说话者谈到自己可能不得不提供的礼物——绿宝石和一百个金币时，读者会被提醒，这里既有现金关系也有性关系。弗拉库斯可能有问题的原因不止一个（当然，他的名字告诉我们一些关于他的问题，毕竟人如其名[1]）。

罗盘草和鱼酱告诉我们，罗马的食物（就像许多东西一样）是经济和符号的结合。在最简单的意义上，用现代术语来说，像这样的产品表明罗马的国民生产总值有多少被用于一些相当神秘的炫耀性饮食消费。事实上，这是从我们更熟悉的食品中很容易学到的一课。让无畏的向导普林尼为我们讲述这个故事吧；这一次他将从鱼酱没能在他身上激发的道德高度出发：

> 胡椒如此受欢迎是很了不起的，因为某些商品中的甜味是一种吸引力，其他商品靠的是外观，但作为果实或种子的胡椒都没有什么可取之处。想想看，它唯一令人愉快的品质是辛辣，而我们得千里迢迢去印度才能得到它！谁是第一个愿意尝试用它来调味的人？难道果腹还不足以满足贪婪的欲望？胡椒和生姜都在原产地肆意生长，然而它们却像黄金或白银一样按重量售卖[65]。

---

[1] 这个名字有没力气的、软弱的、松弛的等含义。

在这种没有营养，而且还没有十分突出的医疗／性功能作用的香料上的集体支出是非常大的，人们发现一年中不同时间里，季风可以使向东和向西的船只快速航行，这样就能够到达印度的马拉巴尔海岸并带回适当数量的奢侈食品（和罗盘草情况类似，但数量要大得多），早期航海史随即应运而生。普林尼可以提供一个关于消费经济学的明确说法；在描述航海商人时，他告诉我们："印度没有一年不耗费罗马帝国五千万塞斯特斯 [1]（sesterce）（6.26）。"阿皮基乌斯的烹饪书也从消费者的角度讲述了同样的故事：需要胡椒的食谱有近 500 道。 [66]

3

流传至今的关于盛宴、美酒和（字面上）牵强附会的美食的信息本身并不纯粹。事实上，在一种文化的自我描述中，像其他形式的炫耀性消费一样，大规模的饮食生产也会产生截然相反的话语：它既可以被视为创造力、慷慨和超越人类原始状态的进步的证据，也可以被看作剥削、不平等和可悲的无节制。我们有时可以在普林尼《自然史》的一个段落中观察到这些对立；或者，我们可以审视如今的公共舆论，似乎一边歌颂奢华的生活方式，一边关注生态及平等的迫切要求。然而，就我们对罗马人的描述而言，关于吃与喝的最有说服力的信息提供者几乎完全站在问题的一边。拉丁语讽刺作家对罗马消费文化的记述是最全面的，他们对此几乎没有赞美。

拉丁语的讽刺文学传统可以追溯到公元前 2 世纪的吕齐乌斯（Lucilius），贺拉斯明确了这一起源，对这位早期的诗人，贺拉斯既尊重他，又将自己与之区分开来，在流传至今的吕齐乌斯作品的片段中，我们可以看到食物是讽刺的核心主题。 [67] 我们知道，吕齐乌斯喜

---

[1] 古代罗马的货币名。

欢鞭笞浮夸之风，他把矛头对准了一位叫加洛尼乌斯（Gallonius）的人，声称加洛尼乌斯奢侈地吃着超大的鲟鱼，但实际上并没有吃好，吕齐乌斯将吃得好定义为啖食"火候合适，调味适当"的食物，并且要辅以愉快的谈话（200-207）。[68] 他也在四处寻觅那些大口吃培根油脂的暴食者（69），他用一连串的外号来命名一对臭名昭著的暴食客人（*gumiae evetulae improbae ineptae*，语意近似于"愚蠢、老迈、道德败坏的贪食者"［1028-1029］）。另一方面，当他吃到水准低下的食物时，例如"铺在马蹄前的菊苣"（218）也会生气。他作为主人的确很慷慨，在一次款待客人时，他用金枪鱼肚和鲷鱼颊作为前菜，而且当谈到一项限制某些食物数量的节约法令时，他说，"让我们避免它"（599）。事实上，他是一位食品方面的专家，懂得如何挑选无花果，也会品评台伯河中不同河段出产的鱼和牡蛎的好坏。事实上，食物为他提供了隐喻的素材：寄生虫是"面包虫"（cibicidae），即啃食者（munch-murderer）（760）；情绪的突然变化就像打翻的酒瓶（132）；那些只看重你的财富的人就像购买家禽只是为了艳丽的尾巴，而不是为了醇厚肉味（761-762）。

因此，罗马的讽刺文学始于丰富的烹饪词汇，这些词语既适用于食物，也适用于一般的生活，特别是社会生活。吕齐乌斯作品呈现出的零碎状况使得我们不可能构建一个关于早期罗马饮食的完整叙事，但如果我们把时间推移到几个世纪后，从诗歌到散文，我们就可以找到一种将食物和社会批评相结合的原初场景。事实上，它将在几千年内保持这个原初场景，并成为所有文学作品中最著名的宴会之一。在佩特罗尼乌斯（Petronius）的《萨蒂利孔》（*Satyricon*）中，特利马乔（Trimalchio）是一个拥有惊人财富和糟糕品味的极端暴发户。[69] 他常常不是勃然大怒（虽然他本人是个获得自由的奴隶，但经常对伺候他的人很残忍），就是突然多愁善感起来。他提供的饭菜出奇地过分：各种昂贵的食材（如用橡子喂养的野猪肉、来自印度的蘑菇孢子、有

150 年历史的葡萄酒）和颠覆事物本质的精心调配，如用母猪子宫做成的鱼，或者更令人不安地稍微歪曲事物本质，如在酱汁中"游泳"的鱼。比菜单更可鄙的是他的谈吐，混杂着文化野心和搞笑的错误信息；在对苏格拉底会饮的粗俗戏仿中，佩特罗尼乌斯让特利马乔大谈排便——这与一个饮食话题既有关，也无关。

佩特罗尼乌斯夸张地指出罗马社会被一群新富困扰，这些获得自由的奴隶污染了优雅的礼仪。他们攻击高雅传统文化的工具便是招摇的晚宴，而保守的正派公民——拥有品位而不是财富的人，包括作家本人和他的朋友们——唯一能做的就是，先在那里停留足够长的时间收集笑料并免费吃一顿，然后赶紧离开。另外两个用韵文记叙的晚宴，一个比佩特罗尼乌斯早，一个则更晚一些，更精细地刻画了罗马文化中吃与喝的场景。

贺拉斯的最后一篇讽刺诗（2.8）记录了一次古怪而矫情的宴会，与特利马乔的宴会不无相似之处，而在尤维纳利斯（Juvenal）的第五篇讽刺诗概述的宴会上，不同阶层的用餐者会得到截然不同的待遇。这两篇文章对各自所处时期的罗马公共生活进行了敏锐的观察，理所当然地可以被视为社会文件加以阅读。然而，在这里，我们是从食物角度加以解读的。[70]

在贺拉斯的《讽刺诗集》（2.8）中纳西迪努斯（Nasidienus）举办的晚宴是由诗人志同道合的朋友方丹尼乌斯（Fundanius）讲述的（我们后面还会提到这篇涉及多个角色和间接叙事的作品），诗人立刻问上了什么菜。答案是令人吃惊的"In primis, Lucanus aper"（首先是卢卡尼亚野猪）。在讽刺作家看来，野猪正是炫耀性消费的标志。马提亚尔（9.14）嘲笑某人，说定期给他吃野猪、鲻鱼、奶脯肉和牡蛎（都是高档的罗马经典美食）就能得到他的友谊；另一处，马提亚尔抱怨一顿饭只上了野猪，方式是通过列举所有都没上桌的简单当地菜肴，如晚熟的葡萄、甜如蜜的苹果、某个特定农家产的橄榄，总而言之，就是真正的美食爱好者会喜欢的所有食品（1.43）。但关键不仅在于菜单上菜品的选择，还有上菜的顺序。方丹尼乌斯用"首先"（*in primis*）来回答诗人关于如何开饭的问题，从而让纳西迪努斯成为一个大笑柄。野猪通常是宴会高潮时的压轴大菜，作为开胃菜出场无疑会把我们导向了铺张浮夸的歧路。事实证明，纳西迪努斯并不是唯一一个这样的蠢人；普林尼也将相当明确地抨击这种做法。很久以前（我们又一次用到了普林尼的主叙事），野猪肉很少上桌供应，后来，供应整只野猪可以作为炫耀的资本，再后来，宴会上提供两三只野猪成为时尚，最后的更狠：它们现在不是主餐的一部分，而是——就问你怕不怕——第一道菜（8.78）！

　　事实上，纳西迪努斯的菜单比这种老套路还要更进一步。故事中的叙事者在讽刺诗的开头提出了一个意味深长的问题："如果你不介意，告诉我安抚凶猛食欲的第一道菜是什么。"（*Da, si grave non est, / quae prima iratum ventrem pacaverit esca.*）这是每个罗马人对宴会开胃菜的期待。当时和现在一样，这个阶段往往会上橄榄、牡蛎或腌菜之类的咸味小菜。[71] 好笑之处就在于，野猪肉不能刺激食欲，反而会让人生腻。但这里我们必须相当仔细地读取其中关于食物的内容。我们得知，卢卡尼亚野猪的装饰菜是：

　　辣芜菁、生菜、萝卜——这些东西能刺激食欲——泽芹、腌鱼和库恩[1]（Coan）酒糟。（8.7-9）

　　为纳西迪努斯加一分，或者加半分吧：他对刺激食欲的食物有所了解，但他想象着在野猪周围放上一些腌菜，就能把肥硕的野兽变得令人食欲大开。

　　这样做虽然意图没错，但不太对头，类似的做法是纳西迪努斯宴

---

[1]　库恩酒是希腊科斯岛特产，古典时代的库恩酒以咸味闻名。

会的一大特征。他对酒很慷慨，也知道酒的产地，但他没有像普林尼那样理解差异，所以既倒了卡库班酒[1]（Caecuban）也倒了希俄斯酒[2]（Chian），由于担心不够喝，他还提出再打开阿尔班[3]（Alban）和费勒年（Falernian)。他在苹果的不同采摘条件上大做文章，但对因此会产生的差异一无所知。种类极为丰富的蛋白质——鸟类（*avis*）、贝类（*conchylia*）、鱼类（*piscis*）——都被端了上来，可这些菜肴制作得太过精细，方丹尼乌斯根本没能认出它们是什么，需要通过纳西迪努斯的独白来了解。

这段独白成为对自命不凡的主人的主要控诉。不仅仅是指宴会的一切都涉及过度和混杂的问题：被端上桌的菜肴太多了，还有些不该放在一起的东西或没有任何相似之处就被混在一起的东西。此外，还有主人的喋喋不休。他说道：

> 这［八目鳗鱼］是在产卵前抓到的；如果晚一点肉质就会变差。酱汁的成分是这样的：来自韦纳夫罗[4]（Venafrum）的初榨油，来自西班牙鲭鱼的鱼子，产自海这一边的五年葡萄酒，在煮沸时——煮沸后，希俄斯酒比其他东西更适合佐餐——倒入白胡椒和由莱斯博斯[5]陈酿葡萄酒发酵而成的醋。第一个提出在酱汁中熬制绿色芝麻菜和苦味土木香的可是我呢。（8.43-50）

这传递出的信息是相当明确的，如果不考虑历史，这在我们自己

---

[1] 产自拉蒂姆沿海地区（今意大利罗马东南部的丰迪平原）。

[2] 产自希腊的希俄斯岛，是古典时代最珍贵的葡萄酒之一，根据古希腊历史学家、修辞学家塞奥彭普斯（Theopompus）的观点，该酒是最早的红葡萄酒，在当时被称为"黑葡萄酒"。

[3] 古罗马著名的葡萄酒，酿自罗马东南 20 公里的阿尔班丘陵（Alban Hills）地区。

[4] 意大利坎帕尼亚的古镇。

[5] 或译莱斯沃斯。

的用餐经验中也是相当熟悉的：被嘲笑的对象与其说是过分的菜肴准备，不如说是关于它们的无休止的唠唠叨叨。这番言语的直接后果是一场灾难，桌子上方的遮篷塌了，盖在了刚刚被倾注无限饮食关切的大浅盘上，这是一种诗意的正义。同样应景的是，当纳西迪努斯的奉承者们对这场灾难做出反应时，其辞藻也转变为仿英雄体的宏大模式：要么突出哲学思考（"命运女神啊，还有什么神明会更残酷"），要么心理学意味十足（"想想看吧……你受着各种焦虑的折磨"）。

贺拉斯对这位自命不凡的美食家的语言进行了最猛烈的抨击，这一点后来说得更清楚。"我们看到乌鸫胸脯被烧焦了，鸽子没有尾部——我们的主人没有呈现真正美味的规律和特性。"（8.90-94）换句话说，把家禽端上来，把长篇大论咽回去。贺拉斯毕竟不是厨师而是诗人；这种抨击向我们暗示的是美食艺术和语言艺术之间的特殊关系——事实上，是一种相当紧张的关系。这种关系有很多条线索。我们已经注意到文本中持续存在着关于烹饪、品尝和吃的隐喻，我们可以加上 *satura* [1]（讽刺诗）的特殊情况，讽刺似乎可以定义为某种香肠。[72] 但为了更全面地了解美食和语言之间的关系，我们必须看看另一首与宴会有关的杰出拉丁语讽刺诗。

如果说在纳西迪努斯和特利马乔的例子里，菜单是讽刺的核心，那么当有两个菜单时，我们可以将这种现象成倍放大。在尤维纳利斯的时代，也就是贺拉斯之后一个多世纪，有钱有势的人继续通过举办盛大的宴会，在家属、扈从、奉迎者和朋友的圈子里扩大他们的影响力（这里的友谊概念非常适合用于讽刺），但那些被邀请的小人物虽然坐在大人物的身边，得到的菜单却不一样。或者可以这么说，罗马皇帝们宣扬的餐桌之旁人人平等的花言巧语变得更容易看穿，更加需要批判。对于

---

[1] Satura 是 satur 的阴性，是"满"的意思，有混合馅料或香肠的意思，讽刺诗本身最初也是一种用诗句或用散文和诗句混合的杂烩。

一二世纪的罗马社会批评家来说，这种情况几乎好得令人难以置信。几百年来，富人和权贵的自命不凡一直为讽刺文学提供素材；而宴会则一直是这些行为展开的原初场景。小普林尼记录了他在一位大人物家里与一位坐错位置的客人进行的谈话，他利用这个机会阐述了自己民主实践的意义。在普林尼的家里，似乎每个人都在食物链的最底层吃喝，所以这种场合同时也更民主，对主人来说也更经济。[73] 马提亚尔则写了一首诗（3.60），他在诗中向主人抱怨说，由于他不再参与仪式性的礼物交换（*sportula*），他所吃的一系列菜肴远不如主人自己吃的美味；他以令人胃口大开（或倒胃口）的方式详细列举了这些差异。

在《讽刺诗》之五中，尤维纳利斯围绕着这种差异建立了一个非常巧妙的比喻。[74] 有个叫特雷比乌斯（Trebius）的小人物被邀请到有钱有势且（后来证明是）令人反感的维罗（Virro）的餐桌上。特雷比乌斯就这一即将发生的事件征求诗人的意见——估计是要不要接受邀请——结果诗人借题发挥，进行了大段精彩的评论，使特雷比乌斯从那种剥削性的扈从关系发现自我。这首诗的开头和结尾部分都是社会批判：特雷比乌斯不应该如此不顾一切地为食物付出接受羞辱的代价；他应该料想到这种邀请不涉及任何真正的友谊；他应该明白，这种邀请绝非任何形式的好客，而是明确地设计成一种羞辱；如果继续这样下去，他就将会像奴隶一样被剃光头。

然而，这首诗的主体不是社会批判（至少不是直接的社会批判），而是菜单：维罗本人吃的菜肴和款待特雷比乌斯的菜肴。维罗所喝的酒是 150 年前的同盟者战争[1]（Social War）期间榨的葡萄——不仅使酒变得古老（古老得荒谬），而且还将其置于罗马统治意大利半岛的高贵起源中；事实上，它是在很久之前，执政官们还留着长发的时候装瓶的。它盛在一个用宝石装饰的杯子里——这些宝石可能曾装饰过埃涅阿斯的

---

[1] 又称意大利战争或马尔西战争，指罗马共和国与意大利其他城市之间的战争。

刀鞘，但现在却委身于宴会厅里伺候人。而特雷比乌斯得到的葡萄酒让人联想起新剪羊毛中提取的油脂，而且是倒在一个有裂纹的酒具中，这个容器有着尼禄时期一个声名狼藉的告密者一样的绰号，因为它的尖嘴据说酷似该告密者的鼻子。（令人不安的联想：酒和鼻子之间的错误关联。）维罗的龙虾摆成了胜利宴会的式样；特雷比乌斯却不得不忍受属于丧宴的螃蟹。维罗像纳西迪努斯一样选择了韦纳夫罗的橄榄油，而倒在特雷比乌斯面前青菜上的黏糊糊的东西闻起来酷似灯油。

维罗的晚餐坚持（虽然很讽刺）按照古代历史和《荷马史诗》中的神话来命名：他的水是由一个身价超过早期罗马国王全部财产的男孩奉上的；他的八目鳗是从斯库拉[1]和卡律布狄斯[2]之间抢来的；他的野猪配得上墨勒阿革洛斯亲自宰杀[3]；他的甜点可能来自《奥德赛》中阿尔喀诺俄斯[4]的果园或来自赫拉克勒斯故事里的赫斯珀里德斯[5]。而另一边的特雷比乌斯吃的东西，似乎总是与罗马最糟糕的街区有关。他的温水是由一个深肤色小伙子递来的，深夜里你可能会在拉丁大道（Via Latina）的坟墓旁遇到这种人；他吃的鱼是台伯河里有污斑的鱼在苏布拉（Suburra）下水道里产的卵孵化的；而晚餐结束时作为甜品的烂苹果，则像是科林门（Colline Gate）前堤岸上的邋遢街巷里用来喂驯猴的。

在这种结构中特别明显的是——我们以前也看到过这种现象——食物使尤维纳利斯得以通过具有非凡语义密度的媒介将信息传达给读者。也就是说，如果用烹饪的比喻进行描述，就可以以非凡的力量让罗马人理解文化内涵。但是，我们已经超越了贺拉斯的纳西迪努斯在

---

[1]　希腊神话中吞吃水手的女海妖。

[2]　希腊神话中坐落在女海妖斯库拉隔壁的大旋涡怪，会吞噬所有经过的东西。

[3]　狩猎卡吕冬野猪的英雄。

[4]　斯刻里亚岛国王、波塞冬的孙子。

[5]　看守极西方赫拉金苹果圣园的仙女。

美食上的掉书袋，也超越了读者对一餐中供应四种酒的粗俗行为的嗤之以鼻。尤维纳利斯菜单上的大多数选择——无论是好是坏——都是不可能的，甚至是荒谬的。简而言之，我们并非在真正的厨房里。我们不再受厨师的掌控；我们落在了诗人手中。

毕竟，与特利马乔或纳西迪努斯的宴会不同，这场宴会并不是作为实际发生过的宴会再现的。不仅特雷比乌斯和维罗是虚构的，而且这个令人厌恶的宴会也是在想象中的未来发生的。尤维纳利斯不是一个描述者，而是一个发明家。因此，所有这些语义密度和差异性定义的部署，都是在赞美他作为文字大厨的技能。事实上，尤维纳利斯的前辈和榜样佩尔西乌斯（Persius）在他讽刺诗集的开头写道："是谁教会了鹦鹉说'你好'，教喜鹊学习人类的语言？是那位技能大师，那个天赋的赐予者，肚子。"[75] 这种承认和亲热的姿态是在维罗家的晚餐中出现的，他的双份菜单代表了这位诗人对他的肚子缪斯和他所属文化的感激之情——这种文化中吃与喝具有如此强大的象征能力。创造一个宴会——尤其是一个怪诞的、精心准备的宴会——是在进行一种特殊的诗歌创作。

这一点——从尤维纳利斯回到贺拉斯——有助于解释在我们提到纳西迪努斯的宴会之前，就已经在第二卷讽刺诗集里见识过的持续存在的烹饪主题。在第二卷中，贺拉斯似乎认为食物与意见的表达有关。这卷讽刺诗集里有很多演讲者替贺拉斯发声。毕竟这一卷的开头是对诗人声音的一种摒弃。他告诉我们，他的第一本讽刺诗集没有让任何人满意，尽管原因是矛盾的；现在他向朋友特雷巴提乌斯（Trebatius）征求意见，后者的第一反应是："Quiescas"——别再说了。从我们面前的文本来看，贺拉斯拒绝接受这个建议，但第二卷第一篇讽刺诗的全部内容都在致力于寻找那个正确的、几乎不可能找到的讽刺声音：诚实、有意义、安全。他在第二首讽刺诗中至少暂时找到了——一个乡下的哲学家奥菲勒斯（Ofellus），猜猜看他几乎只谈论什么？食物。

我们了解到，最能体现简朴生活的，就是区分菜单的恰当与否。拒绝孔雀、巨大的鲟鱼以及把水煮与炙烤的食物或贝类与家禽混在一起的菜单；接受鸡蛋、橄榄、蔬菜以及火腿；不喝蜂蜜酒或葡萄酒，除非（这会不会有些矛盾呢？）质量绝佳。

奥菲勒斯真的代表了贺拉斯的观点吗？这些规定和禁令是否不仅是烹饪上的，也是诗歌上的？这种困惑在《讽刺诗》第二卷第四篇中加深了，这里贺拉斯召唤出另一个烹饪专家卡提乌斯（Catius），他给的建议比奥菲勒斯的建议还要具体得多，而且在美食方面也要精细得多。这是另一个对从食物角度解读具有指导意义的场合。这首诗的许多叙述理所当然地认为，任何能用八十行诗文说明虾和蜗牛如何治疗宿醉，介绍"复合酱"的配方，讲出找到蘑菇、桑葚和贝类最佳地点的人，都可以算是戏仿英雄体的傻瓜；[76] 而卡提乌斯有助于证实这种印象，他在介绍这一切时，就好像他自己是个无名神谕的代言人。（与《会饮篇》的相似之处在此尤为复杂和引人注目。）然而，这些诗句中几乎没有任何内容会与 1 世纪或 21 世纪的美食学相矛盾：雨水灌溉的蔬菜比人工灌溉的更好；不同的鱼类需要不同的烹饪方法，昂贵的鱼不一定是最好的；用橡子喂养的猪最为美味；高级葡萄酒不经过滤会更好喝；最漂亮的苹果不一定最好吃；结束一餐最健康的方式是简单的水果。而且，当你思考其中的大多数诗句时，就会发现它们在伦理或诗歌领域的权威性不亚于在美食领域。

在《讽刺诗》第二卷中所使用的各种（据称）非作者的声音中，有一个与贺拉斯发生了特别激烈的争吵。"我已经听了一段时间了，"对话者在诗的开头就说，"我希望对你说句话，但作为一个奴隶我不敢。"（2.7.1）这不是别人，正是贺拉斯自己的奴隶达乌斯（Davus），他显然一直在听别人朗诵之前的六首讽刺诗。现在他要提出一些质疑了。他是一位完美的斯多葛派哲学家："那么谁是自由的？是智慧的人，他是自己的主人。"（2.7.83）看起来贺拉斯不是这样的人，达乌斯当着主人的面列举出他行为中的矛盾之处。在这篇演说中，达乌斯在抨击对方时堪比西塞罗。他对比了自己的恶习如何受到惩罚，将其与贺拉斯的恶习相比，作为自己进行修正的武器。

这些叱责有些针对性爱，有些指向艺术欣赏，但其中最尖锐的则是关于饮食。达乌斯说，贺拉斯声称喜欢在他的乡村厨房里啃草吃素，但等他真到了那里，却渴望着城里的奢侈品，反过来情况也一样。独自进餐时，他赞美孤独的生活，但如果有来自梅塞纳斯[1]（Maecenas）的临时晚餐邀请，他就会放下一切，对所有的奴隶大叫，让他们迅速帮他做好准备。达乌斯用腹语术为另一个助手——食客穆尔维乌斯（Mulvius）发声，他说："我确实不坚定，被我的胃牵着走。我耸起鼻子想闻到美味的气味……但是你，既然你也一样甚至可能更糟，你还敢来责备我吗？"（2.7.38-42）达乌斯用自己的声音表达了同样的观点："如果我被热气腾腾的馅饼诱惑，我就是个没用的饭桶；但你——你的英雄品质和精神会抗拒丰富的晚餐吗？为什么都是听从胃的召唤，我的问题却更严重？在夜幕降临时，奴隶把偷来的毛刷换成葡萄，他有罪吗？一个人听从肚子的吩咐卖掉自己的财产，与奴隶的所作所为毫不相似吗？"（2.7.102-111）形式上是仿照《农神节》将阶级结构颠倒了过来，但其文学形态是经典的：最值得讽刺的对象是讽刺者本人。贺拉斯是真正的奴隶；贺拉斯是真正的饕餮者。与梅塞纳斯一起吃饭是食物和权力的双重奴役。并非巧合的是，剩下的一首讽刺诗——这本书似乎是在写了八首诗而不像第一卷的十首之后故意中断的——是关于一场晚宴，梅塞纳斯在场，贺拉斯没有被邀请，纳西迪努斯提供的菜单古怪到了过度夸张的程度。

---

[1] 公元前 70 年～公元前 8 年，罗马帝国皇帝奥古斯都的谋臣，著名的外交家，同时还是包括维吉尔、贺拉斯等在内的诗人和艺术家的保护人，他的名字在西方被认为是文学艺术赞助者的代名词。

如果说包括奥菲勒斯、卡提乌斯、达乌斯这些贺拉斯的发言人都用自己的方式把美食变成了美好生活的话语，那么有一种特殊的抒情体裁正是朝着这个方向发展的，使用的又是晚餐这一媒介。但这是一个完全不同的场合。几个世纪后，出现了一种邀请用餐的文学体裁，这种一致性显著的体裁可能源于希腊时代，通常是诗歌，但也有散文的形式。[77] 这些邀请恰恰是考究的宴会文本的对立面，人们必须假定这两种体裁之间有一种自觉的关系。典型的宴会文本将粗俗的主人与有品位的绅士对立起来，后者通过蔑视过度烹饪来展示自己的优越；作为对比，文绉绉地邀请承诺提供简单的饮食，至少有可能保证受邀者欣然赴宴。

这些邀请的语气无一例外都是不温不火的。例如，马提亚尔告诉对方："如果在家里闷闷不乐吃晚餐"（5.78），感到令人沮丧就来，对另一个人则说："如果你没有更好的安排，就来吧"（11.52）。事实上，几乎所有人都炫耀性地展示了菜单的平庸。佩特罗尼乌斯用来待客的是一只鸡和鸡蛋，但警告说当年的天气已经毁了一切（《萨蒂利孔》，46）。马提亚尔在一次邀请中开篇就提到廉价的生菜和发臭的韭葱（5.78），另一次则说起他管家的妻子带给他的"缓解胃部不适的锦葵"，虽然他的菜单上还有更花哨的菜，其中一道甚至包括令人生畏的奶脯肉，我们已经说过了，这是豪华菜肴的套路（10.48），而且被头脑正常的人鄙视为残忍的过度放纵。卡图卢斯[1]（Catullus）则在众人中脱颖而出，因为他对朋友说，只有他自己带食物来，才能享用一顿好的晚餐（《诗集》13）。[78] 很多时候，不起眼的菜单往往不仅是一套特别的烹饪选择，而且表明在真正的朋友之间，像样的晚宴上还有比食物更重要的东西。卡图卢斯的朋友会得到"爱的本质"；马提亚尔承

---

[1] 约公元前87年～约公元前54年，古罗马诗人，在奥古斯都时期享有盛名，现存诗歌版本均源自14世纪在维罗纳发现的抄本，他继承了莎孚的抒情诗传统，对后世的彼特拉克、莎士比亚等诗人产生了深远影响。

诺"无恶意的欢乐，不会让人在第二天早上感到焦虑的坦率言语，没有什么是你希望自己没说过的"（10.48）；小普林尼在写给一个失约没来吃饭的朋友的信中说，如果他没有去吃更高级的东西，就会享受到"乐趣、欢笑和学识"（《书信集》，1.15）。

所有这些主张——现在已经熟悉到令人感到折磨了——说明食物并不重要，所以不需要花里胡哨。重要的是真正的友谊和真诚的对话，从饮食上说，这种价值观的最好体现就在包括鸡蛋、奶酪、橄榄在内的简单菜肴。同样熟悉的悖论是，这些文本中有很多都详细地引用了菜单上的项目：正在提供的简单菜肴，未提供的花哨菜肴。在小普林尼的例子中，后者指的是在家里晚宴上提供的东西（"你选择去了一个可以享用牡蛎、母猪内脏、海胆和西班牙舞女的地方"[1.15]），他的朋友因为这些东西而失约。在这里我们很熟悉了，也许尤维纳利斯与维罗的晚餐是最好的典型：食物可能不会被当作美好社会的至善之物（不这样想的纳西迪努斯们遭殃了），但它描述这个社会的语义价值是至关重要的。[79]

然而，当贺拉斯以这种风格写作时，内容都和酒有关。在《书信集》第一卷第五札中，他只是顺带提及一道不起眼的沙拉，但却非常明确地指出了酒的年份和产区，他继续颂扬这种饮料的好处，说它能够"揭开秘密，使希望得以实现，把懦夫推上战场，让焦虑的心卸下重负，传授新的艺术"（18），使所有喝酒的人都变得口若悬河。在《颂歌集》（Odes）中，他非常在行地引用了许多纳西迪努斯过分吹嘘过的名酒——"热情的费勒年""马西科陈酿""九年以上的阿尔班酒""用一百把锁看守的卡库班酒"（2.14.25）[80]——作为无伤大雅的快乐象征，正是因为它们是在亲密而意气相投的恰当情况下被享用的。然而，为了更为真实的意气相投，诗人向梅塞纳斯发出邀请时，言辞向一个完全相反的方向发展了：

你将用朴素的杯子喝下一种廉价的萨宾酒（Sabine），那是我储存在希腊罐子里并亲手密封的，就在你，梅塞纳斯，杰出的骑士，在剧院里获得如此热烈掌声的那一天。你父辈的河岸，是的，还有梵蒂冈山上顽皮的回声，都在重复着对你的赞美。在家里，你可以喝卡库班酒，酿酒的葡萄是在卡莱斯[1]（Cales）压榨的；我的杯子却没有因为费勒年或者弗米恩山坡上的葡萄而变得芳醇。（《颂歌集》1.20）

在贺拉斯的表述中，给这种简单的酒重新命名，重点不在于它的年份或著名的产地；它的故事始于梅塞纳斯的成功之日，即诗人将它封入酒桶的当天，一直延续到它被饮用之地，即贺拉斯的家里。换句话说，它的门第是由饮用的人决定的。

于是，葡萄酒变成了一个比奶酪、鸡肉或橄榄更灵活的符号。通常，食物（尤其是精致美食）是良好对话的对立面；但葡萄酒，无论精致与否，都能促进良好的对话。而我们今天所赞美的风土、年份和酿造方法等所有品质，使葡萄酒成为将主人、客人和土地结合起来的独特纽带的象征。

对贺拉斯来说，这些积极的品质并不局限于晚宴的场景，正如他最著名的两首抒情诗呈现的那样。人们很少想起，贺拉斯的"carpe diem"（及时行乐）伴随着另一个训谕，两者恰恰是相似的。在提醒琉柯诺[2]（Leuconoe）我们不知道未来会发生什么的前提下，告诉她要把握今天之前，他说：

明智些，滤好酒（*vina liques*）。（《颂歌集》1.11）

---

[1] 坎帕尼亚古城，今意大利南部的卡尔维里索尔塔（Calvi Risorta）。
[2] 贺拉斯所著《颂歌集》第1卷第11首中的致敬对象。

这句话并不像"carpe diem"那样容易翻译。这条训谕的开头类似于"要聪明",也包含"品味"一词,具有我们之前见过的双重含义。第二部分与"及时行乐"的相似性很明确,指的是在准备饮用葡萄酒的过程中进行的沉淀或过滤。任何与发酵葡萄汁液的生产和消费有关的人都知道,这既是与时间的斗争,也是与时间的恋情。在这首诗的语境中,敦促"vina liques"是一个比"carpe diem"更具体、更大胆的劝告。如果你今天不把它滤出饮用,酒可能会变得更好;但未来是不确定的。请奥逊·威尔斯[1](Orson Welles)[81]原谅我的说法,但未到时间就喝的酒,总比没有酒好。贺拉斯把"滤好酒"和"及时行乐"并列在一起。尽管我们和好莱坞把它们分开,但事实证明,两者都是时间问题。

这让我们想到了贺拉斯的最后一句名言。在他庆祝罗马亚克兴(Actium)海战胜利和埃及女王克里奥帕特拉自杀的颂歌中(《颂歌集》,1.37),故事的核心依然是酒。疯狂的女王被来自祖国埃及的名酒马雷欧提卡(Mareotica)灌醉。因为她的身体已经吸收了毒蛇的黑暗毒液,我们罗马人终于可以拿出那些储存在我们祖先酒窖里、等待一个有纪念意义的场合的卡库班酒。恐怖时期已经过去,正如这首诗开篇所宣称的:*nunc est bibendum*——现在必须喝酒了。尽管纳西迪努斯那类人可能会饮用过量,但对生活中的极端情况——无论是认识到死亡不可避免,还是庆祝罗马统治的胜利——恰当的反应都是打开瓶塞。

4

吃与喝并不能成功抵抗死亡;其实在罗马的文化想象中,它们往往是紧密相连的。据卡西乌斯·迪奥[2](Cassius Dio)骇人听闻的详细描

---

[1] 美国电影导演、编剧和演员,代表作包括《公民凯恩》《战争世界》等。
[2] 约155年~约235年,古罗马政治家、历史学家,其关于古罗马历史的著作达80部之多,这些著作有些保存完好,有些仅存残篇,为现代学者提供了详细的参考资料。

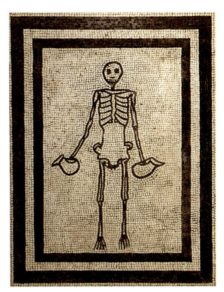

图 2.15　带骨架的马赛克，
波利比乌斯之家，VI.17.19，庞贝。
国家考古博物馆，那不勒斯

述，[82] 皇帝图密善举办了一场死亡宴会，在宴会上，客人们被当作已经进入了来世（当然，惊恐的食客们很清楚，图密善随时都可以把他们送到来世）。所有的东西都被涂成黑色，包括男侍者；座位牌是墓碑；客人们都被噤声，而"皇帝本人只谈与死亡和屠杀有关的话题"。饮食和死亡的结合在家庭环境里可以采取更温和的形式：庞贝的一个餐厅里有这样的马赛克装饰，描绘着手持一对酒壶的一具骷髅（图 2.15）。[83]

那些 1 世纪的晚餐客人与骷髅马赛克所代表的慷慨和死亡的组合之间，究竟进行了什么交易，是无法被描绘出来的。但我们还有另一次宴会与死亡同时出现的场景，尽管内容是虚构的，作者对这些术语进行了丰富的阐述。在宴会的最后阶段，在享用过用猪肉做出鹅的造型这一精致菜肴之后，特利马乔开始多愁善感。[84] 他先是庸俗伤感地说奴隶和我们一样都是人，并邀请他们坐到餐桌旁，让他优雅的客人感到惊愕；然后他的思绪就转到了自己的死亡。刚来到宴会的石匠哈宾纳斯（Habbinas）看起来酒足饭饱，他发表了长篇大论，详细介绍了他刚刚离开的那个同时举行的宴会上，菜单是如何过度铺张——这成为了特利马乔从吃饭谈到坟墓设计的最佳机会，仿佛宴会的结束本身就是一种死亡。他希望坟墓有 100 英尺宽，200 英尺深；他希望有水果、鲜花、船只、他的狗的雕像，他的妻子抱着一只鸽子，还有另一只狗；他订购了一个日晷放在刻着他名字的坟墓中央。对特利马乔来说，这是一个个人宣传的问题：这样一来，人们想知道时间的时候就会看到他的名字。然而，对我们读者来说，这个日晷是死亡的象征，正如整个盛宴本身。

这种细致的坟墓设计指南的确在罗马帝国得到了实施，其中最引人注目的一个，虽然可能不是在宴会中构思的，但还是作为辉煌的食物纪念碑而存在。马库斯·维吉留斯·欧律萨斯（Marcus Vergilius Eurysaces）的纪念碑，一般被称为面包师之墓（Baker's Tomb）（图2.16），比《萨蒂利孔》的创作早了一个世纪左右。[85] 虽然它不像特利马乔的墓那样，正面有一百英尺，但还是在普雷内斯蒂纳大街（Via Preanestina）和拉比卡纳大街（Via Labicana）的交会之处占据了一个非常突出的位置。

除了和特利马乔的关联以外，我们不知道墓主究竟是自由人、被解放的奴隶还是外国人。对我们来说，关键在于这么一个重要且有独创性的纪念碑是由一位面包师建造的——更重要的是——他还有着明确的目的，要把自己从食品行当中获得的财富和地位广而告之。非要把它和特利马乔扯上关系的话，我们可以说这两个人有着共同的欲望，纪念碑要巨大、要显眼，而且和某种私人的纪念紧密关联。应当指出，这些都是罗马帝国文化中的传统主题，既是文学主题（出于嘲笑或者谴责的目的），也是实际操作。[86] 无论是在文本中还是在实践中，都可以看到夸大墓主生前成就的做法。事实上，就社会地位通胀而论，它在很大程度上与夸张晚宴的主题相类似，我毫不怀疑佩特罗尼乌斯思考的就是这种相似性，因为他把过度夸张的坟墓问题放在过度夸张的

图 2.16　面包师之墓，公元前 1 世纪。
马焦雷门，罗马

宴会后段，而宴会的结局会被明确地再现为一种死亡。

　　特利马乔想展示他社会地位的提升和他的财富；却没有在设想的墓碑上提及他的财富来源。但很多人都这样做了，尽管更多的是在铭文中而不是在形象的描述中。欧律萨斯给了我们类似于"上述所有"的东西：向上层流动、炫耀财富，以及——这些属性中最罕见的——对墓主如何发家致富进行了非常明确的描述。

　　所有这些都与本章的主题——饮食文化和高雅文化有关。欧律萨斯职业的社会地位如何是毫无疑问的：我们可以引用西塞罗在《论义

图 2.17 铭文，图 2.16 的细节

务》（ *De officiis* ）中的说法："最不值得尊敬的是那些迎合感官享受的行业：鱼贩、肉商、厨师、家禽饲养者和渔夫。"这个清单也是他从泰伦斯《太监》（ *Eunuch* ）中一个特定的会话场景中引用的。[87] 根据最近关于罗马纪念建筑物的一些有说服力的学术研究，[88] 我们可以把这样的建筑物看作一大套修辞，经过精心设计以便向广大公众传递永久的信息。在欧律萨斯的例子中，这些信息的传达依靠的是坟墓的巨大规模和费用，以及它位于进城的人不会错过的位置：任何人都会对它印象深刻。

对识字的观众来说，还可以看看这一段铭文（图 2.17）：这是马库斯·维吉留斯·欧律萨斯的纪念碑，他是面包师、承包商、公务员。（ *Est hoc monumentum marcei virgilei eurysaces pistoris redemptoris apparet.* ）语言学家指出，"Est hoc monumentum"在现存的墓葬中是个独特的用词格式；我认为，我们应该特别注意的是，它最终会引起人们关注纪念建筑物而非被纪念者个体。在"apparet"这个词中也可以读出类似的效果，这可能会导致整段铭文被翻译成"很明显，这是……的纪念碑"。当然，"apparet"很可能是"apparitor"（即公务员）的错误拼写，它与"redemptor"（承包商）一起很直接地声称，被纪念者的生活里也有比制作面包更崇高的事业——换句话说，他类似于大规模分销烘焙产品的承包商。但是，无论情况是否如此，铭文的语序和把"apparet"当作动词来解读，都指向一个相当明确的企图，即激发受众注意坟墓本身想要把做面包变成一件不朽的事。

不识字的观察者不会对"Est hoc monumentum"和"apparet"感到疑惑，他们会把目光转向檐口下方长长的雕带（图 2.18），在那里，任何对建造这座纪念碑的富人的身份感到好奇的人，都可以在那里看到面包的制作流程，从研磨谷物到搅拌面团，再到将面团放在面包铲上放入烤炉，最后到成品的取出和称重。[89] 一个穿着宽外袍的人监督着最后的阶段，提醒观众这是一个极为可敬的工作，它不是西塞罗列举的那些与玩乐有关的低俗行业之一，而是罗马公共治理的有序体系中不可或缺的事业，提供着维持生计的必需品。但取得这种效果靠的不仅仅是长长雕带上的半身人物：整体的视觉叙事模仿了当时开始出现在凯旋门上的那种对帝国成就的英雄式描绘。因此，说面包师之墓是欧律萨斯的功业录和美食家的和平祭坛（Ara Pacis）也不为过。[90]

但无论是铭文还是雕带都没有占据坟墓的大部分空间，它们也并非是从街面上一眼就能看到的。两条主要道路交会在一起，把大量居民带到了可以看到纪念碑的地方。最能让所有路人眼前一亮，而且既不需要识字，也不需要细致解读能力的是——上层有几组直径大致相同的圆孔（图 2.19），下层还有垂直圆柱形与类似的长方形混合支撑的结构。面包师之墓这一完全不典型的、非常独特的特征几乎可以肯定是为了表现揉面机，与我们从奥斯提亚和庞贝的发掘中认识到的揉面机非常相似。[91] 因此，它们起到了一种风格上的对立：如果铭文与雕带代表了欧律萨斯（或其代理人）试图模仿的高大英雄形象，那么大圆

图 2.18　面包制作的饰带，
图 2.16 的细节

图 2.19　圆形开口和垂直柱，
图 2.16 的细节

孔似乎把纪念碑又拉回了被纪念者本人的水平。的确，有种令人信服的观点指出，这些孔洞并不只是再现而已，而是提供了空间，可以摆放真正的揉面机的木质和金属设备以作纪念。你看向里面，可以看到一个很明显的凹痕，可能是之前放置过机器并留下了残留锈迹。如果是这样的话，这些孔洞是在字面意义上从现实生活中的面包师行业中夺用[1]（spolia），既具有英雄气概，又体现美食渊源。

但不管这些是真正的揉面机，还是只是为了唤起观众对这种机器的意识，很明显，整个装饰大部分是烹饪行业对纪念性墓葬设计所有高格调内涵的回应。而跨越社会中不同劳动阶层的姿态则是更加决定性的。在仔细观察后可以发现，坟墓下层的垂直圆柱是由同样的揉面机形状垂直堆成的，在任何人看来都会觉得这一点非常突出。考虑到这是大墓开始竖立纪念柱的历史时刻，我们很可能见证了一种对巨大规模的抱负（或模仿英雄风格对这种抱负开的玩笑），在这里通过面包师的工具得到了重新解释。这导致一种认可，与那些对讽刺作品的回应有相通之处，但更为常见；这种认可将使这座纪念碑对街上的男男女女具有实际的传播力，他们对这里的认可度可能会比对和平祭坛更高——不朽通过大型纪念物来展现，但其价值取决于日常的面包生产。

在罗马文化中，食物和死亡之间有一个结论性的联系。在特利马乔对哈宾纳斯的详细指示中，有一条要求他"制作一套餐厅的沙发"（*Faciantur, si tibi videtur, et triclinia*［《萨蒂利孔》，71］）。尽管特利马乔与身后事有关的一些愿望看起来异想天开，但这一愿望实际上却是完全合乎规范的。坟墓和宴会之间关联的溯源远远早于特利马乔的时代，而且是以各种方式出现，它始于公元前 5 世纪的雅典，在希腊化的文明中传播，可能是所有葬礼中最常见的，直到在罗马帝国时期彻底扎根。[92] 在帝国的边缘地区，有一些地方性的变化，将整个家族或外来

---

[1] 原意为从旧建筑中获取石材，用以建造或装饰新建筑。

的神灵或仅仅是食物的陈列囊括其中。[93] 在经典的罗马例子里，这一主题被命名为"Totenmahl"（丧宴），亡者的形象以靠躺的姿势出现，就像在吃饭一样。这种持续存在的表现形式最有趣的地方在于它在根本上是模糊的。简单说来，观察者们认为死亡和晚餐之间有何联系？

答案将把我们带回到弗里茨·萨克斯尔和他的《图像意义的连续和变异》，我们之前在讨论庞贝的晚餐壁画时曾提到过。萨克斯尔认为"具有其自身时间和地点特有意义的图像一旦被创造出来，就具有吸引其他思想进入其领域的磁力；它们可以突然被遗忘，在湮灭几个世纪后又被再次记起"。在丧宴（我用这个词来涵盖所有饮食和丧葬的结合，尽管考古学家坚持把它限制在罗马式坟墓的雕像上）的情况中，问题不在于时间的差距，而在于文化之间的差异。但重要的是那个"磁力"，我认为它是活的而不是死的隐喻。换句话说，一个将进食与丧葬相结合的视觉图标拥有一种吸引力，将各种不同乃至矛盾的文化关切聚集在一起。

为了理解这一点，最好从萨克斯尔的"湮灭几个世纪"的角度来看待这个问题。[94] 在 1626 年，当圣彼得大教堂的地基被挖开，以便安装贝尼尼[1]（Bernini）那惊人（且笨重）的祭台大华盖时，一个保存特别好的坟墓重见天日。鉴于大教堂应该位于圣徒坟墓的原址上，人们对那里的坟墓发现总是有一种特别的兴奋，同时也担心新的建筑活动会扰乱可能是最神圣的罗马遗迹。然而，这组遗物与圣彼得毫无关联，而是属于 2 世纪的罗马人弗拉维奥·阿格里科拉（Flavius Agricola）（图 2.20），他的雕像就是一个在宴会上斜躺着的高贵公民形象。[95]

要是这种姿势的雕像对那些寻找圣彼得遗体的人来说还不够糟，那么墓里的铭文一定会让他们更加失望。在介绍了自己和家乡之后，

---

[1] 1598 年～1680 年，意大利雕塑家、画家和建筑家，是意大利巴洛克风格的杰出代表人物，以流畅、极具动感的雕塑著称。

弗拉维奥·阿格里科拉代表先于他去世的妻子表达了虔诚的祝愿，他宣称自己从不缺酒，最后还提出了一些建议：

> 朋友们，读到此处的人，我劝你们，要喝酒，且要痛饮，在鬓边戴上鲜花，不要拒绝与美丽的女孩做爱。无论死后还剩下什么，土和火都会将其吞噬。[96]

这段铭文中所代表的伊壁鸠鲁主义异教邪说，与反宗教改革运动的罗马教廷价值体系在文化上格格不入，这当然不令人惊讶。但是，在供奉圣彼得的圣所发现颂扬酒和性所带来的恐怖，只是此类形式的葬礼纪念碑中所包含的一系列文化失调或至少是潜在文化失调的最极端版本。无论它在1626年是多么不和谐，即使在产生它的文化中，丧宴所表明的死亡和餐饮的结合也是很成问题的。这段铭文不仅有许多不同的解读方式；更重要的是，在产生它的选择背后，隐藏着许多不同的乃至矛盾的意识形态理解。

在弗拉维奥·阿格里科拉这里，铭文传达了一个清晰的信息：及时行乐。我在想象自己在宴会上的样子，以便提醒观众，待到他们死后将不再有给他们举办的宴会，就像现在没有给我的宴会一样。更特别的是——铭文中最有启示性的时刻可能是 "ego sum discumbens ut me videtis, / sic et aput superos annis"——他可能在一个人死亡的位置和用餐的位置之间建立了某种联系。但在古代文化中，这种联系的两端可能有许多不同的通路。对弗拉维奥·阿格里科拉来说，它是"收集你们的玫瑰花蕾"。对其他一些人来说，丧宴显然与这个世界无关；它是来世天堂宴会的画面。而对另外一些人来说，它（就像其他许多坟墓的主题一样）体现了悼念亡者的葬礼惯例，其中就包括了仪式性的用餐；事实上，一些坟墓中确实有用于此目的的餐厅，这似乎也符合特利马乔的想法，因为他非常专注于让自己的记忆保持鲜活。在另

图 2.20　弗拉维奥·阿格里科拉的葬礼纪念碑，罗马，138 ~ 193 年。
印第安纳波利斯艺术博物馆，纽菲尔兹

图 2.21　图 2.20 的细节

一些人（弗拉维奥·阿格里科拉也是如此）眼里，这件事没有更多的神圣或教化的目的，只是提醒观众，亡者生活在美食的奢华中，这其中反映出的巨大社会意义在罗马讽刺作品里俯拾皆是。事实上，强调他斜靠姿势的部分原因无疑在于弗拉维奥·阿格里科拉社会地位的持续攀升。[97] 他可能出身就是一个自由民[1]，因此选择以这种姿势描绘自己（并强调他多年来都用这个姿势），坚持不懈地声明他已经达到了可以用这种姿势用餐的公民的崇高地位。

考古学家和研究古代纪念碑的学生可能希望按照不同的潜在意图对不同版本的丧宴进行分类。不过，我们在此感兴趣的是，食物进入这类仪式再现如何给意义的产生提供一套特别不稳定的条件。早在 1626 年就有涉及这方面的解读。教皇乌尔班八世（Pope Urban VIII）听到这一发现后，下令销毁铭文，并宣布任何披露内容的人会受到"最严重的惩罚，最坚决地逐出教会，以及教皇可怕的威胁"（pene severissime e rigorosissima scomunica, ed orribilissime minacce del pontefice.）。[98] 另一边，古典文学研究者则虔诚地抄下了铭文（否则我们就不会看到）。乌尔班八世的侄子弗朗西斯科·巴尔贝里尼（Francesco Barberini）将该雕像收入自己的花园，这似乎与他叔叔的禁令相抵触。如果这表明以 17 世纪的眼光回顾 2 世纪时的某种象征意象是出格的，那么同样的，从进食中流露出的文化模糊性在自己的时代也是偏离正道的。毕竟，这座纪念物中最大胆的元素不是（现在看不见的）铭文，而是亡者手中拿着的晚餐碗（图 2.21），以及正对面应该是放着他骨灰坛的圆形凹处，这两者之间有着奇怪的相似性，或者说是视觉上的双关。从食物角度的解读罗马确实到此为止了，不过我们在后文还将同时提到死亡和晚餐。

---

[1] 指解放了的奴隶。

第三章

食读《圣经》

1

圣母进殿（The Presentation of the Virgin at the Temple）是一个神圣的主题，它在艺术作品中受到的关注比在《圣经》中更多。[1]《新约》没有提及马利亚的童年，但一些外典旁经，包括《雅各原始福音书》[1]（Protoevangelium of James）和《伪马太福音》[2]（Infancy Gospel of Matthew），拼凑出了她语焉不详的人物故事背景：马利亚的父母若亚敬（Joachim）和亚纳（Anna）感激他们生育孩子的愿望得以实现，将马利亚送到耶路撒冷在圣殿中养育，这样一来她将来作为救世主之母的身份就名正言顺了。[2] 在 14 世纪之前，圣母进殿作为绘画主题鲜为人知，但随着文艺复兴的到来，这个主题受到了极大欢迎。从这类画作中都会突出的马利亚将要拾级而上的阶梯来看，这个主题的来源，以及其新近流行的根源也许都在于《黄金传说》[3]（Golden Legend），其中

---

[1] 又称《雅各福音书》或《首卷福音书》，基督教《新约》伪经之一，写作年代约在公元 150 年左右，作者题为"公义者雅各"，内容记录了圣母马利亚与丈夫约瑟，以及耶稣在幼年时的事迹。

[2] 基督教《新约》伪经之一，有考证称成书于 600 年～ 625 年，内容主要与耶稣 12 岁之前的生活有关，在西方，该福音书是表现马利亚生活的绘画作品的主要素材来源，尤其是在中世纪晚期之前。

[3] 又名《圣人传说》（Legenda sanctorum），由意大利的热那亚教区总主教雅各·德·佛拉金（Jacobus de Voragine，1230 年～ 1298 年）所作的基督教圣人传记集，约在 1267 年成书，逐章介绍耶稣、圣母马利亚等 100 多名圣人的生活。

图 3.1　提香（提齐安诺·维伽略），《圣母入殿》，1534 ～ 1538 年。
威尼斯学院美术馆，威尼斯

通往圣殿的十五个台阶的寓意被解读为"对应"了十五首上行之诗[1]（Gradual Psalms）。[3]

　　尽管乔托（Giotto）和丢勒（Dürer）以及巴尔达萨雷·佩鲁齐（Baldassarre Peruzzi）和多明尼克·吉尔兰戴欧（Domenico Ghirlandaio）都对这一主题进行过娴熟的处理，但该主题似乎在威尼斯及周边有特别的发展。[4] 在描绘这一主题的诸多画作中，最著名同时得到最广泛分析的，也许是提香的《圣母入殿》，如今收藏在威尼斯学院美术馆（Gallerie dell' Accademia），而这里正是当年这幅画的绘制地点，也是 16 世纪 30 年代城里几个慈善基金会之一——圣母马利亚博爱兄弟会（Scuola Grande di Santa Maria della Carità）的所在地（图 3.1）。

　　在近 25 英尺的画幅中，提香描绘出了叙事的每个必要条件：一

---

[1]　上行之诗是《圣经》诗篇中一些诗歌的标题（中文和合本诗篇第 120 篇～ 134 篇）。也被称为登阶之诗、上殿之诗或敬拜之诗，共十五首，作者不详。有些学者认为，信徒在进入圣殿时每上一个阶梯，就唱一首上行之诗。

图 3.2　提香（提齐安诺·维伽略），
《圣母入殿》，卖蛋者，图 3.1 的细节

座古典时代风格的神庙；一组台阶，接近典籍规定的十五级；还是个
小女孩的马利亚；大祭司站在台阶顶端做出欢迎的姿态。此外，还有
大量额外的内容，包括可以从文本叙述或从威尼斯当时生活中识别出
来的一系列人物，以及一个女乞丐、一座金字塔型建筑和壮观的山间
景观。伟大的威尼斯研究学者大卫·罗桑（David Rosand）有一篇臻
于完美的研究和推理文章，其中对构图中的每一个必要和非必要元素，
都提供了极具说服力的图像学和风格解读。[5]

　　我们之所以在这里提到这幅画，是因为我觉得构图中某个部分和
整体设计结合得不是很好或者说至少与设计有所不同。在最靠前的前
景中，在朴素的寺庙砖石台阶背景下，一名身旁放着柳条篮子的老妇
人（图 3.2）的巨大身影孤独而鲜明地出现在画面中。她的白色披肩在
整幅作品中显得格外耀眼，篮子内容物的顶部也有类似的光亮。她显
然是去卖鸡蛋的。

　　当然，典籍中没提到鸡蛋，也没提到方尖碑、金字塔或群山。可

以肯定的是，我们已经习惯了这样的修饰，而且从表面上看，在文艺复兴繁盛时期的艺术环境中，艺术家和赞助人都喜欢充分展现普通人的生活——通常是他们那个时代和地点的生活，即使主题是古老而神圣的——这也就难怪食物会成为补充《圣经》故事基本框架的材料之一。[6]（我们还将在其他场合看到，威尼斯在这种非必需品上的做法尤其突出。）我们甚至可以认为，把分析的重点放在占画面总面积约 3%的一小部分是不正常的。但是，如果这些比例对于对画面做修正性的解读来说似乎太小，那么对于表现基督教神圣时刻的一个额外内容来说，它们却显得相当大，更何况这个卖鸡蛋的老妇人的位置使她看起来距离观众最近，而且相对于场景的其他部分有些不符合比例。

那么，把她单独挑出来，就是从食物角度进行解读。但是采取什么样的读法呢？如果从艺术史进行解读，这个卖鸡蛋的人是有前例的，其中一些是在提香周围出现的。例如，乔凡尼·巴蒂斯塔·西玛·达·科内利亚诺（Giovanni Battista Cima da Conegliano）在 15 世纪 90 年代绘画的同主题版本（图 3.3）中，一个像小孩子的人物竟然直接坐在寺庙的台阶上，提供各种食物，其中就包括鸡蛋。另一种角度同样与艺术史有关，这位老妇人和她所卖的鸡蛋在图像学上是非常重要的内容。欧文·潘诺夫斯基肯定是这一分析传统的鼻祖，他认为老妇人代表的是拒绝承认耶稣的犹太教。而大卫·罗桑注意到附近还有一只羊和一只鸡，他将画面的这一面理解为构建耶稣道成肉身[1]之前和之后的历史。[7]然而，这些解读和其他的诠释在面对鸡蛋时确实产生了一定的困扰，通常试图把它们解释为与犹太人相关。

但有时——这也是本书中一个反复出现的主题——食物会对观众提出要求，要把它作为事物本身来阅读。提香的卖蛋老妇人的独特之处在于她在画中突出的正面位置，而在西玛的画作上则完全不是这样。

---

[1] 即上帝以基督的身份化为人。

图 3.3　乔凡尼·巴蒂斯塔·西玛·达·科内利亚诺,《圣母入殿》,约 1497 年。历代大师画廊,德累斯顿国家艺术收藏馆,德累斯顿

潘诺夫斯基和罗桑对此有深入的理解,后者宣称:"她位于一个模糊的空间区域,而这个空间暗指从属于观众的世界。"(70)对我来说,这并不那么模棱两可,也不仅仅是一种暗示。由披肩的亮白和半打鸡蛋相应的光亮所突出的画面单元就是我们所在的世界。在这个世界里,我们这些凡人,也就是画面的观看者,会饿、会吃东西。事实上,当我们考虑到这幅画依然保留在原地的罕见情形,就会发现篮子就好像是从画面中化为房间中的实物。这里毕竟曾是圣母马利亚博爱兄弟会的接待室。[8]提香代他的雇主提供的,除了对神圣场景的再现,还有一些人们再熟悉不过的食物。

那个生动的人物形象,以及她在前景中的醒目位置和她闪亮的待售物,其象征意义与我们在前一章思考的作品完全不同。"罗马的饮食"

探究一种坦率而热情地将吃与喝的经验置于核心的文化。现在转向《圣经》，我们则是在一个完全不同的方向上前进。首先，显而易见的是，《圣经》至少在本书中并非从年代学或地理学来理解，即它是在漫长的时间和空间中被阅读、体验和解释的一本书或一系列书。在我们看来，更重要的是它唤起了一系列文化，在这些文化中，吃与喝虽然同样处于核心位置（事实上，它们将被证明几乎像在罗马一样无处不在），但更可能是一个难题、一个问号、一个流亡者，甚至一个敌人。

把这个难题、问号、流亡者放在聚光灯下（就像提香把卖鸡蛋的女士放在聚光灯下一样）是一个关键的过程，我把这个过程叫作"食读"（fooding）。这个词是对歪读[1]（queering）（如《歪读正典》《歪读后民族欧洲的种族》等）9批评实践的一种有点滑稽的致敬，歪读试图从一个性别并非那么固定的角度重新思考文学或历史问题。我并不打算这样创新；与歪读不同的是，"食读"并不想恢复一个被污名化的术语的内涵，并将其当作徽章骄傲地佩戴，即使真是这样，也只是在非常适度的程度上。我所认识到的是，至少在分析文化对象的领域里，歪读具有某种双重功能：首先，认识到有关对象比以前更充满酷儿元素（无论这在特定语境中意味着什么）。第二，提出这些游离的酷儿片段可能发展成一套原则，据此可以用新的方式来解读，实际上，根据其先前被排斥的特质，以新的方式来解读可能是一种强烈要求。

因此，通过适当的替换，我认为《圣经》以及由此产生的再现传统显示出的对吃与喝的兴趣比我们可能注意到的更持久，此外，有不止一个方面表明，这些例子总体来说可以被看作系统的，而不仅是偶然的或边缘的。10

---

[1] 该词源于"queer"，指打破和颠覆传统性别认识和性取向二元规范的行为或者过程，在文化领域激发了艺术、表演和文学中的新叙事。

2

当然，在一个基本层面上，任何关于人类生活的叙述都必然包括饮食。例如，《希伯来圣经》中的许多故事都有明显的家庭色彩。用雅各替换以扫（《创世记》27）的后果可能极为严重，但这件事始于利百加给以撒吃他最喜欢的食物——文本中特别指出是烤小山羊肉——以便安抚他，好实施她为小儿子骗取大儿子应得的长子名分的打算。更多时候，或者至少更令人难忘的是，食物发挥的作用不局限于家庭晚餐。对以色列人来说，这一主题往往是食物匮乏。饥荒在犹太人的早期历史中一直存在，《创世记》就有三个各自独立的例子，但饥荒除了是一种普遍的痛苦状况，也借机让烹饪细节进入了《圣经》。[11] 当以利沙和以利亚遭遇饥荒时，一个熬了一大锅汤，另一个则得到了取之不尽的粮食和油。当以西结被指示为犹大家族的罪恶进行忏悔时，是通过吃一种特别的饼来实现的。当饥荒笼罩迦南和埃及时，约瑟提出与受苦的埃及人进行条件苛刻的交易，据此他们将放弃他们的牲畜，以换取粮食之类的物品，因为粮食可以更迅速地转化为营养。在这个寓言的背后，是能确保长期生产的食品与能够立即填饱肚子的食品之间的重大区别。

在这段历史叙事中，过剩往往与匮乏相提并论，这也许并不奇怪。例如，大卫无论走到哪里似乎都带着一个巨大的菜篮子：当他把亚比该从她丈夫身边引开时，她带来了两百个饼、两皮袋酒和五只羊，还有大量的谷物、葡萄干和无花果；后来，当他率领军队时，得到了同样丰富的款待，包括小麦、大麦、蜂蜜、凝乳、羊和奶酪（《撒母耳记下》17:29）。而与所罗门的食物储藏室相比，这些东西只能算是小吃；《列王纪上》给了我们相当精确的统计。"所罗门每日所用的食物，细面三十歌珥（一歌珥是 230 升），粗面六十歌珥"（《列王纪上》4:22），再加上公牛、家牛、羊、鹿、羚羊、狍子和肥禽。

在这些叙述中，食物主要不是作为食物本身出现，而是先知的圣洁、族长的崇高地位、上帝的偏爱或厌恶等其他事物的标志。我们必须更深入地探究，才能注意到本书希望颂扬的食物的"食物性"是什么。我们可以从以西结的悔罪之饼中窥见它。"你要取小麦、大麦、豆子、红豆、小米、粗麦，装在一个器皿中。"（《以西结书》4:9）换句话说，食物是一种人类制造的、有精确制作方式的复合物，而不仅仅是一个符号。同样，以利沙为应对饥荒而熬的汤有相当具体的成分（野菜、野瓜），他的奇迹实际上也跟烹饪有关：通过在锅里撒入面粉，他中和了令饥饿的众人感到恐惧的强烈味道（可能不习惯辛辣的食物，《列王纪下》4:38-41）。这种"熔炉"的感觉——食物具有多样性且需要人类干预——是另一个饥饿故事的主题。约瑟和他的兄弟们必须前往埃及，以解决家乡粮食的匮乏问题，他们被指示带上不同的食物，可能是为了交易的目的而将"这地土产中最好的……蜂蜜、香料、没药、榧子、杏仁都取一点"（《创世记》43:11）。换句话说，《圣经》中的土地拥有复杂的饮食生态，可以进行类似长途贸易的活动。

但是，在《希伯来圣经》中从食物角度进行解读的最有说服力的情节，是关于以色列人离开埃及进入应许之地的四十年流浪的叙述。这个神圣的故事相当直截了当。犹太人在埃及被奴役，但上帝委任摩西带领他们进入迦南，从而履行了约定。这段旅程并不容易。一路上，以色列人提出很多反对意见，几乎都与饮食有关。最终，在《申命记》中（《出埃及记》和《民数记》中的相关叙述有些不一致），[12] 这些困难被解释为神的考验。

这种解释的语言让我们看到了《圣经》（或其他地方）中也许是最熟悉的，也可以说是最平淡的食物象征意义。"他苦炼你，任你饥饿……使你知道人活着不是单靠粮食。"（《申命记》8:3）然而，当我们真正在路上时，饥饿的问题及减轻饥饿的可能被表现得更加具体。在旅程结束时，沮丧的以色列人回忆说："我们记得，在埃及的时候

不花钱就吃鱼，也记得有黄瓜、西瓜、韭菜、葱、蒜。"（《民数记》
11:5）在旅途中的一个停靠点，他们也有类似的和美食相关的抱怨。
"这地方不好撒种，也没有无花果树、葡萄树、石榴树。"（《民数记》
20:5）摩西在预见即将到达应许之地时，又是通过许多关于美食的愿
景实现的："因为耶和华你神领你进入美地……那地有小麦、大麦、葡
萄树、无花果树、石榴树、橄榄树和蜜。"（《申命记》8:7-8）食物
的种类之多，完全超出了"单靠粮食"这一显而易见的象征性领域，
并将它直接置于以色列人真正的餐桌上，无论是那些从埃及出发的人，
还是那些在后来时代中阅读《圣经》的人。

　　但是，在埃及和应许之地之间的四十年里，主要的维生手段才
是《圣经》中对食物的"食物性"最有启示的内容。当摩西不得不向
上帝报告，以色列人抱怨失去了在埃及吃得饱足的机会时，一个强大
的、神秘但神圣的回应立即出现了。主说："我要将粮食从天降给你
们。"（《出埃及记》16:4）由此我们进入了《圣经》中一些最神秘的
饮食之谜。上帝在这里所说的"粮食"是什么意思？是象征性的"单
靠粮食"，还是转喻性的"我们日用的饮食，今日赐给我们"？毕
竟，当动摇的以色列人怀念在埃及"吃得饱足"之时，他指的可能是
比单纯的法棍更均衡的饮食。那么，鉴于实际的粮食并不适合像雨
点般降下，"粮食从天降"是什么意思？在我们能够解决这个难题之
前，营养上的补给以一种确实类似于下雨的形式出现在犹太人面前。
"露水上升之后，不料，野地面上有如白霜的小圆物。"（《出埃及记》
16:14）对以色列人来说，这可能意味着下雨，但它还不完全意味着食
物。他们看到后很困惑，互相问："这是什么呢？"在他们的语言中，
发音（大致）就是"man hu"。翻译成英语之后，这个词就成了吗哪
（manna）。[13]

　　所以吗哪在《圣经》中就成了未知之物"x"，我们不知道该叫它
什么，因为我们不知道它是什么，就像想不起名称时说的"那个什

么"。这个称呼倒是很适合这种被上帝称为粮食但在人类看来像露水的物质。当吗哪又出现在以色列人流浪的后续叙述时，它继续扮演着"x"的角色，这里的"x"被理解为人类遵守神的律法时的神圣（但可食用的）占位符：收集它是对神的顺从；所有的人无论收集得多或少，最终都奇迹般地得到相同的数量；神每日平均分配的量在安息日前夕能神奇地增加一倍。因此在安息日就不需要再收了。但吗哪的其他特性开始使它变得更为具体，更属于经验的范畴。"样子像芫荽子，颜色是白的，滋味如同掺蜜的薄饼。"（《出埃及记》16:31）这些都是实际的食物，不过鉴于芫荽子和蜂蜜之间的差距（都是以色列人相当熟悉的味道，尽管只在谈到吗哪的时候才提及芫荽子），这种物质仍然是神秘的，从食物角度上依然是"那个什么"。

这就是《出埃及记》中吗哪的故事。当吗哪在《民数记》中再次出现时（正如《圣经》中经常出现的情况，重复的叙述中存在明显的不一致），天平开始向经验性的方向倾斜。又是将其比作芫荽子，再加上新的关于颜色的描述，据说它类似于乳香（*bdellium*），这个词可能已经能让古代以色列人弄清楚了，尽管现代学术界无法确定它是动物、植物还是矿物。[14] 然后我们看到了一些完全不同的事物：

> 百姓周围行走，把吗哪收起来，或用磨推，或用臼捣，煮在锅中，又做成饼，滋味好像新油。（《民数记》11:8）

我们还记得，在《出埃及记》中，对吗哪进行的操作只是表达上帝的旨意及律法的手段。然而在这里，吗哪却成了厨房里司空见惯的食材。而且与之前类似的，味觉体验是具体而熟悉的。收获、磨粉（通过两种标准的替代方法）、煮沸和做成一定大小，非常准确地遵循了每个以色列人特别是每个以色列女性准备日常生活饮食的习惯做法。吗哪既是上帝旨意的不可言喻的标志，也是提供营养时最基本的原料；换句话说，无论是比喻意义上还是字面意思上，它都是日常的粮食。沙漠中的苦难以及通过一种既不可言喻又可烹饪的物质来减轻痛苦的事实表明，食物是神性与世俗的交会之处。

《新约》提倡的神性和世俗的交会之处与此不同。我们完全可以从吗哪在《约翰福音》中的再度出现来理解这种不同。耶稣（《约翰福音》6:32）否认在沙漠中提供食物是摩西的功劳，他说——这句话尤其被困惑的犹太人引用："**我**就是天上来的粮"，我们可以果断地从一种在研钵中研磨或在糕饼中烘烤的食材转向某种崇高的抽象概念。（重要的是，犹太人质疑这种说法，他们问他怎么可能从天上下来——我们知道他有父母。换句话说，我们把他放在人类家庭的怀抱中，而人类家庭准备食物就是磨碎谷物，烘烤糕饼。）《新约》中还有许多直接的内容在贬低吃与喝——耶稣的"生命胜于饮食"（《路加福音》12:23）和"不要为生命忧虑，吃什么喝什么"（《马太福音》6:25），或者保罗的"其实食物不能叫神看中我们，因为我们不吃也无损，吃也无益"（《哥林多前书》8:8）。——当然，需要做出论断本身就在一定程度上对论断产生了削弱作用。

无论这些对食物不屑一顾的声明意味着什么，《新约》在吃与喝的世俗事务上还是有着丰富的文化。我们知道施洗约翰吃什么；我们知道耶稣在相当正常的尘世环境中会感到饥饿，在无花果树上找不到果实时，他会变得很愤怒。我们经常听说可疑的陪伴者——罪人、税吏、法利赛人——与耶稣共同进餐。我们不止一次地听到需要给很多人提供食物的需求。在更微观的层面上，保罗（《哥林多前书》11:17-33）对进餐礼仪有详细的指示，这涉及一个敏感的问题——我们后续还会提及——果腹和参加圣餐之间的关系；还有耶稣关于就餐座位重要性同样精确的论述，让我们想起在贺拉斯的讽刺诗中看到的等级制度，不过在这里，餐桌的末端更为可取。

因此，这类人群展示了获取食物、提供食物并确定同伴食物消费标准以及如何在餐桌边安排同伴。在这个环境里——又是在相当世俗的层面上——食物还是基本的启发材料，也就是说，是共同经验的碎片，是人们教授和学习生活课程的基础。耶稣大量的比喻来自食物的生产和消耗。[15] 旧瓶装新酒、荒芜的无花果树、微小的芥菜籽、不同土壤的播种者、麦子和稗子、葡萄园中的耕作者、国王邀请人们参加为儿子举办的婚宴、比作酵母的天主的国度、主邀请人们参加盛大宴会：这就像《新约》的 DNA，因为它已经进入了我们的日常词汇。

寓言故事能成为基本的启发材料并不奇怪：因为这就是耶稣设计它们的目的。许多寓言代表了对家庭事务的观察或实践的精确描述。无花果树确实需要几年时间才能结果；新酒装在旧瓶里（或者更准确地说，是装在皮酒袋里）会让容器裂开；稗子确实最好和麦子一起收割而非事先单独拔掉；或在被人践踏的小路上，或在岩石地上，或在荆棘丛中的贫瘠土壤的确就像寓言所说的那样，是没有生产力的；芥菜的种子很小，但会长成高大灌木；少量酵母可以让大的面团发酵。这些教训的有效性不仅取决于密切观察；还在于团体共享这种经验知识，并因此准备接受从类比中得出的教训。如同任何寓言——先有 x，再通过类比论证得到 y——说服力取决于对 x 普遍和简单的接受，而在这种情况下它是共有的美食智慧和经验。

吃与喝以及使其可能的举措，当然并不完全仅仅是隐喻。《新约》从未让我们忘记饥饿和口渴是真实存在的。像让门徒的网里装满鱼，或用少量的饼和鱼喂饱了四五千人这样的奇迹，更不用说在迦拿的婚礼上，酒喝完后用水罐酿酒这样不够庄重的例子，都是很重要的，因为获取营养和体验共餐的作用意义重大，值得上帝之子付出神力。而在凡人的层面上，圣保罗在暴风雨中与 276 人一起漂流到罗马传播福音，阻止饥饿的皈依者弃船，也是同样值得纪念的。他的方法是以身作则，掰开饼，从而维持自己的生命，这样一来人们也跟着做了。

这个真实与隐喻的问题对读者来说不仅仅是一个含蓄的问题。在对观福音[1]中叙述的耶稣与门徒的互动中最富启示性的一个时刻，它将自己置于他信息的核心；而阐释辩论的中心对象仍然是食物。叙事的顺序很有启示意义。我们（在马可讲述的版本中）刚刚听到喂饱四千人的故事，当时耶稣和门徒一起乘船离开了人群。由此我们得知门徒没带饼；事实上，这么多人只有一块饼。于是耶稣告诉他们，他们必须小心"法利赛人的酵和希律的酵"（在《马太福音》中是法利赛人和撒都该人的酵）。无论**我们**如何解读这一节，门徒们显然没有注意关于法利赛人等的部分，并认为他们正在因没有提供适当的食物而受到责备。这种情况是几近滑稽的。他们刚刚目睹了领袖在饼不够的情况下行了一个神迹；现在，他不但没有以神奇手段解决同样的问题，似乎还对他们大发雷霆，而面对他明显的不悦，他们除了烘焙食物和自己的失责之外，就再也想不到其他的了。现在耶稣真的被激怒了："你们为什么因为没有饼就议论呢？你们还不省悟，还不明白吗？"他通过最近的神迹的数字对他们进行了一番小小的审问[2]，最后说："还不明白吗？"（《马可福音》8:17）或者在马太福音版本中（《马太福音》16:11），用我自己的现代白话来说："伙计们，这和饼没关系！"[3]

我们会不禁想起《他们在想葡萄吗？》。不论怎样，贬低食物，赞扬更崇高的东西其实是把食物奉为进入更高层次事物的钥匙。耶稣说的是饼，他经常说到饼——例如，在《马太福音》和《路加福音》的前几章，少量的酵母（不过这次代表的是**好**东西而不是法利赛人的坏教义）使大量的面团变松软。这里的问题需要放在前面几节经文中理

---

[1] 又称《符类福音》《共观福音》《同观福音》，是《新约》中《马太福音》《马可福音》《路加福音》的合称，这三本福音书的内容、叙事结构、语言和句式都很相似，因此学者们认为三者有着相当的关联。

[2] 这里关于数字的审问是："我掰开那五个饼分给五千人，你们收拾的零碎装满了多少篮子呢？"他们说："十二个。""又掰开那七个饼分给四千人，你们收拾的零碎装满了多少筐子呢？"他们说："七个。"（《马可福音》）

[3] 《马太福音》原文为："这话不是指着饼说的。你们怎么不明白呢？"

解，当耶稣与那些法利赛人和撒都该人相遇时，他沮丧地离开，宣称只有"一个邪恶淫乱的世代寻看神迹"。事实上，在耶稣世俗生活的叙述中充满了这样的神迹，其中让饼变多养活四千人就是一个最好的例子。事实上，饼就是一个符号——其实，它很快就**不仅仅**是个符号了（我们将在后面的章节中再讨论这个问题）——我们可以理解门徒们不理解的以及耶稣暂时搁置的东西，那就是符号与所指是密不可分的，无论我们希望把它们放在等级中多么遥远的两端。[16]

食物在这种阐释学操作中具有特殊的地位。在后来的故事（以及在本书中），圣餐将以自己的方式占据这一位置；不过，在《新约》呈现的耶稣受难之前的这些内容，还有一个不同的饮食上的事项。从早期基督教在犹太人和非犹太人中传播的历史观点来看，可能没有比犹太教律法更重要的问题了。[17] 我在这里几乎不想涉及早期教会在犹太饮食规范上有什么一贯的立场。这注定是矛盾的，就像身为犹太人的耶稣的所有其他方面一样，他以不同的方式宣布自己受旧法的约束，要推翻旧法同时要实现旧法。保罗在他的书信中花了不少时间讨论饮食中可能存在的适当和不当之处（如《罗马书》第 14 章，《歌罗西书》第 2 章），但就耶稣自己为废除犹太教律法提供的理由而言，它往往是作为攻击法利赛人的一部分出现的，而法利赛人是由恪守其原教旨主义的行为定义的。被他们邀请去吃饭时，耶稣抓住了清洗仪式这一点："如今你们法利赛人洗净杯盘的外面，你们里面却盛满了贪婪和邪恶。"（《路加福音》11:39）同样的攻击方式在《马可福音》中更具体，该书再次以清洗开始，但很快就变得更加严肃：

你们也是这样不明白吗？岂不晓得凡从外面进入的，不能污秽人。因为不是入他的心，乃是入他的肚腹，又落到茅厕里。（因此他宣布所有食物都是洁净的。）（《马可福音》7:18-19，带伪经的标准修订本）

这两处声明都将进食（现在我们应该很熟悉了）放在更重要、更道德、更精神属性的事物的从属位置。耶稣打出了他的王牌，即食物最终会变成粪便——这一直是对吃与喝最终极的贬低[18]。

这个括号中的、把犹太律法都搁置一边的评论，本身就是一个《圣经》文本的关键[19]（举例来说，钦定版《圣经》没有这部分内容），但无论此事是否被如此直接地说明，很明显，这个论点将人类进食与得到滋养的整件事当作一种意外，一种在上帝形象的人类概念中的非必需品。就像割礼（在《新约》中得到了类似的复杂处理），[20]饮食原教旨主义变成了仅仅是身体上的问题，而不是真正的精神问题。事实上，法利赛人对这些仪式的依恋成为另一个例子，证明错误的信仰崇拜的是符号而非所指。

所有这些都与门徒在想起饼时发现自己所犯的那种错误有一种有趣的关系。但是，将符号代替所指的特权——圣奥古斯丁（Saint Augustine）将其上升到了一个巨大的认识论原则[21]——在《新约》中并不总是那么容易处理。耶稣在回应法利赛人的嘲讽时说："一个邪恶淫乱的世代求神迹"（《马太福音》16:4），但他却不断地创造神迹，而且似乎正是法利赛人沉迷的那种神迹。那么，这些比喻是什么呢？据说门徒能够直接掌握天堂的秘密；另一方面，耶稣则用比喻对众人说话："若不用比喻，就不对他们说什么。"（《马太福音》13:34）因此，比喻本身就是一种低级的话语，是一组符号，通过这些符号，个别听众也可能不会推断出所指。（我们从《圣经》中得知有好几次他们都失败了。）然而，不管这个传递系统有什么局限性，耶稣对我们说的绝大部分话语都是比喻，也包括比喻在符号和所指之间成问题的关系。

简而言之，在所有这些对立中都有一些模棱两可的东西，在某种意义上，等级秩序似乎很简单，但也是不稳定的，甚至可能是可逆的。就吃与喝而言，观察这种模棱两可的最佳地点是《新约》中最后一个频繁出现的用餐场景，该场景只在《路加福音》中有叙述。有两次连续的用餐，第一次在以马忤斯（《路加福音》24:13-34），第二次在耶路撒冷（《路加福音》24：36-43）；每次用餐都是一个高潮事件，是一次发现[1]，一种认可。

人们刚刚发现耶稣的坟墓是空的，尸衣在地上。两个门徒（不确定是谁）向以马忤斯村走去，在路上遇到了一个陌生人。这个陌生人事实上就是耶稣，"只是他们的眼睛迷糊了，不认识他"。在与这个陌生人聊天时，两个门徒惊讶地发现他对拿撒勒人耶稣的重大事件一无所知，于是他们就把这些消息告诉他。当他们快到以马忤斯时，这个陌生人开始去往另一条路，但两个门徒说服他加入他们，一起吃晚饭。当他们聚集在餐桌旁时，耶稣"拿起饼来，祝谢了，掰开，递给他们。他们的眼睛明亮了，这才认出他来。忽然耶稣不见了"（《路加福音》24：30）。

这就是值得关注的第一次用餐。第二次发生在此后不久的耶路撒冷，所有的门徒都在。突然间，耶稣出现在他们面前；他们吓坏了，以为看到了鬼。耶稣迅速而有力地证明并非如此。他敦促他们仔细观察他的手和脚（估计是受难时留下的钉孔），并触摸他。他们仍然持怀疑态度。然后他让这件事变得无可争议。他问道："你们这里有什么吃的没有？"他们递给他一块烧鱼。

在整篇耶稣传奇故事的最后几个场景中，食物的关键地位是毋庸置疑的。无论他的身份在前往以马忤斯的路上是如何被掩盖的（《圣经》文本在这一点上似乎故意含糊其辞）[22]，秘密揭晓的那一刻具有强烈的世俗意味：门徒们通过掰饼的行为认出了耶稣。这一叙述充满了从故事早期的各种喂食场面中产生的意义，特别是在他死前的晚上用类似的语言制定了圣餐。但掰饼并不是一个奇迹。耶稣没有用神迹宣布他的存在，至少不是法利赛人想要的那种神迹，也不是他经常显

---

[1] 亚里士多德《诗学》的用语，"发现"和"突转"被看作悲剧情节的主要成分。

现出的作为神迹的奇迹。他只是做了主人吃每顿饭都会做的事（当然，在以马忤斯的晚餐中，他把自己从客人变成了主人），这是吃饭时最基本的，同时也是最有代表性的姿态。

随后在耶路撒冷吃的那一顿晚餐中，一个最重要的神学问题岌岌可危。虽然我们不再相信这个体系，但大多数前现代文化都认为死后确实可能有鬼魂，特别是当死亡的环境产生巨大的骚乱时（见《哈姆雷特》，其中有很多关于鬼魂的争论，但没有人说过鬼魂不存在）。[23]但是，如果这位要求朋友们看看他自己的手和脚的已逝之人只是鬼魂，那么整个耶稣复活的圣迹就要灰飞烟灭了。可是他的身体姿态也是模棱两可的：毕竟，鬼魂当然可以带着他们受难的痕迹回来。但他们不太可能会饿着肚子回来并接受一块美味的鱼。这是一个极为矛盾的时刻，涉及了基督教神学中最强烈的悖论。耶稣如何证明他作为上帝的儿子拥有神性以及他的复活是真实的？答案是通过能够确定他是人类的行为。我之前提出，在《希伯来圣经》中，食物是上帝与人类的交会点，但它只是概念意义上的交会点。上帝的吗哪和厨房里的吗哪或许是同一种物质，但它们以对立的状态存在。一旦耶稣成为天上来的粮食，那么进食这一明确的人类行为也就最终定义了上帝。

3

这一章里，我把提香的画和《圣经》的文本相提并论，但两者表达的是我们不同的主题甚至是鲜明的对比。在我对以色列人和耶稣世俗生活的解读中，我一直在给经文中的饮食主题进行定位，使其更加明显，将其从边缘推向核心，正如我在本书中常做的那样。另一方面，提香的卖蛋老妇人展示的，是一位艺术家选择给一个神圣的时刻强行添加食物，而这并没有任何叙事上的理由。我们可以说，这就是食读《圣经》和《圣经》中的食物之间的区别。本章力求实现两者的统一。早期现代

的人们可以获得的神圣文本——当然，不仅仅包括正统的经文，比如
《圣母入殿》甚至没有出现在其中——向其基督教解释者展示出古代圣
人的吃与喝，忍受饥饿与享用盛宴，创造出食物奇迹，通过吃或不吃的
东西来表达与上帝的关系，在晚餐期间经历启示，而且和早期现代的人
们类似，古代圣人的家庭用餐也是家庭生活中熟悉和最重要的仪式。因
此，当早期现代艺术家审视他们的神圣绘画的素材时，他们知道自己身
处于一个美食的领域。但是，正如我们将看到的，他们对这个领域的理
解远远超过经文中相对微薄的饮食内容。提香的卖蛋老妇人不过是一个
开始。围绕着某些主题和某些艺术传统，对《圣经》的食读会最终成为
一种任性的入侵——食物和饮料会抢圣像的镜头。

　　这种现象的一个标志是《圣经》用餐主题的流行，特别是在 16
和 17 世纪的绘画作品中。亚哈随鲁[1]（Ahasuerus）的宴会、迦拿的
婚礼、以马忤斯的晚餐（图 3.4、3.5、3.6）、保罗·委罗内塞（Paolo
Veronese）巨大的宴会场景的混搭（我们将在第五章讨论这个问题）：
它们的重要性似乎与它们的神学意义不成比例。即使是像罗得被他
的女儿们引诱的故事，叙事特别依赖于喝酒而非吃饭，也被约阿希
姆·乌提耶沃（Joachim Wtewael）（图 3.7）这样一个（公认的）古怪
的矫饰主义画家传播得更广了。[24] 这部分的绘画作品也不仅限于犹太
教、基督教的素材。众神的宴会在文艺复兴繁盛时期的艺术中频频出
现；克利奥帕特拉在宴会上曾将一颗珍珠溶于酒中（图 3.8），这件事
非常有名，摘自普林尼《自然史》成千上万的事实中的这一场景也极
受画家群体的青睐。[25]

　　但是在一些神圣的用餐场合中，原文本和绘画再现之间的关系要
更为复杂。和提香添加食物细节的《圣母入殿》不同，希律王的宴会
是一个现成的可能存在美食的场合，尽管这个场合相当不寻常。它出

――――――――――

[1]《圣经》中的波斯国王。

图 3.4
雅各布·德尔·塞莱奥，
《亚哈随鲁的宴会》，约 1490。
乌菲兹美术馆，佛罗伦萨

图 3.5 乔尔乔·瓦萨里，
《迦拿的婚礼》，1566 年。
美术博物馆，布达佩斯

图 3.6 雅格布·蓬托莫,
《以马忤斯的晚餐》,1525 年。
乌菲兹美术馆,佛罗伦萨

图 3.7 约阿希姆·乌提耶沃,
《罗得与他的女儿们》,约 1595 年。
国家冬宫博物馆,圣彼得堡,俄罗斯

图 3.8 雅各布·约丹斯,
《克利奥帕特拉的盛宴》,1653 年。
国家冬宫博物馆,圣彼得堡,俄罗斯

现在《马太福音》和《马可福音》中，也在《路加福音》中以倒叙形式简略提及。[26] 希律·安提帕（Herod Antipas，不是屠杀无辜者的大希律王，而是他的儿子）第一次听到耶稣的事迹，认为这个穿街走巷的新先知实际上就是复活了的施洗约翰。这反过来又唤起了约翰当初如何死去的故事。就《福音书》的目的而言，宴会本身并不十分要紧；真正重要的是有两个可以相提并论的先知，其中之一被希律王处死了（事实上，《路加福音》中没有谈及更多细节，也没有提到庆祝的场合），而且，先知有可能死而复生。但《圣经》中的宴会有一种抓住后人想象力的方式。当然，这个特殊的欢宴场合提供了大量生动有趣的材料：因为君主与兄弟的妻子结婚，所以约翰指控希律王乱伦；复仇的妻子本人；莎乐美（Salome，在《马可福音》中被称为希罗底[Herodias]，不过希罗底在《马太福音》中实际上就是希律王的妻子）的形象和她诱人的舞蹈；还有民间故事中轻率承诺的主题，[27] 希律王陷入圈套，下令处决施洗约翰，至少在《马可福音》中，这种行为与他对施洗者这个"正义和圣洁的人"的尊重相悖。

这个故事本身并不怎么依赖晚餐。然而，美食显然是绘画的传统。乔托（图 3.9）以一位音乐家的突出形象和几件摆放整齐的餐具开始了对这一事件的解读；这一场景在 14 世纪一再被复制，尽管餐桌——例如现存于大都会艺术博物馆的 14 世纪中期乔凡尼·巴伦齐奥（Giovanni Baronzio）的祭坛画（3.10）——上的餐具有可能更为杂乱。一个多世纪后，在弗拉·菲利普·利比（Fra Filippo Lippi）（图 3.11）和多明尼克·吉尔兰戴欧（图 3.12）对这一主题的宏大处理中，这毫无疑问是一场文艺复兴时期的盛大宴会，有一张卧躺餐席形状的桌子和各种古代风格的装饰。事实上，吉尔兰戴欧在主要食客身后的墙上展示了餐具（图 3.13），这与哲学家兼司仪乔凡尼·蓬塔诺（Giovanni Pontano）在其几乎同时期的《论辉煌》（De splendore）一书中的建议一致。"一些[物件]似乎应该有使用和装饰两种用途，而另一些则仅是

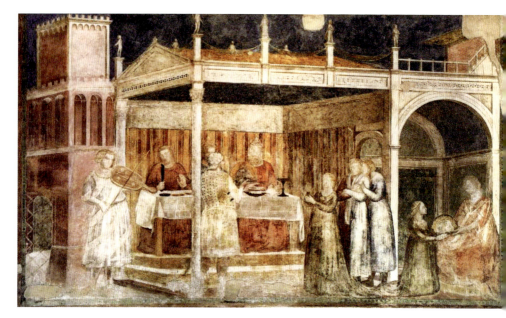

图 3.9　乔托·迪·邦多纳，
《施洗者圣约翰的生活场景：希律王的盛宴》，约 1315 年，细节。
佩鲁齐小堂，圣十字，佛罗伦萨

用作优雅的装饰。"[28]

　　像吉尔兰戴欧这样的画家对以装饰品为手段界定君主权力的想法做出反应并不奇怪，因为他本人就是在提供纯粹的装饰作品，与盘子或酒杯不同，绘画毕竟没有任何实际用途。但是，在画家使用《圣经》素材的创作过程中，这个明显不适合酒宴的叙事本身会变成什么呢？多纳泰罗（图 3.14）在为锡耶纳洗礼堂创作浮雕时，认识到了这一场景的全部恐怖之处，因为参加宴会的人都从这一可怕的宏大场面中踉跄而去。但是，在对这一场景的艺术再现中，对叙事性戏剧采取这样一种诉诸情感的方法并非不可避免。在贝诺佐·戈佐利[1]（Benozzo

[1]　约 1421 年～ 1497 年，意大利文艺复兴画家，以美地奇 – 里卡迪宫一系列描绘游行的壁画闻名。

图 3.10　乔凡尼·巴伦齐奥，
《希律王的盛宴和施洗者的斩首》，约 1330 年～ 1335 年，细节。
大都会艺术博物馆，纽约

图 3.11　菲利普·利比，
《希律王的宴会（莎乐美之舞）》，1465 年。
大教堂歌剧博物馆，普拉托，意大利

图 3.12　多明尼克·吉尔兰戴欧,《希律王的宴会和莎乐美之舞》, 1490 年。
托纳波尼小圣堂, 新圣母大殿, 佛罗伦萨

图 3.13　图 3.12 的细节

图 3.14　多纳泰罗，《希律王的宴会》，1423 年～ 1427 年。
圣乔万尼洗礼堂，锡耶纳，意大利

Gozzoli）的版本中（图 3.15），斩首和向希罗底赠送战利品的过程被隐藏在主要视野之外。在吉尔兰戴欧描绘的绚丽多彩的场景中，很难发现施洗者的头颅，而在利比的作品中，跳舞的莎乐美被赋予的地位比砍下的头颅的预期呈现更为突出。

　　事实上，这里的情况比故意曲解悲剧场景更为奇怪，而且，就像图像学中的许多修正传统一样，这件怪事的推力可以追溯到源头本身。让我们思考一下这个故事的情节，也许要比《圣经》本身希望引起读者思考的还要更仔细一些。莎乐美的舞蹈如此迷人，以至于希律王愿意满足她任何可以想得到的愿望，他甚至提到了把王国的一半给她。这个女孩自己没有表现出有任何愿望的迹象，而是听从她母亲的安排。

图 3.15　贝诺佐·戈佐利，
《希律王的盛宴和施洗者圣约翰的斩首》，1461 年～ 1462 年。
国家美术馆，华盛顿哥伦比亚特区

希罗底毫不犹豫地要施洗约翰的人头。在《马太福音》中，我们只听到莎乐美的声音；而在《马可福音》中，是希罗底提出这个要求，莎乐美略有差异地重复了这句话。无论是哪种情形，都是莎乐美提出了关键的要求：把施洗约翰的头放在盘子里。为什么要放在盘子里？这个对砍头要求的奇怪补充，看起来应该引发评论，但据我所知，实际上几乎没有任何评论。这似乎不是一个语言问题："ἐπὶ πίνακι"（在武加大译本［即拉丁通行本］中写的是"*in disco*"）短语本身的意思是很直白的，可以被翻译为：在木盘上、大浅盘上、主菜盘上或盘子上。简而言之，使用的容器就是那种用来盛放食物的平盘。[29]

　　无论是希罗底提出的要求，还是经过莎乐美的转述夸大的，我们都不禁要问，这是一种怎样的强化呢？不仅是死亡，而且要砍头，不仅是砍头，而且要展示，不仅是展示，而且还要遵守社交场合的礼节——莎乐美就是在这种社交场合表演了舞蹈，引发了整个事件的连锁反应。现在，砍下的头颅将被放在一个盘子里，这个场合就从舞蹈表演变成了晚宴。而且，通过预期叙事[1]的魔力，30再加上莎乐美要马上（ἐξαυτῆς，武加大译本中的 protinus）实现的进一步要求，这一切变成了可以同时发生的虚构故事。在晚上的庆祝活动结束之前，人们可以在牢房里找到施洗者，他会被斩首而且头颅将被呈上席前。

无须改变一个音节（或一个笔触），《圣经》文本为画家提供了指示。这是一个无视话语逻辑的故事，一切都可以瞬时发生。艺术家不需要违背情节的线性发展，例如将阿波罗对达芙妮的追求和她随后变成月桂树挤压到一个瞬间；《圣经》文本已经为他们完成了工作。对我们来说，更重要的是，那个盘子已经很合乎逻辑地成为宴会中央的摆设。艺术家们正在从食物的角度解读莎乐美。

这种解读是不可避免的，也是令人震惊的。施洗者的头颅成了今晚的压轴菜。半跪在地上的仆人端起可怕盘子的形象早在乔托时就开始出现，一直延续到 15 世纪乔万尼·迪·保罗（Giovanni di Paolo）（图 3.16）和菲利普·利比的作品（图 3.11）中，几乎成为经典。这正是向国君展示精心制作的烹饪艺术作品的姿势——我们应该记得，大餐在很大程度上依赖于视觉呈现。

尽管厌恶的姿态在餐桌上经常出现（但并不总是如此！），但端出盘子的动作本身并没有显示出盘子里的东西会起到与刺激食欲完全相反的作用[31]。（应该记得，许多画家在向赞助人展示他们的作品时，都会用象征谄媚的跪姿。）在某些情况下，艺术家会对这种并置关系表现出讽刺性的自我意识。一般被认为是罗吉尔·凡·德尔·维登（Rogier van der Weyden）创作的圣约翰祭坛画（图 3.17），描绘的是一

---

[1] 把未发生的事当作已发生的事情叙述。

图 3.16　乔万尼·迪·保罗，
《施洗者圣约翰的头颅被带到希律王面前》，1455 年～ 1460 年。
芝加哥艺术博物馆，芝加哥

个通常相当独立的图像主题——约翰被斩首，不过画家让新砍下的头颅与宴会上遥遥可见的主菜直接对视。老卢卡斯·克拉纳赫[1]（Lucas Cranach the Elder）（图 3.18）[32] 则将加了带有约翰名字光环的可怕盘子摆在前面正中，而将另一个端着下一道菜，即甜点的仆人放在后面，估计他要在施洗约翰的头颅被处理后才会摆菜。应该注意的是，那个仆人正盯着画面之外，望向我们。

　　这个例子与提香的卖蛋老妇人有所不同：可以肯定的是，食物被

---

[1]　德国文艺复兴时期重要画家，其子小卢卡斯·克拉纳赫也是杰出画家。

图 3.17　罗吉尔・凡・德尔・维登工作室，
《施洗者圣约翰的斩首》，圣约翰祭坛画的右翼，约 1455 年。
柏林画廊，柏林国家博物馆

图 3.18　老卢卡斯·克拉纳赫，《希律王的盛宴》，1533 年。施泰德艺术馆，法兰克福

放进了一个几乎不需要食物的故事中，但这个故事招致甚至激发了食物的出现。《新约》中还有一个情节，完整内容只出现在《路加福音》中，在那里，食物或非食物的问题变成了阐释学对话的核心部分，也成为了视觉传统中一个充满活力的元素。《路加福音》告诉我们，耶稣进入了一个村庄，

> 有一个女人名叫马大，接他到自己家里。她有一个妹子叫马利亚，在耶稣脚前坐着听他的道。马大伺候的事多，心里忙乱，就进前来说："主啊，我的妹子留下我一个人伺候，你不在意吗？请吩咐她来帮助我。"耶稣回答说："马大，马大，你为许多的事，思虑烦扰，但是不可少的只有一件。马利亚已经选择那上好的福分，是不能夺去的。"（10:38-42）[33]

阐释者们一直认为，这里假定了一个重要的二元对立，圣奥古斯丁将其定义为忙碌操劳的生活和静观沉思的生活：

> 在这两个女人身上体现了两种生活，一种是现在的生活，一种是未来的生活；一种是劳作的生活，一种是安静的生活；一种是忧伤的生活，一种是幸福的生活；一种是暂时的生活，一种是永恒的生活。这就是两种生活：你们要更全面地思考它们。这种生活包含什么，我说的不是邪恶的生活，或罪恶的生活，或不道德的生活，或奢侈的生活，或不敬神的生活；而是劳苦的生活，充满忧伤的生活，被恐惧征服的生活，被诱惑扰乱的生活……我说，这种生活，你们要尽力研究；正如我所说，要比我能言说的更全面地去思考它。[34]

难怪历经大风大浪的奥古斯丁经常引用这段话。我们可以从这段解经

中听到《忏悔录》（*Confessions*）明确无误的声音，它包容了极其复杂、极具张力的人类生活的世俗性（难怪奥古斯丁的人文主义追随者彼特拉克［Petrarch］会宣称这个故事包含了"生命的奥秘"）。[35] 奥古斯丁在这里甚至邀请他的听众更多地关注劳碌的／尘世的生活，而不是沉思的／天堂的生活。事实上，他抓住了耶稣这段话语中一个很不寻常的特点，即这个二元对立并不是要得出谁对谁错的结论，而是宣布这两个对立面都是值得敬重的，各有各的道理。

　　奥古斯丁可能是以极大的平静对待这一事件，但文本本身却不那么安宁。马大——习惯在家中接待客人的妇女，有哪个没有和她一样的感受呢？——生气是因为劳动分工不公平，而耶稣拒绝由衷地站在她这一边。他的回答像谜一般，不如奥古斯丁对两个争议者的裁决那么公平，如果我们回顾这一文本的历史，就更难理解他的回答了。[36] 究竟是什么使得耶稣拒绝了马大对于干预的恳求？在希腊文中，耶稣反驳她的抱怨，说马利亚选择了"ἀγαθὴν μερίδα"（好的部分，虽然实际上"μερίδα"这个词更像是部分［portion］，而不是一个方面［side］，也就是说，这里指在餐桌上做出选择），而在武加大译本写的是"optimam partem"（最优的部分）；在整个《圣经》翻译史上，类似的说法总在**好**的部分和**更好**（出现频率更高的措辞是**最好**）的部分之间摇摆不定。伊拉斯谟在为他的希腊－拉丁文《新约》翻译这段话时，将形容马利亚选择的词从"optimam"（**最好的**）改为"bonam"（**好的**），从而根本上改变了等级上的优劣，而且——至少对于一些现代读者来说——把自己和宗教改革联系了起来。[37] 不论这个短语被如何翻译或解读，很明显，这个故事的核心寓意是不稳定的。马利亚究竟在多大程度上被偏爱，其原因又是什么？

　　如果我们从两姐妹自己的主张开始，观察这个几千年来都模棱两可的问题，就值得问一问到底是哪两个活动被如此含糊其辞地对立起来了。马利亚的活动很简单。她坐在耶稣的脚前听他的道；这样的行为被认为是"一件事"，得到了优先考虑。另一方面，马大是"περιεσπᾶτο περὶ πολλὴν διακονίαν"（在武加大译本中写作 *satagebat circa frequens ministerium*），我们可以把它翻译成"伺候的事多，心里忙乱"；它被认为是低级的，因为它与"许多事"有关。马大活动的核心措辞"διακονία"并没有说明很多问题，因为它的含义（与英语中的"service"不无相似）很广泛，从端茶送饭到侍奉客人再到公共事业——后者既包括公共服务也包括礼拜仪式。简而言之，我们不仅不清楚马大在忙些什么，甚至有可能也不清楚为何她被认为不如她那安闲但显然虔诚的姐妹有价值。

在奥古斯丁之后的一千年里，两姐妹的故事在解经学上获得了巨大的关注，但视觉再现却很少。然而，到了 16 和 17 世纪，当意大利和北方的艺术家们以不同的方式为《圣经》叙事赋予丰富的现实世界背景时，不可避免地，马利亚和马大不再仅仅代表沉思和操劳的生活，而是被放在了一个完全舞台化的家庭环境中。[38] 引人注目的结果是，马大的劳碌不再含糊不清：她在做饭。奥古斯丁本人已经把叙述引向了这个方向，他宣称马大"满足那些饥饿口渴的人的需要；她关切地准备至圣和圣徒们在她家里吃喝的东西"[39]。当然，他明确指出，这种烹饪工作把马大降到了一个从属地位。"不总是需要吃吃喝喝的，对吧？……在这里［在尘世］你寻找食物，就像寻找重要的东西；在那里［在天堂］上帝将是你的食物。"早期近代最支持马大和烹饪的表达来自女圣徒亚维拉的德兰（Teresa of Avila），这绝非巧合。"马大和马利亚都必须侍奉我们的主，把他当作客人，她们也不能冷漠到不给他食物。如果她的姐妹不提供帮助，马利亚怎么能做到一边提供食物一边坐在他的脚边？"[40] 这样的话应该是出自曾在厨房工作，给饥饿的人提供食物的人（或者看起来做过这些事情的人）口中。

无论神学辩论如何进行，描绘这个故事的画家们还是把自己植根于尘世而非天堂，而且往往是在尘世中备餐和进食的地方。早在 15 世

图 3.19 维吉尔大师（彩绘插图师），
奥古斯丁，《上帝之城》，第 2 卷，
由拉乌尔·德·普雷莱斯译自拉丁文。
梅尔马诺博物馆，海牙，荷兰

抹大拉的马利亚出现在"不要碰我"的场
景中，旁边是做厨房工作的马大。艺术
家将马利亚和马大故事中的马利亚与抹大
拉的马利亚混为一谈，这并不罕见。

纪初，在被称为维吉尔大师（Virgil Master）的彩绘插图师笔下（图
3.19），这个主题就出现了一些相当现实的制饼内容（尽管在这种情况
下，这个故事中的马利亚已经与抹大拉的马利亚混在了一起）。随着
这种表述越来越明确有力，这就成了一个呈现视觉对立的机会，为观
众提供了一个大力士赫拉克勒斯式的生活选择[1]，只不过是在家庭场景
中。亨德里克·马腾松·索尔格[2]（Hendrik Martensz Sorgh），在 17 世
纪 40 年代中期的一幅作品中（图 3.20），呈现了一个坐在耶稣身边的
马利亚；她穿着优雅的斗篷，正在翻阅一本祈祷书。耶稣的左手搭在
马利亚的手腕上，向马大做着手势，马大则是一身厨娘打扮，正忙
着处理菜篮里的洋葱和一只生鸡；马大和耶稣之间的手势似乎很好
地处理了他对这对姐妹的模糊判断，类似于"是的，但是……"。亚

---

[1] 大力士赫拉克勒斯曾经遇到了享乐女神和美德女神，她们让他在享乐而简单和艰辛但光
荣的两条生活道路中选择一条，他选择了后者。
[2] 约 1610 年～ 1670 年 6 月 28 日，荷兰黄金时代画家。

图 3.20　亨德里克·马腾松·索尔格,《基督在马大和马利亚家里》, 1645 年。
切尔滕纳姆信托和切尔滕纳姆市议会, 格洛斯特郡, 英格兰

图 3.21　亚历山德罗·阿洛里,《基督在马大和马利亚家里》, 1605 年。
艺术史博物馆, 维也纳

历山德罗·阿洛里[1]（Alessandro Allori）（图 3.21）尽管在墙上刻下了故事的寓意（"OPTIMAM PARTEM ELEGIT"，最好的选择），将光荣归于马利亚，但他画的这对姐妹其实并不那么容易区分高低。两人都衣着华丽，都得到了耶稣的密切关注，用餐的材料——包括葡萄、面包、桌布，以及马大提供的各式各样的豪华酒杯——与马利亚似乎按在地上的可能是《圣经》的书本相比，占据了更重要的位置，也表现出了更高的绘画技巧。维米尔（Vermeer）（图 3.22）在他现存最大的也是他最早的一幅画中，以一种复杂的方式处理这个故事，推翻了两姐妹和她们的生活道路之间任何简单的等级差别。按照传统，马利亚坐在耶稣的脚边，接受他右手的祝福。但按照整体构图来说，这看起来几乎像是事后想起的补救。画面光辉灿烂的中央空间属于马大，她拿着一个发酵膨大的漂亮面包放在篮子里，接受神圣访客的亲密注视。

在这些直接的场景再现出现很久以前，马利亚和马大已经作为一个更加充满矛盾的视觉主题出现了。从 16 世纪 50 年代开始，以安特卫普为中心出现了一种几乎前所未见的食物画。[41] 在皮埃特·阿尔特森[2]（Pieter Aertsen）和他的外甥约阿希姆·博伊克雷尔[3]（Joachim Beuckelaer）的作品中（图 3.23、3.24），市场和厨房的场景呈现出非凡的气势。这些画作的尺寸有些达到了六英尺宽，比之前经常看到的任何家庭绘画都大。它们是对画家技巧的赞美，这种技巧表现在对熟悉的食物进行细微、准确、多彩和诱人的区分。而最重要的原则是展示对于市场上完美农产品的想象服从于画家完美艺术的现实。[42]

更多的时候，这些作品包含不相干的叙事小插曲，其中大部分是《新约》中的情节。这些场景往往是微小的、朦胧的，并被置于背

---

[1]　1535 年 5 月 31 日～1607 年 9 月 22 日，文艺复兴时期杰出的肖像画家。
[2]　1508 年～1575 年 6 月 2 日，文艺复兴时期的画家，主要在安特卫普和阿姆斯特丹绘制大型作品，大部分为静物画。
[3]　约 1533 年～约 1570 年，佛兰德画家，专攻市场和厨房场景。

图 3.22　约翰内斯·维米尔，
《基督在马大和马利亚家里》，约 1654 年～ 1656 年。
苏格兰国家美术馆，爱丁堡

图 3.23　皮埃特·阿尔特森，《蔬菜摊前的市场妇女》，1567 年。
柏林画廊，柏林国家博物馆

景，这使美食和神圣处于一种奇怪的关系之中。画面内容 95% 是食物、5% 是《圣经》的巨大型画作被源源不断地创作出来，我们应该如何理解？更加值得注意的是，恰恰在此时此地，进行着一场关于把神圣和日常混为一谈是否不恰当的激烈讨论。伊拉斯谟通过《愚人颂》（*Praise of Folly*）自相矛盾的赞美，对这一绘画传统产生了广泛影响，不亚于伊拉斯谟的权威人士激烈反对用不体面的欢宴场景让基督教故

图 3.24　约阿希姆·博伊克雷尔，《厨房内部》，1566 年。
卢浮宫博物馆，巴黎

事变得廉价。[43] 这些观点毫不奇怪地得到了特伦托会议[1]（Council of Trent）的响应。[44]

　　那么，为什么要把《逃往埃及途中的休息》[2]（Rest on the Flight into Egypt）或《行淫时被捉的女人》[3]（Woman Taken in Adultery）画得几乎无法辨认？在食物中展示这些神圣的场景是在挑战正统观念，还是只是给正统观念提供口头上（或真正）的支持？当我们注意到《新约》一个特定主题——当然就是马利亚和马大——的出现频率时，答案可能已经呼之欲出。博伊克雷尔在描绘一个典型的热闹的厨房场

[1]　特伦托和波隆那在 1545 年至 1563 年间召开的罗马天主教会大公会议，有观点认为这次会议代表了天主教会反对宗教改革的决定性回应。
[2]　基督教艺术中的主题，展示了马利亚、约瑟和婴儿期的耶稣在逃往埃及的途中休息。这一圣家族通常出现在风景画中。
[3]　《约翰福音》中记述的故事，耶稣面对几个企图找把柄陷害他的文士和法利赛人的试探，回应道："你们中间谁是没有罪的，谁就可以先拿石头打她。"

景时，以其经典的小型化方式进行了呈现。整体主题有四个元素（图
3.25—3.28），其中每个元素都在美食的骚动中夹杂了一个大致合适的
《新约》情节。《土》展示了卖菜的人，把前往埃及的圣家族变成了几
乎看不到的背景；《水》描绘了一处鱼市，远处加利利海上有基督的小
小身影；《气》呈现了各色家禽，除此之外还可能瞥见浪子回头故事中
的浪子（与空气元素的关系成疑）。但在马利亚和马大的故事中，这个
概念的运作方式却完全不同。厨房与火联系在一起，这合乎逻辑。但
是，一个年轻女人和许多帮手在储备充足的食品储藏室中辛勤工作的

图 3.27
约阿希姆·博伊克雷尔，
《四元素：气》，家禽市场，
以浪子回头故事为背景，
1570 年。
国家美术馆，伦敦

图 3.28
约阿希姆·博伊克雷尔，
《四元素：火》，厨房场景，
以基督在马大和马利亚家
为背景，1570 年。
国家美术馆，伦敦

场景，并不是对《圣经》故事的某种类比；它**就是**《圣经》的故事，
只不过被重新构想为丰富多彩的、与画家同时代的，而且（又是这样）
95% 的内容是美食的故事。

  博伊克雷尔以其最熟悉的形式体现了这一有趣的安特卫普子类
型，但他的师父在一二十年前的实践揭示了一种更复杂的方法。皮埃
特·阿尔特森画纯粹的神圣场景十分出色，而且他证明自己在描绘市
场和厨房的丰富多样上还要更有天赋；他也有能力混合各种流派，如
藏于乌普萨拉的绝妙的《肉铺》（图 3.29）（有人认为这是艺术史上的

图 3.29　皮埃特·阿尔特森，《逃往埃及》（肉铺），1551 年。
乌普萨拉大学收藏，瑞典

第一幅静物画），如果我们能把目光从前景中大量肉类的美味佳肴上移往远景，就能发现《逃往埃及》。[45]

　　然而，阿尔特森对马利亚和马大的处理方式却有些不同。1553 年绘于鹿特丹的《基督在马大和马利亚的家里》（图 3.30）就像对奢华的同时代美食场景作前景，并辅以《圣经》情节作背景这一套路进行的戏弄。所有元素都在：一面是水果、蔬菜、家禽、桌巾、锅、厨房用具和一个巨大的炉灶；另一面是画得细致入微的古典建筑，耶稣在里面抬起右手祝福马利亚，同时用左手做出禁止的手势责备马大。但这种空间关系是非常模糊的。《圣经》中的事件与当代的场景几乎没有隔离。背景和前景有相同的视角和地板图案；通过现代厨房桌子上精美的酒杯可以看

图 3.30　皮埃特·阿尔特森，《基督在马大和马利亚的家里》，1553 年。
博伊曼斯·范伯宁恩美术馆，鹿特丹

图 3.31　皮埃特·阿尔特森，《基督在马大和马利亚的家里》，1559 年。
比利时皇家美术博物馆，布鲁塞尔

图 3.32　皮埃特·阿尔特森，
《有耶稣、马利亚和马大的静物虚空画》，1552 年。
艺术史博物馆，维也纳

到《新约》故事的空间；马大按透视法缩短的左手姿态仿佛是从《圣经》时代推至现在，要把整个厨房场景在此时此刻呈现给耶稣观看。

　　阿尔特森在另外两个场合再现了马利亚和马大。1559 年的版本（图 3.31）比之前更进一步，将神圣的和烹饪的空间叠缩起来。这个场景以《圣经》为主，但故事在市场里的当代人中展开，比如马利亚看起来就像个女仆，她拿着一把扫帚，胳膊下夹着一棵笨重的卷心菜，手提着的柳条筐里还有各种吃的，包括两只野兔。

　　阿尔特森最早的一幅马利亚和马大也与此截然不同，一般被称为虚空派绘画（ *vanitas* ）（图 3.32），虽然此画中没有头骨，只有讲述"尘世荣耀就此消逝"（ *sic transit gloria mundi* ）的世俗物品进行着模糊的暗示。这些物品的转瞬即逝旨在让我们思考自己的结局，它们几乎完全与厨房有关：烘焙食品、一条鹿腿和一些漂亮的餐具。一张既与主场景相连，又与之分离的奇特画中画，里面有马利亚和马大的小插图。画面中的建筑几乎是在戏仿古典主义，有两个多乳女郎方碑；故事本身对马利亚的祝福特别明确，因为耶稣的右手放在她的头顶上。但整个场景位于一个巨大的、火焰熊熊的壁炉内，马大穿着厨房的衣服，估计马上就要做饭。壁炉上方的文字透露出《圣经》中的故事寓意：马利亚选择了最好的部分。

对一些观众来说，在画布上用如此多的文字阐述耶稣的裁决——实际上这只是耶稣裁决的一部分，可能会起到道德教训的作用，就像前面讨论过的阿洛里画作的观众一样的感受。但是阿尔特森的三幅马利亚和马大画作的范围，以及它们所属的整个安特卫普画派，都不能被简单分类。关于这个主题的学术研究可以从各种背景领域展开：文艺复兴时期的人文主义、斯多葛哲学、伊拉斯谟式的悖论、天主教徒和新教徒对世俗的共同或争议的态度，安特卫普作为一个充满活力的商业活动中心的发展，以及这种财富带来的道德和宗教不满。[46] 所有这些语境无疑都是切题的，但这样的论点没有考虑到马利亚和马大之争，以及（至少在一种可能的表述中）神圣与烹饪之争中根本的模糊性。这些作品95%对5%的模式，或者在阿尔特森的两幅主题为马利亚和马大的画中，《圣经》空间和现代厨房之间的混杂使得故事寓意不可能简单。最特别的是，它不允许这样一种解读，即期望观众一边看着那些华丽的、栩栩如生的、令人胃口大开的美食主题——食物本身、其生产工具、食物所处的社会——一边认识到他们正在被告知要拒绝此世的享乐。现象学必须先于图像学，而食物及其生产方式正是最基本的现象。

沿着这些思路，我们也必须注意到，*optimam partem elegit* 或 *Maria heeft uitvercoren het beste deel*（均为"马利亚已经选择那上好的福分"之意）并不是耶稣在对这两姐妹的裁决中要说的全部。正如奥古斯丁所熟知的那样，马利亚和马大的故事是一个伟大的典范，因为这个故事包含了今世和来世。虽然故事中两者有明确的等级差异，但无疑马大的工作得到了救世主光荣的认可。一方面，马利亚可能有最好的（或好的，抑或更好的）部分，基督教柏拉图主义者很可能希望接受她的"一件事"。马大则是操办"许多事"的女主人。对于16和17世纪的欧洲画家来说，"许多事"使得他们得到上帝的许可，可以在作品中包含全面的人类经验。水果和蔬菜、肉类和家禽、炉灶和煎锅被允许挑战《新约》的神圣空间，这就是本书希望在欧洲文化中广泛观察到的现象的一个显著标志。奥古斯丁在读马利亚和马大的故事时，将操劳的生活（似乎是赞同地）描述为充满了此世的劳作、悲伤、恐惧和诱惑；而这种生活的另一个定义似乎是在厨房工作。

在阿尔特森和博伊克雷尔之后的半个世纪，一位年轻的西班牙画家以对日常生活的研究开始了职业生涯（对于初学者来说很合适）。为了配合将操劳生活（*vita activa*）转化为准备食物的做法，委拉斯凯兹（Velázquez）凭借一种被称为"厨房场景"（*bodegone*）的流派声名鹊起，这个词本身就与食物以及准备和提供食物的地方有很大关系。[47] 我们知道，这种琐碎的主题曾受到过抨击，例如在1633年维森特·卡杜乔[1]（Vicente Carducho）的《绘画对话》（*Diálogos de la pintura*）中[48]，委拉斯凯兹的岳父弗朗西斯科·巴切柯[2]（Francisco Pacheco）为他辩护，认为他把这些事物提升到了远超其卑微现实生活的地位。也许正是由于这些关注，委拉斯凯兹仔细留心了我们一直在讨论的安特卫普画派（尽管不完全清楚他是如何接触到它的）。例如，他在描绘厨房女仆的画作（图3.33）——女仆身边有一堆相当炫目的烹饪器皿——中插入了弗拉芒艺术家最喜欢的基督在以马忤斯的场景，这不可能是一种巧合。这幅画上的人物实际上并没有在做任何事，但这一时期另一幅迷

---

[1]　1576/1578年～1638年，意大利画家。

[2]　1564年11月3日～1644年11月27日，西班牙画家，一生培养出多位知名画家，他创作的关于绘画技巧的教科书很有名。

图 3.33　迭戈·罗德里格斯·德·席尔瓦·委拉斯凯兹，
《有以马忤斯的晚餐的厨房女仆》，约 1618 年。
爱尔兰国家美术馆，都柏林

人的作品，现存于爱丁堡的《煎鸡蛋的老妇人》（图 3.34），没有涉及
《圣经》场景，却描绘了主人公的一系列动作，画作在烹饪方面处理得
如此真实，以至于引发了画的是水煮蛋还是煎蛋的争论。[49]

　　简而言之，委拉斯凯兹是在描绘家庭生活；他忠实地画下了做饭
场景，并且开始对画中画感兴趣——这会在他后来的作品中成为核心，
他还效仿安特卫普的做法，用视觉替身（visual doubles）将神圣内容
引入厨房的场景之中。这就是他以马利亚和马大为主题的作品（图
3.35）的逻辑。话虽如此，为这幅现存于伦敦的作品提供背景是容易
的，但准确解释我们在看这幅画时究竟看到了什么却很困难。这两个
在画面上占主导地位的女性形象到底是谁？我们应该如何理解这幅画
中在更大的空间之内出现的神圣场景？（图 3.36）是墙上的一幅画？
进入隔壁房间的一个通道？我们作为观众站立的地方正在发生的行为
的镜像？这幅画唯一明确的是这位面露不悦的年轻女子被要求制作的

图 3.34　迭戈·罗德里格斯·德·席尔瓦·委拉斯凯兹，
《煎鸡蛋的老妇人》，1618 年。
苏格兰国家美术馆，爱丁堡

菜肴。她正在使用研钵研磨大蒜，之后会加入橄榄油、蛋黄和少许辣椒，从而给鱼制作酱汁，可能是要用来做鱼汤的。

　　阿尔特森或博伊克雷尔的作品中，没有哪件能像为耶稣准备蒜泥蛋黄酱这样认真地对待做饭。当然，这样说是轻率地认为厨房和神圣场景的相遇在某种程度上是有连续性的。由于阿尔伯蒂式的基本规则支配着早期现代的绘画空间，我们必须至少接受这种可能性。可以肯定的是，委拉斯凯兹扰乱了我们对那些规则的接受，他在以后的作品中所做的还要更加引人注目，他不仅对这两个场景进行了令人费解的物理安排，而且对发生在这两个场景中不同的动作进行了处理。[50]

　　马利亚虔诚地坐在耶稣脚边的活动是标志性的，所有人都很清楚的，而且是超越历史的；在 1 世纪和 17 世纪之间，这个动作看起来不会有任何不同。相反，马大的活动则高度取决于特定的时间和空间。在 1618 年的塞维利亚，这个活动看起来像是为鱼汤制作酱汁。然而不

图 3.35　迭戈·罗德里格斯·德·席尔瓦·委拉斯凯兹，
《有基督在马大和马利亚家里的厨房场景》，1618 年。
国家美术馆，伦敦

图 3.36　图 3.35 的细节

那么偶然的是，福音书对马大的精神状态描述为"为许多的事思虑烦扰"。弗拉芒的艺术家们聚焦于"许多事"从而画出了美食丰盛的图像。在职业生涯中一直对体力劳动和从事体力劳动之人感兴趣的委拉斯凯兹，更关注的是"思虑烦扰"。他知道他的观众更可能是马大，而不是马利亚，他们过着操劳的生活，有事情要做，遵循奥古斯丁的劳动、悲伤、恐惧和诱惑的顺序，几乎没有机会坐在基督的脚边。因此，他按照这样的路线将他的画布分出比例，把最大的空间给了食物和不安。在画面中占主导地位的是现今的凡人，不必用图像学的方法来解码，将她们辨识为《圣经》的马大。相反，我们有一个突出的厨房工人的肖像和另一个半在阴影中的人物，他用手指着她，抓住了我们的注意力。体现在这个人物身上的凡人生活就是"操劳生活"；"操劳生活"就是做饭；而在美膳雅[1]出现之前的几个世纪里，制作蒜泥蛋黄酱是一项艰苦而缓慢的工作，因为要把许多大蒜瓣做成一道酱。

4

下面是对食读《圣经》的总结性思考。我在这里讲述的绝大多数都和叙事有关：沙漠中饥饿的以色列人，带来或没有足够的饼来给信徒供食；莎乐美和施洗约翰；马利亚和马大招待耶稣基督。我对神圣符号说得要少得多。耶稣的比喻让我们瞥见普通的食物——酵母、芥子、无花果树[51]——可以被转化为寓意深刻的教学工具。关于这一过程的问题本身，体现在几代人关于神圣符号的书籍和许多现代图像学研究中，这个问题就是，一旦烹饪材料被升华为神学，它本身会变成

---

［1］ Cuisinart，美国家电品牌，隶属于美康雅集团（Conair Corporation）旗下，生产烹饪用具和厨房用品，该公司由 Carl Sontheimer 于 1971 年创立，旨在将电动食品加工机推向美国市场。"Cuisinart"这个名字后来成了"食品加工机"的代名词。

什么。不错，耶稣告诉追随者要小心法利赛人的酵母时，他并不希望他们想到早餐时要吃的黄油吐司，或者至少他希望他们尽可能快地超越这种冲动。问题在于，一旦我们把这些食物从比喻和特定的叙事中提取出来，本书所确定的食物的标准属性——味道、进食、营养——还有没有剩下什么？换句话说，饥饿的眼睛能从中看到什么？

在这里，我的论述必须转向逸闻趣事。几年前，我在柏林画廊（Gemäldegalerie）被大量包含食物的画作震惊，与我的预期相反，其中大部分都不是静物画。事实上，有一种特别的食物非常突出。在柏林画廊的以圣母与圣婴为主题的画作中，有相当大的比例（粗略统计将近一半）出现水果。[52] 因此，这是一个标志性的基督教主题，它在很大程度上在叙事之外；按照 *Andachtsbild*[1] 的传统，[53] 这是为了唤起人们的虔诚，对祈祷者形成激励。总的来说，它们可不是在记录圣人们在哪儿吃点心。

就我匆忙统计的数据而言，我不能说这种水果搭配的频率在所有此类图像中都成立，尽管进一步的研究也发现了大量这样的例子，而且柏林的收藏品不太可能是大量按照对果树栽培学的爱好收集来的。只是正好在 15 和 16 世纪，水果以一种不可思议的方式出现在圣母和圣婴的标志性形象中，而且这种现象似乎跨越了年代、风格和地理位置等艺术史惯常用来区分流派的特征。

哪些水果？从柏林画廊和其他地方的大约 75 幅画作构成的我的个人数据库来看，最常见的是（频率从高到低）：苹果、樱桃、梨、葡萄、石榴、桃子和榅桲，草莓或无花果偶尔出现。这个排名当然有些不可靠，因为这些水果中有许多是难以识别且容易混淆的。在这样的统计中，谁拿着水果也是值得探讨的话题。最常见的是幼年基督，但马利亚也几乎同样常见；也有许多例子中两人都把手放在水果上面。

[1]　辅助祷告或者沉思的基督教灵修形象。

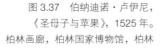

图 3.37　伯纳迪诺·卢伊尼，
《圣母子与苹果》，1525 年。
柏林画廊，柏林国家博物馆，柏林

图 3.38　老卢卡斯·克拉纳赫，
《苹果树下的圣母子》，约 1530 年。
爱尔米塔什博物馆，圣彼得堡

　　苹果和幼年基督位于统计的首位，似乎可以为这种画法背后的道理提供一个简单的答案：苹果是人类的堕落，而婴儿耶稣拿着它象征着救赎。这些画作的早期现代观众很可能收到这样的信息，比如柏林画廊伯纳迪诺·卢伊尼[1]（Bernardino Luini）的作品中（图 3.37），婴儿炫耀一般地展示着水果，而马利亚则拿着一本祈祷书，书中讲述的大概就是堕落和救赎的故事。又比如圣彼得堡爱尔米塔什博物馆收藏的克拉纳赫的画作中（图 3.38），除了手中必要的水果，马利亚头顶还

[1]　1480/1482 年～ 1532 年，文艺复兴盛期意大利北方画家，据说卢伊尼曾直接与达·芬奇合作，尤其以描绘修长眼睛的优雅女性形象闻名。

围绕着一整棵苹果树；此外，幼年基督右手中的面包（这个细节我在其他地方没有看到过）很可能为画面信息增加了一种神圣的含义。换句话说，这些水果提供了一些迹象，表明它们的存在是作为某物的象征：这些水果不仅仅是水果；事实上它根本就不是水果。[54]

但是，从这些解读中或者说从这种解读中，很难对如此多样的现象进行概括。毕竟，这些画中出现了许多不同的水果，每种水果都有一系列潜在的神圣含义。此外，《圣经》和基督教早期教父学文献给出了许多象征性的解读——例如，石榴被不同程度地认为等同于禁果、永生、堕落、基督之血的甘甜、生育和耶稣复活[55]——因此，选择一个单一的解码方式似乎很武断，特别是由于特定文本传统与特定绘画的关联性并不能经常得到证明。简而言之，仅有比喻是不够的。

想想一个比马利亚或幼年基督之手更常见的摆放水果的位置。人们可以不那么合时宜地称之为窗沿。在一项悠久的传统中，许多这类作品将宗教主题放在某种画框内，一般可以在画面的底部看到，这样我们就能够像跨过一道视觉门槛一样看着神圣的场景。这个框架可能是由一个建筑提供的，它在整个环境中是有逻辑性的。这个框架也可能是一个相当随意且在虚构场景之外的事物。它究竟是不是母亲和孩子所占据的实际空间？这可能形成了一种绘画的手法。水果被放在这个视觉门槛上的频率非常高。在收藏于柏林的多梅尼科·莫罗尼[1]（Domenico Morone）的作品中（图 3.39），水果被一个手势带入了场景，而在其他画作中，如收藏于华盛顿哥伦比亚特区的卡洛·克里韦利[2]（Carlo Crivelli）的《圣母与圣婴》（Madonna and Child）（图 3.40），它可能是水果装饰的一部分。但大多数情况下，它与场景无

[1] 约 1442 年～1518 年，意大利画家，生活在维罗纳，以文艺复兴早期的风格作画。
[2] 约 1430 年～1495 年，文艺复兴时期欧洲艺术家，出生于威尼斯，以装饰性强的宗教题材闻名。

图 3.39　多梅尼科·莫罗尼，
《圣母子》，1484 年。
柏林画廊，柏林国家博物馆，柏林

图 3.40　卡洛·克里韦利，
圣母与圣婴，1490 年。
国家美术馆，华盛顿哥伦比亚特区

关，它本身就是一个独立存在的物品，艺术家对其进行了精心的处理，其绘画风格（图 3.41、3.42、3.43）可以追溯到《未清扫的地板》上的独立绘画作品或那些在主人和客人之间的古典待客之道（*xenia*），后者将在第五章讨论。有人可能会说，这种脱离状态使它变成了一个单独的可以被寓言化的题材。而对我来说效果恰恰相反，它在我们的空间里记录了我们的世界，在画面之外（或者同时在画面内外），被我们的

图 3.41 尼科洛·隆迪内利，
《圣母子与弹鲁特琴的天使》，1510 年。
私人收藏

图 3.42 彼得罗·佩鲁吉诺的圈子，
《圣母子坐在雕栏前，一个苹果在她旁边》，
16 世纪早期到中期。
私人收藏

图 3.43 乔斯·范·克里夫的画室，
《圣母子》，16 世纪上半叶。
苏尔蒙特博物馆，德国亚琛

图 3.48　乔斯·范·克里夫，《神圣家族》，约 1512 年～ 1513 年。
大都会艺术博物馆，纽约

分神——他的母亲在专心致志地翻阅一本祈祷书。无论是早期现代还
是后现代，无论是宗教还是世俗，没有一个观众在看到这组图片时能
心里只想着圣餐。当为圣母和圣婴送上各种各样的水果（图 3.48）或放
在桌布垫着的托盘上的种类均衡的点心（图 3.49）时，就更难采取完全
的圣餐视角了。而当食物被摆放在"窗沿"上，用于展示时（图 3.50、
3.51），神圣空间和观众的三餐之间的界限已经被果断地跨越了。

图 3.49　昆丁·马西斯，《圣母登基》，约 1525 年。
柏林画廊，柏林国家博物馆

图 3.50　拜尔内特·凡·奥利画室，
《带有苹果和梨子的圣母子》，约 1530 年。
埃斯凯纳齐艺术博物馆，印第安纳大学，布卢明顿

图 3.51　扬·戈塞特之后的匿名佛兰德人，
《戴面纱的圣母》，16 世纪。
查特鲁斯博物馆，杜埃，法国

　　有时，即使在婴儿耶稣和圣母马利亚面前，苹果也只是苹果，葡萄也只是葡萄，而且正如我们前面所看到的，无论背景多么神圣，鸡蛋都会被画家画成待出售的样子。《圣经》连同其所有的文本和视觉传统，永远被饥饿的眼睛注视着。

第四章

晚餐争论

前面两章各自选择了一个历史文化单元——第二章，是一个特定的时间和地点；第三章，是具有超越历史之重要性的文献——并试图描述吃与喝在这些特定范围内的地位。显然，罗马和《圣经》两者本身并不是美食类别。考虑到这一点，我们现在为最后两章翻转范式，根据吃与喝的文化经验，有时是实际经验来选择分析领域。根据这一主题的性质（正如第一章末尾所建议的，将本书本身比作"未清扫的地板"），这些领域不会像罗马和《圣经》那样有清晰的轮廓。事实上，它们可能更像是在寻找一个定义的过程，而不是定义本身。理想情况下，这种寻找会取得一些成果。

当我们谈论食物时，我们在谈论什么？在 20 世纪 50 年代，伯特兰·罗素（Bertrand Russell）和罗曼·雅各布森（Roman Jakobson）就词语和事物的问题进行了一场备受瞩目的辩论。罗素在论证过程中提出了一个假设："在霍屯督语[1]（Hottentot）中，'今天是星期二'的发音意味着'我喜欢奶酪'。"[1]霍屯督人（撇开这个词的种族和贬义的气息不谈）以一种有趣的方式服务于罗素勋爵的目的，对他的帮助也许比他意识到的还要多，因为他们被假定为既没有英语语言的概念，

---

[1] 即科伊科伊语，属于非洲科伊科桑语系的一种语言，由非洲南部科伊科伊人、纳马人、纳马拉人、海奥姆人等民族使用，主要分布在纳米比亚、博茨瓦纳、南非等地。

也不知道切达和斯蒂尔顿[1]究竟是什么。这就满足了他的中心论点，即"没有人能明白'奶酪'这个词是什么，除非他在非语言层面见过奶酪"。雅各布森拒绝承认这种词汇意义的指称：在他看来，使奶酪这个词被理解的不是味道、气味或吃饭的记忆，而是"对英语词汇语码中分配给这个词的意义的熟知"。换句话说，奶酪的意义不是来源于压缩牛奶凝块的直接体验，而是来源于对英语使用者有意义的其他符号的整个链条。雅各布森继续打斯拉夫牌，指出在俄语中，英语使用者称为茅屋奶酪的东西根本不被当作奶酪；他因此将这个问题抛回到可译性和不可译性的问题上，而这才是他真正感兴趣的地方。

我真正感兴趣的是奶酪。无论两个论战者之间如何你来我往，他们毕竟是选择了奶酪作为讨论对象，用它寻找那个除去附加到符号上的所有偶然因素后依然绝对保持其身份的东西。它作为"非语言的"事实（用罗素的话来说），可以让相对主义者和语言哲学家们止步不前。关于语言的争论因此变成了关于经验的争论，而经验的原点则是食物。而且，我们将在本章中看到，食物和饮料如果不构成争论的核心或边缘，就几乎无法进入文化话语。

1

让我们以雅各布森和罗素为引子，介绍两场围绕食物展开，更为宽泛的哲学对话。柏拉图的《高尔吉亚篇》（*Gorgias*）的开篇单刀直入，起初几乎让人无法理解：

> 卡利克勒：俗话说，聪明人避免争执，却不会缺席盛宴。苏格拉底，你的时间选得很好。

---

[1] 两者均为英国著名奶酪。

苏格拉底：你的意思是，根据这句谚语，我们来参加宴会已经太晚了吗？[1] 2

在这段对话的背后，我们略有难度地重构出了一个俗语，说的是某种人大概经过预谋，会设法在争执结束时抵达，因此平安无事；而相比之下的另一种迟到者，在宴会即将结束时抵达，这种迟到的结果就远没有那么令人满意。完美的抵达策略就是在发生争执时迟到，在举行宴会时早到，但在目前的背景下，这两种举动并没有明确表示苏格拉底和卡利克勒刚刚究竟在做什么或者没有做什么。然而，我们很快就会明白，这里所指的活动是高尔吉亚在闹市展示修辞技巧。苏格拉底错过这场精彩的辩论；无论这样的展示如何与争执有关，从他提到的"ἑορτῆς"，即盛宴中可以看出，他选择将高尔吉亚的表现描述为一顿大餐，而他来得太晚，没有吃到任何东西。

为什么高尔吉亚在市场上的活动应该（似乎是贬义地）与晚餐类比呢？在他论证的一个关键时刻，苏格拉底要将修辞术从通常被阐释为"技艺"的地位上拉下来——这个至关重要的术语是"τέχνη"（techne）3——也就是说，一种具有独特抽象规则的活动，不受特定使用者或特定环境的偶然性因素的制约。相反，它应该被认为是"ἐμπειρίαν"，类似于"经验"或"习惯"；后来他将进一步贬低它，并说它是"τριβή"，也就是"习性"。正是在进行这个论证的过程中，他诱导对话者问了一个天真的问题：烹饪（ὀψοποιία）是什么技艺？苏格拉底把烹饪与修辞术等同起来后，前者为他的论证带来极大助力。

苏格拉底想要主张的是，听众认为烹饪是什么，修辞术就是什么。（这毕竟是苏格拉底自己修辞术的本质，通过两个术语之间的类比来

---

[1] "聪明人避免争执，却不会缺席盛宴"的译法参见 http://classics.mit.edu/Plato/gorgias.html。

进行诱导和转换，而他提出的两个概念在功能上是相互等同的；这种等同性的前提本身通常是可以辩论的，即使那些头脑比较迟钝的对话者没有去对前提加以讨论，这一点倒是令他更省心了。）[4] 根据这一论证过程，不言自明的是，烹饪是未经分析的、习惯性的、日常行为的典型（由妇女和奴隶来做也不会改变这一点），而不是系统化的智慧。对苏格拉底来说，重要的是说服听众，他的辩证哲学风格具有这种普遍有效性，而修辞只是——恕我直言——根据每个场合而现场炮制（ *cooked up* ）的东西。

我要指出的是，关于 τέχνη（技艺）和烹饪的问题不会就此停止：它也存在于安托南·卡雷姆[1]（Antonin Carême）的革命性著作《法国 19 世纪烹饪艺术》（ *L'art de la cuisine française au dix-neuvième siècle* ）[5]，该书被认为是有序系统化美食学的开端，还有更接近我们自己时代的茉莉亚·查尔德[2]（Julia Child）等人所著的《掌握法国菜的烹饪艺术》（ *Mastering the Art of French Cooking* ）一书，该书不妨称为《掌握法国菜的烹饪技艺》（ *Mastering the Techne of French Cooking* ），因为作者们关注的是烹饪固有的结构和行为准则，而不仅仅是某个特定从业者发明的新菜式。[6] 对苏格拉底来说，系统的问题只是一个切入点，接下来还有厨师对修辞学家更大的打击。对苏格拉底来说，烹饪是一个复杂的——也许还是老朽过时的——三段论的一部分，其中最大的善，即由哲学家组成的政府，位于金字塔的顶端，在这个金字塔中，身体与灵魂是不同的。通过将烹饪与诡辩联系在一起（他还将化妆也归入其中），他将高尔吉亚的演讲风格贬低为一种仅仅满足感官的活动，而不是那种会在公共领域引领适当行动的演说方式。

---

[1]　1784 年 6 月 8 日～ 1833 年 1 月 12 日，法国名厨，"伟大料理"（grand cuisine）的早期实践者和倡导者。

[2]　1912 年 8 月 15 日～ 2004 年 8 月 13 日，美国名厨、作家、电视节目主持人。

但这一论点中最重要的是快乐，这也可能是把烹饪当作对等物的主要作用。苏格拉底担心修辞语言可能比哲学语言产生更多的乐趣。接下来就是我们要讨论的重点，他完全确信，食物就是完全不可否认的感官满足的典范。他之所以打食物牌，是因为与正义或修辞等其他东西相比，食物似乎是最简单、最无可争议的快乐形式。这与食物的另一个重要方面是一致的，即它是所有快乐形式中最原始和最像孩童的。[7]在没有西格蒙德·弗洛伊德的婴儿性欲或雅克·拉康（Jacques Lacan）的哺乳诠释学的情况下，[8]谈论食物就是谈论与性无关的快感，它还联系着儿童的思想和口味。那么，正如我们从布歇的葡萄中看到的那样，食物是再现快乐的一种手段，它具有其他快乐或许不具有的正当性，但也受到所有快乐所招致的批评。《高尔吉亚篇》后续内容表明，苏格拉底在与一系列假设做斗争，这些假设认为，随着人的成熟，哲学是一种应该逐渐丢弃的东西，这种想法由于苏格拉底将因蛊惑雅典青年而被处决的回溯视角变得更加深刻。在这段对话中，他站在孩子的角度进行回击，他把食物的乐趣看作孩童快乐的典型，并将其与公开演讲——也就是开头的"盛宴"——联系起来，他选择不参加这些活动，或者说，他至少是迟到了。

他对这种美食／修辞形式的快乐进一步的担忧是它变成了**集体性**的。修辞——毕竟这是苏格拉底最初将其斥为与厨艺相当的东西——之所以能唤起众人，靠的是给人们共同的满足感，他将这种方式贬损为"谄媚"。[9]如果你不喜欢他们被唤起的手段，如果你认为这种快乐是不好的，那么对我们大多数人来说集体用餐这种美妙的事物，就会变成政治组织中的噩梦。一个人的共餐习惯在另一个人看来就是暴民统治。[10]

哲学家之间的第三次谈话完全没有表现出快乐方面的问题；事实上，正如我们将在本章中看到的，它可以形成一种吃与喝的特殊形象，苏格拉底等规则制定者将针对这种形象展开他们的争论。《欢宴的诡辩家》或《晚餐中的哲学家》，又译为《用餐中的专家》，由来自埃及的饱学之士创作于 2 或 3 世纪，该书用希腊语写作，但作品背景设置在罗马[11]。该书分 15 卷，记录了一次（或几次）晚宴上的谈话，其中大部分是希腊文学的长篇引文，特别是戏剧文学，尤其注重其中的喜剧传统。要是没有《欢宴的诡辩家》，这些引文的原作就会遗失；除了这一文献学上的喜人情况，该书还包括数以千计（也可能是数以万计）古典时代晚期的语言和文化信息，使得人们倾向于将该书主要视为一种可供挖掘的资源，而不仅仅是文学作品。

尽管人们可以通过阅读阿特纳奥斯的作品学到很多关于性、政治和物质文化的知识，但是书中最多的内容是美食：这些博学的绅士在晚宴上（就像我在许多晚宴上）主要谈论的是食物。如果不模仿作品本身过分夸大的特点，很难传达其内容丰富性。随便挑几个指标看看：调查醉酒的文本记录达 30 页之多；记载着萝卜、卷心菜、甜菜、胡萝卜、韭菜和南瓜等蔬菜的目录堪比较为丰富的自然史和文学史，接着是一份类似的家禽目录，其中包括野鸡、山鹑、斑鸠、鹌鹑、鸭子、鹅，还有一些被翻译成"紫色秧鸡"的家禽（9.388）。或者再来看看对扁豆汤长达 2500 词的专门介绍，其中包括这样的建议："在冬季，风信子球茎煮扁豆汤——该死！该死！……在天气冰冷的时候就是珍馐美味。"（4.158）而上述这些内容与阿特纳奥斯笔下博学的赴宴者们对鱼的详尽关注相比，仍是小巫见大巫（第七卷）。

这一切带给我们的主要教训，在本书中也许已经变得太过熟悉：食物和酒可能属于，也可能不属于高雅文化的餐桌，但当它们被接纳到那里时，就会发生奇怪的事情。书的开篇立即让人明白，这部作品是对柏拉图式对话——特别是《斐多篇》和《会饮篇》——的一次相当刻意的改写。这种模仿的模板不仅仅是对话体，更确切地说，重点是将过去的一系列对话从当时在场的人那里传递给那些没有机会在场的人。[12]《会饮篇》和《斐多篇》都是以这种结构开始的：前者需要通过沟通渠道进行的讨论是关于爱的（正如我们在第一章探讨的内容），而后者讲的是苏格拉底之死。阿特纳奥斯遵循这一模式，将整本书的结构安排为对他的朋友坚持叙述晚上谈话的回应，那天晚上的谈话他自己并不在场；不过话题不是爱或死亡，而是食物。《欢宴的诡辩家》实际上成为了柏拉图《会饮篇》的翻版。我们在第一章中曾提到过，在《会饮篇》中，阿伽松对菜单漠不关心，将其交给做菜和上菜的奴隶进行选择；[13] 阿特纳奥斯却没有这种态度。换句话说，这个晚宴是与外界隔绝的：这些绅士在用餐时间讨论的就是吃饭。

为什么不呢？在柏拉图式的餐桌谈话中，食物根本无法与哲学讨论相提并论。可以回顾一下，普鲁塔克认为，我们没有关于这些会饮上的菜单记录，只有关于哲学的记录，这就是这种等级制度的证明[14]。阿特纳奥斯则报复性地来纠正这种不平等。

从根本上说，本书是赞美性质的。美食，远非苏格拉底在《高尔吉亚篇》中认为的那样理应受到贬低，它应该被颂扬为一种普遍的原则。随着柏拉图的对话形式被重新调整为美食的载体，文化史转向了用餐。荷马在《欢宴的诡辩家》中是以美食作家的身份出现的，这可以从《奥德赛》中关于吃饭的故事概述或者从他知道怎么用长竿钓大鱼推断出来。事实证明，《荷马史诗》里有几十条关于吃喝的引言，如《伊利亚特》第二卷（8.364）中的"现在去吃饭吧，吃饱了我们就可以参加战斗"，或《奥德赛》第四卷（9.366）中的"让我们再想想晚餐吧"。阿特纳奥斯向我们保证，看到《荷马史诗》中的英雄们"解决他们的饭菜和炖煮食物，并没有引发嘲笑或羞愧。事实上，他们从容不迫地做着杂务"（1.99）。

荷马也不是唯一一个被改造成美食家的文化偶像。我们被告知，喜剧和悲剧的发明源于醉酒，音乐和酒则是同源（2.227-229）；鱼贩子可以真正地与诗人和画家相提并论（6.27）；诗人得到指示要以精致的晚餐为榜样构思作品（1.39，10.425）。更不用说伊壁鸠鲁引起的极大的关注（7.285），但我们得知，当荷马把好的和快乐的等同起来时，说的其实完全是食物；这位哲学家似乎一再大声疾呼："从肚子里得到的快乐是一切美好的起源和根源。"（8.278）这种美食帝国主义也不仅仅局限于诗歌和哲学。像亚历山大和马克·安东尼（7.277，4.148）这样的伟人也要通过他们的饮食或关于饮食的言论来评价。食物是世界史的引擎：埃及国王普萨美提克（Psammetichus）利用吃鱼的奴隶发现了尼罗河的源头（8.345），而希腊的地理环境则是由各地饮食差异决定的。

这不仅仅是某种伊拉斯谟式的嘲讽。如果说《高尔吉亚篇》中的苏格拉底是在通过把某些话语实践丑化为饮食来贬低它们，那么阿特纳奥斯则是在建造一座宏伟大厦，可以肯定的是，这座大厦也对比喻做出了回应，把它带入了正向意义，进而纳入到了具有全球意义的领域。如果苏格拉底被享乐尤其是集体的享乐所困扰，如果他借助烹饪比喻的方式暴露了这种不安，那么《欢宴的诡辩家》中食物的丰富多彩、语言流露出的适意感及人物的话语可以算作一种反驳。这场漫长晚宴的引人注目之处，是以味觉享受为基础的吃吃喝喝已经拥抱甚至篡夺了话语世界本身，而且是以雅各布森和罗素在谈论食物的时候都无法想象到的方式。

该书开篇就声明了这一点。文本的概述者（开篇的数卷已经丢失，因此作品是以第三人称呈现给我们的）[15] 用一个新造词 "Λογόδειπνο"（话语的盛宴）来指代该书。如果说这种比较关系的某些含义是显而易见的——说话和吃饭都是涉及嘴唇、嘴巴和舌头的口头活动；用餐的场景也是谈话的场景——那么这个比较的其他方面则更加微妙和具有揭示性。毕竟，全书是一种宏大的替代：得知整个故事无论是对话者还是读者都没有参加这个晚宴的特权，所以作者成为了 "οἰκονόμος Ἀθήναιος"（管家阿特纳奥斯），他为我们提供的丰富语汇就像在那个如今已经无法恢复的场合提供的菜肴一样奢侈。

但是如果说《欢宴的诡辩家》里说话和吃饭一直处于类似于可

　　　饥饿的眼睛：吃喝以及罗马至文艺复兴时期的欧洲文化

互换的位置，它们之间的张力也同样重要。作为读者，我们可能会因为用文字代替晚餐而感到满意（或不得不满意），但那些博学的欢宴者自己却被置于谈话不断推迟用餐的境地。例如，在第七卷的结尾，关于海鲜无休止的讨论似乎要进入尾声，说话者提出要结束，"除非"，他对另一方提摩克拉底（Timocrates）说，"你渴望更多的食物"（7.330），他的意思不是食物，而是谈话。然后，到了第八卷的中间，当说到"我们终于要开始吃晚饭了"时，医生以弗所的达弗努斯（Daphnus of Ephesus）再次吩咐推迟上菜，而他则就鱼的医学特性发表了长篇大论的见解。大约在同一时间，一位身份不明的与宴者注意到，"由于我们进行着巨大的演讲盛宴（这句话本身就暗指柏拉图的《蒂迈欧篇》27B），厨师们仍在做饭，以免为我们提供的餐点凉了"（8.354）。每次的口头活动只有一个；这些绅士中似乎没有一个是嘴里塞满东西说话的，整个经历开始看起来像某种德里达（Derrida）式的饮食"延异"[1]（différance），就像德里达所做的那样，把词与物的问题放在显著位置。[16]

在所有这些特殊性之下，有着对苏格拉底所说的食物不具备系统、方法或技艺的一种回应。食物从哪里来，它们在不同的产地是如何被制作的，它们与其他看起来类似的食物有何不同，哪些人热衷于消费它们，哪些人把它们当作垃圾，以及全世界各种不同的餐桌礼仪：所有这些都是一个巨大的领域，《欢宴的诡辩家》中的文化人类学和自然史在这一领域中产生了差异。但是，正因为信息量巨大，这里的差异被看作完全正当合理，不一定要赞同或不赞同。美食的乐趣在晚餐客人中一览无余，这既验证了多元文化主义，也成为了一个系统的基础。

无论是在烹饪还是其他话题上，书中这场晚宴里博学的客人们都很擅长学术话语的结构，这不足为奇。但在一个相当重要的时刻，情况

---

[1] 表现意义的表达在时间之流中被不断延搁的过程，是最具德里达解构主义特征的表达。

发生了变化，展示多种赞美修辞技能的不是食客，而是厨师。当时的场合是一道需要格外精心准备的菜肴上桌了。呈现在客人面前的是一头整猪，一边是烤的，一边是炖的。当客人们向厨师致意时，厨师第一次成为演讲者，发表了长达 15 页的、几乎没有被打断的独白，在最后他才解释了制作出这道 *porc à deux façons*（一猪两吃）的**技巧**。

原来，这位没有透露姓名的厨师和他所服务的客人一样旁征博引。他引用的言辞，无疑是各种厨师作家的自我推崇，而方式自然是夸耀厨师们都是厨艺精湛，无所不能。他引用波西迪普斯[1]（Posidippus）、厄弗洛（Euphro）和索西帕特（Sosipater）的话证明厨师必须是军事指挥官和船长。他既是天文学家，能够计算出各种鱼在哪个星座下最容易捕捞，也是建筑师，知道如何布置完美的厨房和用餐区，同时还了解气象，能够确定风和天气的走向。[17]

与《欢宴的诡辩家》中几乎所有的内容一样，这场修辞表演既关乎它所传递的信息，也关乎它是修辞表演的事实。实际上，甚至在厨师为他的职业做出这些荣誉性的比较之前，他就宣布最基本的技能是"ἀλαζονεία"，引用波西迪普斯的话，一般被译为"傲慢的吹嘘"之类，尽管道格拉斯·奥尔森（Douglas Olson）将其译为"瞎扯"。[18] 撇开洛布古典丛书[2]（Loeb Classical Library）选择的现代白话处理方式，这里传递的信息很清楚，人们做的事和他们如何谈论做的事这一不可分割的组合，构成了厨房门内外的餐桌准入要求。而且，这些表演之间也存在着一种延迟的关系。我们的厨师承诺解释他是如何做"一猪两吃"的，可他是在对厨师艺术进行了长篇赞美之后，才透露了秘密。还有一个类似的手法，在第 14 卷中甚至有一个更大的高潮（或反高潮？），

---

[1] 公元前 310 年~公元前 240 年，古希腊的警句诗人。
[2] 简称"洛布丛书"，于 1911 年由詹姆斯·洛布（James Loeb，1867 年~ 1933 年）发起和赞助，因此得名，该丛书完整收录西方古代重要作家作品的大型文献资料，几乎涵盖全部古希腊文和拉丁文典籍，现由哈佛大学出版社出版发行。

一个厨师大张旗鼓地宣布即将上的一道菜是"μῦμα"（ *muma* ）。[19] 没有人知道"muma"是什么意思（"因为这个狗娘养的没有给我们任何指示"［14.658］）。但在这位厨师不厌其烦地再次赞美了烹饪艺术之后，食物本身或对它的口头描述才呈现出来。而且，在这种典型的因为啰里吧唆而导致的延迟之后，我们才了解到这原来是一个多么巨大且不雅观的东西：肉与下水、内脏、血、醋、奶酪、罗盘草、芫荽、罂粟和石榴籽等等东西的混合物。到了这部巨著接近尾声的时候，人们很难不认为《欢宴的诡辩家》本身就是某种"muma"，一群安坐在罗马的希腊迷通过炮制一锅混合着柏拉图、罗马新喜剧全集和亚历山大图书馆[1]（ Library at Alexandria ）全部内容的大杂烩来自我沉迷。

《高尔吉亚篇》中提出的问题从未完全离开阿特纳奥斯的餐桌。《欢宴的诡辩家》中所有这些冗长的段落都充斥着像技艺（ *techne* ）和诡辩家（ *sophist* ）这样的术语。不可否认的是，和苏格拉底的看法不同，烹饪是一个有秩序、规则、传统和历史的系统。如果说苏格拉底在这一点上错了，那么另一方面，他认为烹饪是一种奢侈的修辞运用却是非常正确的。这不仅体现在厨师们详尽而生动的描述美食的话语中，也体现在摆在餐桌上的菜肴的制作中。在苏格拉底所提到的所有意义上，"muma"本身和对它的描述一样，都是修辞性的。所有参与阿特纳奥斯的欢宴的人，无论是厨师还是客人，都配得上书名中对他们的称呼——诡辩家（ *sophist* ）。是的，苏格拉底，诡辩是一种快乐——但这种快乐是好事，至少在一边诡辩一边享用有着几十道菜的晚宴是如此。

对于雅各布森和罗素来说，食物只是一种修辞上的便利（或不便），是在语言的游戏中抓住的一个占位符。苏格拉底也将食物工具化

---

［1］ 位于埃及亚历山大，曾是世界上最大的图书馆，由埃及托勒密王朝的国王托勒密一世建造于公元前 3 世纪，后来遇火灾被毁，2002 年于原址附近重建的新亚历山大图书馆是地中海地区主要的图书馆与文化中心之一。

了，可以用来贬低他认为低级甚至危险的哲学论证模式。然而，阿特纳奥斯把我们引入了一条文化活动的洪流之中，吃与喝在这里不是修辞上的权宜之计，不是进行崇高的哲学交流的障碍，也不是在描绘人类的理想画像时必须被置于边缘的必要之恶。相反，它们属于这幅画的核心；其实，它们**就是**这幅画。

2

那么，我们从这三组好争辩的哲学家那里学到了什么？食物是**真实的**；作为真实的食物，至少在某些哲学家那里，可能是被怀疑的对象，因为它坚持各种快乐，抵制理性的控制系统；相比之下，对其他哲学家来说，正是这种不可捉摸及其关于感官享受的所有暗示，对话语提出了最诱人的挑战，尽管这种挑战可能会在生活具体经验中活力十足地、毫无羞耻地迷失方向。

那么，沿着这条道路走下去，会发现一条早期现代欧洲文化的分支，可以说是在阿特纳奥斯的标志下运作的，他认为整个世界是一场盛宴。当然，如果说我把阿特纳奥斯作为文艺复兴时期的主宰之神来宣传，那也是在充分认识到《欢宴的诡辩家》并非摆在每个人文主义者床头柜的经典作品的情况下提出的主张。[20] 当然这本书没有在文艺复兴时期流行起来也不奇怪。它篇幅很长，又是用希腊文写就的，而且内容中基本看不出人文主义者喜欢宣扬的黄金时代理想化。我们把它与它的近亲普林尼的《自然史》放在一起时，就很容易理解为什么一部对已知世界的一切进行记录的纯学术（*Wissenschaft*）作品受到的青睐，可以超过一部仅通过餐桌谈话来传达同样令人印象深刻的学术内容的作品。正如本书中经常提及的那样，这又可以看出吃与喝是如何被推到了文化边缘。

不过，阿特纳奥斯的作品早在 1514 年由阿尔丁出版社（Aldine

Press）出版，这个版本拥有一些文艺复兴时期的读者群（正如我们将看到的）。而且，从更广泛的意义上讲，阿特纳奥斯和早期现代的人们之间有一个完整的间接关系网络。如前所述，《欢宴的诡辩家》是一套引文，又是以晚期希腊喜剧为重点。无论是在文艺复兴时期还是在今天，这些喜剧文本都是不可获取的（当然，除了这部作品中的引文），但它们本身在拉丁语喜剧中被细致地模仿，这构成了早期现代学者理解拉丁语口语的基础。在这个意义上，文艺复兴时期的人可以阅读阿特纳奥斯的食客大量引用的那些材料。[21]

特别是中喜剧[1]（Middle Comedy），无论是米南德的希腊文还是普劳图斯[2]（Plautus）的拉丁文喜剧，都乐于塑造厨师的形象。这里出现的是一系列关于《欢宴的诡辩家》的关键选择。对阿特纳奥斯来说，厨师本身的博学只是为了强化整个亚历山大文明在追求快乐的过程中都热衷于美食的感觉。然而，在阶级划分更分明的喜剧世界里，厨师的专业知识是被取笑的材料，因为奴隶的博学这个概念本身就自相矛盾。露丝·史考德（Ruth Scodel）对这一固定角色的描述讲得最为透彻。谈到米南德的作品时，她总结道："厨师这个角色爱炫耀、令人感到无聊、爱管闲事，通常都是小偷，而且还爱发牢骚。"[22] 同时正如史考德提出的，厨师不仅仅存在于一个滑稽的夸夸其谈（这是对"ἀλαζονεία"这个词更文雅的翻译吗？）的场合。这是一个令人厌烦的喋喋不休的人物，是对知识体系的一种戏仿；换句话说，我们又回到了《高尔吉亚篇》的世界，以及阿特纳奥斯创造的厨师的世界，这里的问题是，烹饪是否是一种技艺（techne）。在这些喜剧中，厨师掌握

---

[1] 古希腊喜剧的发展阶段之一，伯罗奔尼撒战争之后向新喜剧转折的中期阶段（公元前400年～公元前323年），政治讽刺减少，市民生活题材增多，主要采用含蓄的讽刺，喜剧诗人开始赋予角色爱、恨等各种动机，喜剧整体向艺术专业化、布局规范化、语言通俗化发展。

[2] 约公元前254年～公元前184年，古罗马第一个有完整作品传世的喜剧作家。

的大量信息，是体系化知识的形式而非实质，他以独白的方式大谈特谈，让其他角色感到厌烦，但对观众来说却是滑稽的。对史考德来说，这是一场顽皮的游戏的一部分，在这场游戏中，喜剧消解了各种权威，对她的论点很重要的是，厨师不仅仅是厨房里的工人，也是神圣祭祀的主人（因此有了他是一种牧师的概念）23，这个角色清楚地出现在了《欢宴的诡辩家》的许多篇幅里。那么，这出厨师的喜剧不仅仅针对一个固定丑角，还针对整个体系，这个体系把世界想象成是有秩序的，把语言提升为表达这个秩序的合适媒介。关于烹饪的演讲是击败这种想法的最简单的方法。

夸夸其谈的厨师的这一遗产指向了我之前提到的阿特纳奥斯标志的一个非常重要的线索。谁在讲浮夸的美食语言的问题是早期现代关于快乐的辩论的一个基本组成部分。对于一些响亮清晰的声音来说，喋喋不休的厨师们持续提出的崇高主张是荒谬的，因为餐桌事务无法支持人文主义话语中新近被经典化了的那种结构化的学问。

两段来自阿特纳奥斯有见识的早期现代读者的文字将证明这种可疑的继承性。在一篇题为《论说话之浮夸》（"Of the Vanity of Words"）的文章中，米歇尔·德·蒙田（Michel de Montaigne）重走柏拉图／苏格拉底的道路，对修辞学和修辞学家进行了批判。他调查了古代王国的历史并得出结论，只有在缺乏中央集权的情况下，演说术才会兴盛，而治理有方的政体则不需要演说，之后他（以其惯常的不那么自由的自由联想方式）转而谈到最近的个人经历：

　　我所说的是一个意大利人提出的，我刚刚和他谈过，他为已故枢机主教卡拉法[1]（Cardinal Carafa）当事务长，直到枢机主教去

---

[1] 1430年3月10日～1511年1月20日，意大利文艺复兴时期的枢机主教和外交家，一生资助过多位画家、雕塑家。

世。我问了他的工作，他以关于口腹的科学的话语进行回答，说得很严肃，很有风度，仿佛在阐述某个伟大的神学观点一样。他向我具体说明了胃口的不同：我们在吃饭前的胃口，在第二和第三道菜后的胃口；只为满足胃口的方法，唤起和刺激食欲的方法；他的酱汁如何组成，首先是整体上的，然后具体说明他的原料品质及其效果；根据季节的不同上什么不同沙拉，哪些应该加热，哪些应该冷吃，如何装饰和点缀它们，使它们赏心悦目。之后，他谈到了上菜的顺序，充满了美观上和重要性上的考虑……这一切都充满了丰富而华丽的词语，正是我们用来谈论帝国治理的词语。[24]

对此，我们可以再参照本·琼森[1]（Ben Jonson）的一段讽刺性颂词，这段话几乎逐字逐句地用了两次——一次是在喜剧中，一次是在宫廷假面剧中——在第一种情况下，它嘲笑了空洞的语言（琼森在《新闻批发栈》[*The Staple of News*] 中把它与新闻业的开端联系起来），而在第二种情况下，他在假面剧里写了他不受欢迎的同事伊尼戈·琼斯[2]（Inigo Jones）的无意义的建筑项目：

> 一位烹饪大师！为什么他是杰出之人……
>
> 他设计，他绘制，
>
> 他画画，他雕刻，他建造，他加固，
>
> 用奇特的鸡和鱼做成堡垒；
>
> 有的开干沟，有的用汤水围护，

---

[1] 约 1572 年 6 月 11 日～1637 年 8 月 6 日，英国文艺复兴剧作家、诗人和演员，以讽刺剧和抒情诗见长。

[2] 1573 年～1652 年，英国古典主义建筑学家，英国建筑师的鼻祖。

装上动物髓骨，切上五十个角的蛋奶糕，

筑起派做的堡垒，接着为外部工程，

他用不朽的面包皮筑起城墙，

在一次晚宴上教了所有的战术，

把他的菜肴放成什么横列，什么纵列：

全套军事艺术！然后他知道

星星对他肉类的影响，

以及它们所有的当令季、脾性和品质。

这样，来配上调味品和酱料！……

他是建筑师，工程师，

士兵，医生，哲学家，

还是数学家！[25]

这两个说法中的笑点在于，无论这些花哨的语言是由博学的诡辩家还是厨房助手说出来的，非美食学倾向的阿特纳奥斯的读者总是会觉得好笑：烹饪是琐碎的日常事务，任何试图把它当作等同于神学、治理（在蒙田的例子中），或为皇家娱乐制作文本（在琼森的例子中）的行为本身就是滑稽的。

　　但这里涉及的不仅仅是人们过于熟悉的、拒绝认真对待吃与喝的行为。在这两个文本中（在我看来，这显然是由对《欢宴的诡辩家》的阅读推动的），美食活动在两个方面变得荒谬。首先，在数量上。谁会傻到相信吃饭时的胃口、酱汁或沙拉有好多种，或者——最令人怀疑的是，既然蒙田对这个问题真正感兴趣——谁会相信涵盖这些主题的术语有好多种呢？谁会像描述伊尼戈·琼斯那位名不见经传的厨师时用一连串的14个动词（设计、绘制、画画、雕刻、建造、加固等）那样，认真对待这么多的主张呢？

　　对无节制的行为进行思考之后，顺着逻辑，我们来到了第二种也是更为猛烈的攻击：这些可笑的实践者想象他们是在用适合系统性学科的术语来构筑他们荒谬的无节制活动。用蒙田的话来说，他们认为自己不仅仅是 *gueule*（即嘴巴，是对口腔和进入口腔的东西最轻蔑的措辞）的仆人，而且是在实践一种 *science de gueule*（嘴巴的科学）。枢机主教卡拉法的管家认为自己是个专家，可以将人体的细微活动构想得一清二楚，并将这种构想叠加到宴会的布局上。琼森的厨师则声称，他的专业知识与当代所有学科中最著名的两门学科——战争和占星并行不悖且融为一体。

当文艺复兴时期的高雅作家屈尊进入厨房，特别是将厨房妖魔化时，最能引起人们注意的就是丰富性以及随之而来的一切。由伊拉斯谟所著的《丰富风格的建立》（*De copia verborum et rerum*）影响巨大（我们之后会提到，他本人是阿特纳奥斯的狂热读者），是一本关于语言丰富性的著作——优雅的变化、修辞，以及如何以不同的方式讲述同一件事——当然，这不是一本关于烹饪的书[26]。然而，这本书也可以从食物角度解读。也许书中最著名当然也最有趣的一段话是伊拉斯谟说明"感谢来信"的 150 种说法。这个说法多到过火的短语并不是随意选择的。当这些翻来覆去的说辞开始具有某种由咒语引起的令人恍惚的特质时，我们开始注意到，首先，他的隐含主题是快乐。比如说："你的信在我心中激起了多大的快乐。你的信在我心中引起了怎样的笑声、怎样的掌声、怎样欢快的舞蹈……你的笔让我饱尝了快乐。"其次，我们注意到，在所有这些享乐主义的倾诉中，主题都和美食有关：这封信类似于"纯净的蜂蜜""丰盛的宴会"，而且"比西西里岛的宴会更奢侈"。说话者"醉心于过度的喜悦"，最后宣称"你写的东西激发了我的头脑，没有什么珍馐能够有如此令人愉快的感觉"（第33章）。

比喻并非总是那么积极。早在那些"感谢来信"的多种表达之前，伊拉斯谟就已经关注到了丰富性（*copia*）的问题，无节制的美食拥有的悠久历史——也许佩特罗尼乌斯笔下的特利马乔尤其值得一提[27]——为他提供了完美的例子：

> 我希望富贵人家的陈设总体上是有品位的，而不是每个角落都塞满了柳条、无花果和萨摩斯器皿。在华丽的宴会上，我希望供应各种不同的食物，但谁能忍受有人提供一百种不同的菜肴，其中却没有一种不会让人感到恶心？（10）

宴会经验是一个关于丰富性的灵活能指，这种经验既可以是极致愉悦的感官享受，也可能是令人作呕的痛苦体验。

我们继续说伊拉斯谟，他本身就是一个烹饪文本的生产者。不过，首先让我们考虑一下他最忠实的读者之一，我们可以说，他在这种极为广泛的美食范围的基础上写了一本书，把丰富性的概念——及其不满——作为创作一部杰出小说的基石。仅仅列举弗朗索瓦·拉伯雷（François Rabelais）的宏大多体裁史诗《巨人传》中有关食物和饮料的所有材料，就几乎需要与该书本身一样多的篇幅。[28]这本书的每一卷都以食物和 / 或饮料的消耗为开篇。读者是饮者，阅读活动被比作狗在吸取骨髓的内在美味时付出的辛勤劳动——这种活动比在美食和营养之外探究寓意的另一种阅读实践要好得多（G，序言，207）。

叙事的内容与开篇介绍一样，都是关于葡萄酒和 / 或饮食的。这里有无数的葡萄酒推荐，偶尔还有食谱。在拉伯雷的世界里，强大的机制本身就被视为具有饮食性质。在法律上进行正确裁决相当于猎取一只野兔；举办宗教仪式也要粮草先行；有一场为了叶形面包（fougasse）而进行的战争，高康大的人民和莱尔内的面包师是以不同方式烘烤这种面包的。在第四部的大战中，敌军是香肠人（Andouilles），即牛肚香肠。在鬼祟岛上，敌对的君主名字叫作"Quarêmeprenant"，即封斋教主，他的一举一动都有饮食（尽管没有肉）的含义。巴汝奇在庞大固埃的战利品上刻下了一些诗句，这些诗句从战争开始，但很快就说起了鲤鱼、野兔脊肉和小野兔的腿等，庞大固埃回答说："我们在这里对食物思考得太久了：在军事功绩里很少有伟大的宴客。"（P，第 17 章，131）

然而，如果说士兵不应该是美食家（或喜欢吃喝的人），那么第三部前言中提到，有一种职业倒是被允许更加关注餐桌：

> 恩尼乌斯就是边喝边写，边写边喝的；埃斯库罗斯也如此写作；但荷马从来不空着肚子写东西，加图只有喝完酒才能下笔。所以［作者的声音］这并不是我独创的生活方式，我只是跟随那些有名望的人罢了。（3P，序言，408）

拉伯雷在第四部的结尾处效仿了这个例子，也算是对整部作品的一个总结。[29] 这个大结局是用 "selah" 来表示的，这个有点神秘的希伯来语单词通常被解释为一种响亮的结束宣言，紧接着会有一杯庆祝的酒。[30] 他确实应该得到这杯酒。

在这部庞大的吃喝史诗中出现的是食物和饮料以及从阿特纳奥斯到伊拉斯谟及更久远的丰富传统，由此拉伯雷才能够呈现一个无节制的世界。就好像在庞大固埃和高康大的血统中出现的巨人症概念本身，就是将美食学的文本性（以及美食学本身）整个吞下的结果。饮食的故事可以追溯到家族的起源。高康大的父亲大古吉喜欢喝酒，特别喜欢吃咸的东西，拉伯雷为此又给我们列了大量的清单（威斯特伐利亚和巴约讷火腿、熏牛舌、鳗鱼、芥末腌的牛肉、鲻鱼子、香肠等等）。因此，一点儿也不奇怪的是，大古吉的孩子高康大出娘胎时就已经是个大酒鬼了。超过一万七千头奶牛被分配给他供奶，因为没有一个普通的女性能给他充足的奶水；随后，据说他还吃了牛肚、牛排、火腿、烤山羊肉和"修道院里大量的肉羹面包"。在高康大的儿子庞大固埃出生时，首先从他母亲的肚子里出现的是"九只驮着火腿和熏牛舌的单峰骆驼，再来是七只驮着鳗鱼的双峰驼，还有二十五辆装满韭菜、大蒜等的大车"（*P*，第 2 章，24）等。

这里列举的拉伯雷的美食文献——没有提到的还有很多——显示了早期现代写作中食物主题和丰富性之间天然的密切关系。它还很大程度上反映出丰富性的一种特殊后果，在巴赫金式狂欢的世界里（当然，他是阅读拉伯雷受到的启发）尤甚，即对现象的多样性的根本偏好，而不是对可能使它们系统化的统一超验原则的偏好。[31] 值得注意的是，这种偏好本身就是从食物角度解读的特征，或者说是最有利于从食物角度解读的作品类型的特征，无论我们想到的是《欢宴的诡辩家》中的偶然无形，还是《未清扫的地板》中描绘的散乱残余。

这并不是说拉伯雷对宏大永恒的原则漠不关心，也不是说在他的现实图景中食物和饮料只是装饰。巨人传的第一部《庞大固埃》是以世界的开端开始的，在这个世界的居民中，有些人特别贪吃，他写道："上面写着：万能的大肚。"（"il est escript: ventrem omnipotentem."）（*P*，序言，17）他对我们都是这一种族的后代的可能性避而不谈，但他的语言完全是《圣经》体，暗示了另一个神的存在。几十年后，当他创作第三部时，英雄的行动集中在试图找回神瓶上，这是对神圣之物——圣杯——的粗俗改编，正如他早先用肚子代替《圣经》信条中"我信唯一的天主"（*3P*，第 45 章，590）里的上帝一样。

实现吃饱喝足的终极现实的可能性令人震惊，在拉伯雷在世时刊印的最后一部作品终于把这种可能性放在了中心地位进行处理。在第四部后半部分，用该章的标题来说，庞大固埃来到世界艺术鼻祖卡斯台尔（肚子）大师的居住岛（*4P*，第 57 章，590）。在写作生涯中，拉伯雷似乎有三十年的时间在展现世俗的文本中挥洒了过量的食物和酒，之后他终于开始想象肚子在某处真的是上帝。

拉伯雷用神谱的方式来描述这种神性，他引用了赫西奥德

　　　　饥饿的眼睛：吃喝以及罗马至文艺复兴时期的欧洲文化

（Hesiod），但《神谱》是按照柏拉图的《会饮篇》和马尔西利奥·费奇诺[1]（Marsilio Ficino）对它的评论来建构的。[32]不管这些权威人士自己是否不够关注美食，甚至是反美食的（保罗曾这样说基督的敌人，"他们的结局就是沉沦，他们的神就是自己的肚腹"）[33]，正如我们所看到的，拉伯雷提出在这个特殊的肚神论之前，写了数百页的暴饮暴食，这样一来，即使卡斯台尔大师以最接近神学的方式出现，读者脑海中也永远不会忘记这个名字在餐桌上的字面意思。在这六个章节中，肚神论也不是一个简单的介绍，具体含义很大程度上取决于拉伯雷让我们如何理解"世界艺术鼻祖"这个概念。然而，我们并没有马上听到他到底怎样算是大师。相反，我们看到的是一个"倨傲不逊、顽固执拗、严厉苛刻、从不让步"的神，既无口也无耳——也就是说，不需要任何外部营养或对交流的反应——他是经常被讲述的故事的中心人物，在这个故事中，身体的其他部分徒劳地反抗着肚子的绝对权力和好记性[34]。简单来说这是人类饥饿的口腹之神，这种力量被认为居于任何高尚情感或雄心壮志之上。

这种绝对的、无与伦比的神性有两群懒散得恰到好处的崇拜者。讲着奇怪的语言的腹语者反映了卡斯台尔隐含的被动性和缺乏交流。肚子崇拜者则把我们带回了熟悉的无节制饮食的领域，他们的崇拜仪式服务包括在肉食日献上 132 份祭品，在禁食日献上 137 份。

到目前为止，"肚神"的形象并不十分崇高——甚至缺乏该作在很多页之前体现人类无节制吃喝时表现出的那种快乐能量。事实上，在这一点上，卡斯台尔对艺术的掌握似乎不过是对生物在其教导下从事类人行为进行的长篇列举，其中穿插着合唱重复的 "Et tout pour la trippe"（"世间万物莫不为糊口充肠"）。换句话说，对许多野兽来说，卡斯台尔还是无休止地重复饥饿循环的神，唯一的结果是学会了

---

[1]　1433 年～1499 年，文艺复兴时期意大利思想家。

一套人类的做法，而这套做法仰仗的事物里没有比填饱肚子更高尚的了——填饱肚子这件事处于饮食的最低层次。对卡斯台尔的整个介绍以对他神性的彻底贬低——"卡斯台尔肚神还不承认自己是个神灵，只说自己是个可怜的、卑微的小人物"——以及对于他的粪便的思考作为结束，这些粪便可能是被他误导的崇拜者为他提供的几百种精选小食品造成的结果（*4P*，第60章，847）。

接着一切都变了。新的一章对这位首席艺术大师的介绍完全不同。恶魔般的崇拜者们撤走后，庞大固埃对卡斯台尔进行了研究。大自然给了这位神一个新的身份，即面包的守护者，从这种联系中，文明的技艺逐步产生，每一步都是卡斯台尔的功劳。铁匠的技艺被发明出来，这样就有了工具来耕种土地；武器被发明出来保护可耕地；医学、占星术和数学的发明维持了耕种；水磨可以磨碎谷物。酵母、盐和火都是同一来源；运输和实现运输的动物被创造出来，以便粮食从多产的地方运到贫瘠之处，然后是一系列对天气的操纵。城郭、要塞、堡垒及其保护方法被发明出来，以便能够安全地保存粮食。接下来是建筑，拉伯雷套用了维特鲁威[1]（Vitruvius）和腓力贝尔·德洛姆[2]（Philibert de L'Orme）的名字，从而把这事带到了真正的当下。"世间万事百莫不为糊口充肠"变成了为了面包的所有文明。

但随后，故事中又出现了另一组发明，并将其推向了一个更远的方向：

> 重炮、长蛇炮、蝮蛇炮、石弹炮和蜥蜴炮，通过可怕的复合火药，可以发射比大铁砧还重的铁、铜和铅的炮弹，连大自然都为

---

[1] 马尔库斯·维特鲁威·波利奥（Marcus Vitruvius Pollio），公元前80至70年～约公元前15年，古罗马作家、建筑师和工程师，所著的《建筑十书》是拉丁语的建筑论著。
[2] 1514年6月～1570年1月8日，文艺复兴时期法国重要建筑师之一。

之战栗，承认人类的技术胜过自然。虽然大自然也瞧不上古时候奥克西德拉克人使用霹雳、闪电、冰雹、风暴来征服敌人并将之迅速置之死地的做法。（4P，第 61 章，849）

从这段对现代战争屠杀的描述中，拉伯雷仍然受到卡斯台尔的影响，他写到了技术科幻的内容，发明了一系列将炮弹停留在半空中或将其反作用于发射者的发明，接着又写了类似于植物科幻的东西，内容涉及对各种神奇草药和树木的发现和利用，以伤害敌人或治疗己方战斗人员。

我们看到的是卡斯台尔力量发生了一系列令人眼花缭乱的翻转。拉伯雷对他先是贬低，然后又把他塑造成人类文明得以摆脱野蛮状态的原则。接下来——这是个老生常谈，在拉伯雷之后的几个世纪里都是众所周知的——人类文明在大规模杀伤性武器方面取得了最大的进步，使人类重新回到了比在石器时代的婴儿期更为糟糕的野蛮状态。

为什么要把卡斯台尔放在这个由来已久的寓言故事的中心？费奇诺对《会饮篇》的评论，以其对爱使世界运转的超越性描述，为拉伯雷提供了一个合适的戏仿对象。实际上，用肚子来代替情欲（eros）和爱（philia），使人类历史的计划脱离了任何超越的阶梯，并将爱的主题转化为了自爱，但对这种自爱的理解停留在最粗俗的层面：满足自己生理的胃口，最后把结果拉出来。

无论我们如何理解这个肚子学（Gaster-nomic）世界史的巨大意义，拜访肚神之后的章节立刻将吃喝之事转向了另一个方向。庞大固埃的船继续航行，很快就搁浅陷入危险，互相传染的睡意笼罩了全体船员，他们先是忙于无用的琐碎活动，然后提出了一系列问题，而庞大固埃拒绝回答，理由是"挨饿的肚子没有耳朵"，换句话说，在目前没有吃饱的情况下，他们不会注意他可能提供的任何答案。但这种完全倦怠的情绪即将被打破，在这种情绪中，时间像搁浅之船一般静止不动。庞大固埃问现在几点，爱庇斯特蒙回答说 9 点。庞大固埃宣布：

"正是吃饭的时候。"（4P，第 64 章，857）我们被告知，肚子是人们的计时器（因为人们买不起手表或时钟），这种停滞状态——对故事中的角色来说是经验性的，而对读者来说是叙事性的——很快就被拉伯雷式的美食补救。我们被提醒，庞大固埃先前拒绝回答的那些难题之一（从他们的处境看这是一个特别紧迫的难题）是"如何让天气好转？"。而答案是显而易见的：他们通过吃与喝这样的简单行为就让天气变好了。这种情况被一句"老话"所证实：

> 雨过天晴，守着火腿的人们举杯畅饮。（4P，第 65 章，863）

在第四部的叙事逻辑中，前进的帆船似乎是用经验性的内容对前面章节中肚神神谱之说进行纠正。毕竟，我们经过了八百页的开场白才看到卡斯台尔，其遵循的准则与其说是柏拉图和费奇诺的，不如说是普林尼和阿特纳奥斯的，也就是说，在这样一个环境中，人们认为大地的果实和美食的制作产生了快乐（且怪诞的）的繁荣和集体的幸福。卡斯台尔的头衔"世界艺术鼻祖"即使降格为（区区）**此世**的技艺，也能够提醒人们，所有这些食物的生产都算得上是一次伟大的人类探险。不管拉伯雷自己是否知道，他都是在对《高尔吉亚篇》中关于烹饪和技术问题的苏格拉底难题做出另一种回应。

在拉伯雷对他年轻英雄的教育的描述中，问题变得相当明确，而且和美食学有关。高康大的家教里有说教性用餐，讨论的是：

> 餐桌上所有东西的质量、特性、功效和性质，面包、酒、水、盐、肉、鱼、草药和根茎，以及如何准备它们。在这样做的过程中，他们很快就学会了普林尼、阿特纳奥斯、狄奥斯科里德、朱留斯·波吕克斯、盖伦、波菲尔、奥比安、波利比乌斯、赫利奥都拉斯、亚里士多德、伊里安以及其他学者作品的所有饮食相关

的段落。在谈论这些事情的时候，他们会把这些作者的书拿到餐桌上查阅，以便更加确定援引的准确性。（G，第 21 章，280）

不管卡斯台尔和他的崇拜者身上有什么黑暗的含义，这段关于"此世的技艺"的叙述不仅仅是一个关于无节制、物质性或偶像崇拜的场景。拉伯雷在这里也粗略地提到了美食人文主义。他之所以能够勾勒出这一场景，不仅是因为他列举的所有权威人士关于食物和酒的著作（以及其他东西）都被重新发现并进行了翻阅，而且还因为美食学——不仅仅是更宏大的叙事和自然历史之中的饮食时刻——在这个文艺复兴早期的时刻开始表明自己有权获得技艺（techne）的称号，以及把整个世界（或者说，在这种情况下是某些享有特权的地区）当作一场盛宴。如果说阿特纳奥斯是古典时代最饥饿的眼睛；那么在文艺复兴时期，拉伯雷可能配得上这个称号，不仅是因为在他的连篇累牍的作品中，大量的内容专注于吃与喝，而且在于他表现这一主题的方式也是完全矛盾的。在我们提及的一系列就晚餐进行争论的美食哲学家中，拉伯雷的争论对象是他自己。

3

如果 16 世纪 50 年代的拉伯雷能够想象一个由肚子统治的世界，16 世纪 80 年代的蒙田能够想象一个喋喋不休的、相信自己拥有科学主导叙事秘诀的厨师，部分原因是美食学正在明确且雄心勃勃地提出自己对广泛与精通的要求。换句话说，一些声音开始出现，它们对食物进行了大量讨论，人们无法像否定喜剧传统中那些夸夸其谈的厨师那样轻易否定它们。到 14 世纪初，出现了一些相当成熟的、专门讨论烹饪技艺的文本，例如拉丁语的《烹饪书》（Liber de coquina）和意大利语的《厨师之书》（Libro per cuoco）。[35] 它们必然是手稿而不是印刷品，而且里面往往只有食谱。它们究竟具有什么样的权威性，以及作为该领域专业人士所需的实用信息流传到什么程度，都是不容易确定的。但在 15 世纪 60 年代的某个时间点，有一部至少在美食界中称得上是文艺复兴标志的作品出现了。

这部突破性的作品融合了一位哲学家和一位厨师的声音，可能不是巧合。巴托洛米奥·萨基（Bartolomeo Sacchi）也被称为普拉蒂纳（Platina），是《论饕餮之乐与健康》（De honesta voluptate et valetudine）的作者，他的一生可能连鸡蛋都没煮过，也没有（不像文艺复兴时期后来写美食书的人）管理过煮鸡蛋的佣人[36]。他是一名有造诣的人文主义者。其他人文主义者可能在细分领域更出名，但他却完全可以被看作一个地道的文艺复兴人[1]。他当过雇佣兵，曾是约翰内斯·阿尔吉罗波洛斯[2]（Ioannis Argyropoulos）的学生，因此也是一名希腊文化研究者；他为普林尼的《自然史》写过一篇摘要；他在贡扎加家族[3]的圈子里工作多年；在庞波尼奥·莱托（Pomponio Leto）和教皇庇护二世[4]（Pope Pius II）的时代，他作为一个崇尚古典的学者声名显赫，以至于被怀疑有异教化的倾向；在保罗二世（Paul II）于庇护二世之后任教皇的时候，他一度在监狱服刑。当时风向明显开始向反人文主义方向发展，在文化上更开明的西克斯图斯四世（Sixtus IV）治下，他得到了平反，这一时期他兼顾古典研究和教皇史的撰写（最终未完成）；他以梵蒂冈图书馆馆长的身份结束了自己的职业生涯。这一任命

---

[1] 即文艺复兴时期极富学养的人。

[2] 1415 年～1487 年，文艺复兴时期的希腊语学者和医学教师，曾将亚里士多德的《物理学》等多部著作译成拉丁语。

[3] 意大利贵族世家，1328 年至 1707 年间统治意大利曼图亚公国（Mantua），艺术收藏颇富盛名，包括许多文艺复兴及巴洛克艺术著名画家的作品。

[4] 1405 年 10 月 18 日～1464 年 8 月 14/15 日，原名艾伊尼阿斯·西尔维乌·比科罗米尼（Aeneas Sylvius Piccolomini），1458 年～1464 年在位，曾是多产的学者，是唯一留下自传的教皇，他的自传是研究当时的政治和社会的重要史料。

在美洛佐·达·弗利[1]（Melozzo da Forlì）的一幅画中被永久保存了下来，（图4.1）这幅画是古法透视的杰作。总而言之，他是学者、士兵、廷臣、辩论家、藏书家，在文艺复兴时期意大利的危险政治游戏中，他有时是受害者，有时是胜利者。

上述简介中没有任何内容与美食相关。事实上，普拉蒂纳谈到该作品的起源时，以传统的方式将其归结为空闲（Otium）而非工作（negotiium）的世界——意味着这是公众人物在放松的状态下用左手做的事。"不要蔑视我的这些乡村沉思"，他向本书的受题献者宣称，"这些是我在图斯库卢姆的一个静居之所里写的，当时我和最著名、最杰出的弗朗切斯科·贡扎加神父住在一起"（103），这样不仅提醒读者意识到他的社会关系，而且还将该书与古典时代最著名的"乡村沉思"即西塞罗的《图斯库卢姆谈话录》（Tusculan Disputations）联系起来，后者也是在同样的田园风光中创作的。然而，与公共和/或知识分子生活的严肃事务相比，饮食项目再次被框定在了边缘位置。而边缘又一次变成了核心：他写的教皇生活、贡扎加家族史以及论文《论真正的高贵》（De vera nobilitate）从未广为人知，但关于美食的乡村思考却历经了15个早期的拉丁语版本以及无数的意大利语、法语和德语译本。37

关于《论饕餮之乐与健康》最重要的事实可能莫过于对其传承的描述。这本书的作者是人文主义者，而且是——此举确实非同寻常——用拉丁语写的，这使它具有了一种普通厨师或管家不具有的权威性，其活跃的出版历史也表明了这一点（至少在几十年后厨师和管家才获得声望）。更重要的是，该书是以我们可以称之为人文主义认识论的方式写成的。它所宣称的知识并不仅仅来自经验——再次重申，普拉蒂纳从未在厨房工作过，不过我们会看到他有办法绕过这一限制——而是来自悠久的文本谱系的权威。从我们在科学革命之后的角

---

[1]　约1438年～1494年11月8日，意大利翁布利亚画派著名的画家。

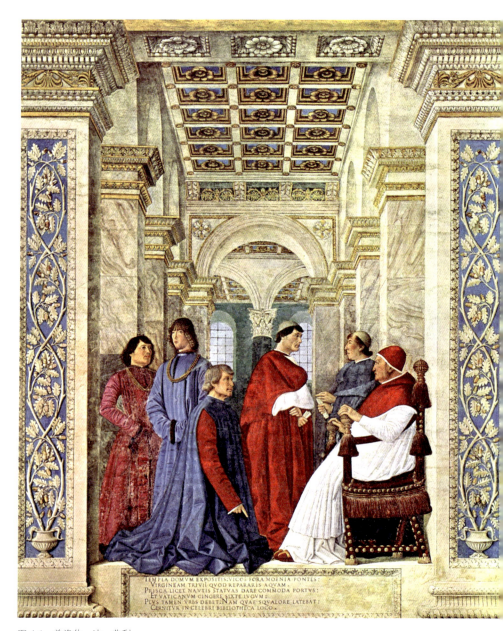

图 4.1　美洛佐·达·弗利，
《教皇西克斯图斯四世任命巴托洛米奥·萨基，亦称普拉蒂纳，为梵蒂冈图书馆馆长》，1477 年。
梵蒂冈博物馆，梵蒂冈

度来看，这似乎是一个落后或反进步的举动，强调更多的是规矩而不是经验，但在这个文艺复兴繁盛时期的人文主义时刻这本书却给出了一个决定性的姿态，将当代厨房工作的世界与典籍（无论是否为烹饪典籍）的历史联系起来，这使其自身成为一种革命和授权的声明。美食艺术中技艺的前景再一次赋予作品以真正的威望。

那么，普拉蒂纳在《论饕餮之乐与健康》中的人文主义文本实践是什么呢？该书呈现出了两项科学传统。它首先是一部自然史著作：核果的分类学；对于肉桂和胡椒的古典观点；鹤、鹳和天鹅的生命周期；可食用鱼类的谱系以及典籍中关于它们的逸事。其次，这是一本关于健康的书，内容包括：食盐过多的危险；瓜类的难以消化；蛋清（冷）和蛋黄（热）的体液特性如何决定它们对身体的影响；坚果对治疗狂犬病的作用，葡萄酒浸泡的玉米粥对坐骨神经痛的作用，接骨木花对胸痛、肝功能紊乱、忧郁和痔疮的作用。在这方面，普拉蒂纳遍寻描写物质世界的伟大古典传统。他经常公布这些内容的正统来源，记述忒奥克里托斯[1]（Theocritus）对水果的看法，盖伦和瓦勒里乌斯·弗拉库斯（Valerius Flaccus）对角豆树的看法或维吉尔对菜豆的看法。从普林尼、瓦罗和科鲁迈拉那里，他随意引用并偶尔质疑一些信息——楹桲的正确分类，桃子可能的毒性——有时会援引来源，有时不会。所有这些专家都会聚在可以看作美食学的两个更值得尊敬的相关学科当中：自然史和医学。

然而，普拉蒂纳作品的另外两个重要来源发挥了更大且相当不同的作用。其中之一是最终被命名为《论烹饪》（*De re coquinaria*）并被归于阿皮基乌斯（Apicius）名下的文本，它是现存古代烹饪书中的独特作品。[38] 马库斯·加维乌斯·阿皮基乌斯是 1 世纪罗马著名的美食家，他曾有因穷困潦倒、无力购买美食而自杀的可怕故事。[39] 以他的名字

---

[1] 约前 310 年～前 250 年，古希腊著名诗人、学者，西方田园诗派的创始人。

发行的文本既不是他的作品，也不是与他同时代的作品；一般认为这部作品是在 4 或 5 世纪编纂的，为了给书赋予古典权威，便使用了他的名字。此书能得到保存——或者说几个具有相同属性的重叠文本能够得到保存——要归功于特别大量的手稿生产，这表明中世纪的僧侣群体对烹饪有着相当热切的兴趣 [40]。

阿皮基乌斯的文本杰出地把百科全书和实用指南结合起来。这几百道菜谱的编写方式对读者非常便利，其中许多菜谱都可以很容易地在现代厨房中实现。当然，我们不可能得到食谱中提到的所有食材，但是作品面对读者的语气是鼓励的和灵活的，茱莉亚·查尔德等后继者，甚至包括贝蒂妙厨（Betty Crocker）大行其道都要归功于这本书。"在没有凤尾鱼的情况下，如何制作凤尾鱼煎饼"（4.12）；"如何让一盎司罗盘草无限期地保存下去"（1.10）；"如何在不加盐的情况下保持肉类新鲜"（1.7；文中还承认，这种方法在夏天的效果并不好）。甚至还包括具体的配料数量，这一条一般是我们习惯使用的食谱与前现代食谱的区别：该书的开篇是 *Conditum paradoxum*（有个好听的译名"惊喜香料酒"）的调制法，从中我们得知要使用的蜂蜜、胡椒、乳香和甜酒的精确数量，还有建议告诉我们调制好的饮料出现苦味该怎么办。同时，该书的内容并不是随意编纂的。这里有丰富的医学和农业信息、对广泛的地理范围中烹饪差异的认识、花哨的希腊文小标题，其中一些显然是专为特定内容发明的——*Epimeles*（勤奋的厨师）、*Sarcoptes*（切好的肉）、*Cepuros*（园丁）等——这是为了暗示（有时是优雅的暗示）每一卷的主题。

这也就难怪阿皮基乌斯对普拉蒂纳的作用并非单纯提供大量具体信息，而是提供结构和古典权威等更大问题的模型。与阿皮基乌斯一样，普拉蒂纳将他的作品分为十卷，其中四卷的主题和顺序与前者相同。明确归功于阿皮基乌斯的具体借用内容并不多见，但有一处非常清晰地表明了两者的关系，这在《论饕餮之乐与健康》中相当独特。

这部分内容的题目是 *cibaria alba*（牛奶冻），这个条目下有详细的制作方式，随后是一项个人观察：

> 我一直喜欢这个胜过阿皮基乌斯的辛辣调味，没有任何理由喜欢我们祖先的口味而非我们自己的口味，即使我们在几乎所有的艺术方面都被他们超越了，只有在口味上我们依然还没有被征服，因为在整个世界上，所有味觉刺激都已经被带进了现代烹饪，那里对所有食物的烹饪都有最热烈的讨论。（6.41）

阿皮基乌斯的这一经典范例给了人文主义者普拉蒂纳超越的机会。选择这个特殊的食谱作为文艺复兴时期自我表达的出发点并非偶然。普拉蒂纳的牛奶冻（巨蟒剧团的小品中暗指牛奶冻在儿童节日上无处不在，令人生厌，不过据推测两者成分相当不同）里有捣碎的阉鸡、煮熟的杏仁和玫瑰水等奇怪的混合物，与其说是古典时代的调味风格，不如说是受中世纪甚至阿拉伯影响的做法。[41] 那么，这就是张牙舞爪的人文主义工程：我们崇尚古典时代的最终目的是为了宣称，通过援引古典的例子，我们可以超越它的伟大。[42] 我们这样标记自己黄金时代的美食领域：我们具有的优势是 *gula*（这里可以理解为"味觉"），但其可能的含义覆盖广阔，从味觉的精细区分到无节制的贪食；[43] 我们还通过以下事实表明我们现代的首要地位：在我们中间，美食 "acerrime ... disseritur"（受到最热切的讨论）。

重要的是，紧随上述附带意见之后普拉蒂纳又对他另一个主要来源进行了大肆宣扬。美食对话的整体激烈环境很快就被浓缩到了一位特定的讨论者身上：

> 不朽的诸神啊，你让我的朋友科莫的马蒂诺（15世纪意大利烹饪专家，厨艺精湛，堪称西方的第一位名厨）成为了多好的

厨师，我现在所写的东西大部分都是从他那里得到的。如果你听
到他滔滔不绝地讲述上述事项，你会说他是另一个卡涅阿德斯[1]
（Carneades）。

这个人如此重要，甚至配得上一个（多神教的！）古典誓言——不朽
的诸神（*dii immortales*）——普拉蒂纳选择与他相提并论的古代原型卡
涅阿德斯在公元前 2 世纪后期主持柏拉图学园并且批评伊壁鸠鲁对吃
的东西太感兴趣，然而选择这样一个人物是相当不寻常的。44

　　事情的真相是，马蒂诺大师对普拉蒂纳作品的巨大贡献与这个古
典原型相去甚远。事实上，他是那位让蒙田非常恼火的成就斐然的意
大利大厨在进化过程中的缺失环节。普林尼、科鲁迈拉和瓦罗提供了自
然史和医学方面的信息，尽管他们的著作并不是专门针对烹饪的；45
阿皮基乌斯提供了具有适当合理化结构的古代烹饪书的模板；普拉蒂
纳本人是文艺复兴时期的人文主义者。现在缺少的是一个真正在厨房
工作的人，最好这个人也身处普拉蒂纳从事的更高层次的人文主义活
动的环境中，在同样的王公贵族的客人中施展自己的技能。马蒂诺非
常符合这一要求，他曾为意大利各地的权势人物提供过杰出的服务，
特别是阿奎利亚的枢机主教路德维柯·特雷维桑（Ludovico Trevisan）
和雇佣兵首领吉安·贾科莫·特利维佐（Gian Giacomo Trivulzio），这
两人都举办过著名的宴会。46

　　鉴于这样的高贵背景，人们在阅读马蒂诺的作品时，可能会期待
他揭示向权贵主顾提供奢华宴会的秘密，他确实在某处写了"如何给
孔雀戴上所有的羽毛，以便在菜肴制作完毕后让它看起来是活的，还
能从嘴里喷出火"，这种中世纪的烹饪表演技巧可能是必需的，就像现
代烹饪书中有许多只能开开眼界而无法实现的食谱一样。但是，马蒂

---

[1]　公元前 213 年～公元前 129 年，古希腊怀疑派哲学家。

诺在文字中搭上自己的名誉时，他就成了连基本功都成问题的厨房工作者们最有耐心的指导员。"记住这块肉要上大块"；"在做完十次主祷文之前不要停止搅拌"；"注意不要让肉汤太咸"；"因为这样的肉汤很容易烧糊，万一糊了，就按以下方法去除焦煳味"……他没有把开支讲得言过其实，而是周到地解释了如何使一只乳鸽看起来像两只，这种技巧是通过制作馅料并将鸟的皮肤拉伸成乳鸽形状盖在馅料上实现的。马蒂诺的作品说到底给人一种平易近人的感觉。而且他提供了大量的资料：在证明普拉蒂纳的作品称得上烹饪书的 250 个食谱中，有 240 个是直接从马蒂诺那里照搬过来的。很多时候，普拉蒂纳在马蒂诺的文本中加入了自然史或医学元素，从而帮助他建立了完整的美食学描述。但是，马蒂诺的内容重在 gula 的乐趣，即好的味道的部分。

当然，这些引用并不是真的一字不差。普拉蒂纳必须将马蒂诺的语言译成拉丁语，这是他在倒数第二卷的开头明确说到的。当时的主题是简单的油煎饼，材料直接取自马蒂诺的第五章，以 "Frictelle de fior di sambuca" 开头。普拉蒂纳将意大利语的 *frictella* 翻译成了拉丁语的 *frictella*（"用油煎"之意，这里意大利语与拉丁语完全相同），这似乎是一个完全不引人注目的选择，在写马蒂诺的第一例油煎饼之前，他就对翻译的问题进行了辩护，坚持认为他是被迫"根据自然和法律的权利"来"传播同类"，这似乎是把他的复制拷贝行为描述为用新的人文主义拉丁语来繁衍旧的意大利语。而且，忠于这一宗旨和他的人文主义学识的是，他提到了贺拉斯《诗艺》开头经常被引用的几句话，内容是关于在拉丁语中创造新词的权利。[47] 从这里开始，他继续以人文主义者的特色传播着古典典故：

> 我知道很多人会对我吹毛求疵，因为我在写作中引入了新的名字，但我要把丰富的食物扔给他们，就像传说中赫拉克勒斯曾经对狂吠的地狱犬做的一样，好让那些像狂暴而饥饿的狗一样总是

> 紧跟着我不放的人可以把他们的狗咬的东西暂时从我身上移开，
> 开始暴食。（9.1）

他用来摆脱持对立观点学者的 *offae praepingues*，实际上是一些高脂食物，这就可以把他的批评者解释为狂热的贪食者，也就是地狱犬；通过把这一节的标题定为"关于我们称之为油煎饼的小食"，他把油煎饼本身变成了烹饪信息的微小片段。这可能距离把所有烹饪书读者都视为文本饕餮者只有一步之遥。

普拉蒂纳还以另一种方式在烹饪作品里引入人文主义表达。我们可能还记得，在宣称现代烹饪堪与古人的烹饪并驾齐驱，甚至超越古人的烹饪时，他提到了"对所有食物的烹饪都进行最热烈的讨论"。他把大量这类讨论编入了他的食谱书，这种方法本身就具有高度的人文主义色彩。

这些食谱条目中有几十条提到了普拉蒂纳的朋友，在特定的菜肴和特定的人之间建立了一系列的关系。通常情况下，正如人们期待的美食写作传统那样，普拉蒂纳也在公开他朋友们的身体状况，认为他们适合或不适合某些食物。沃孔纽斯（Voconius）最好不要吃菜中的胶质，因为他有胆汁方面的问题（6.24）；玉米粥只会增加希尔提乌斯（Hirtius）的胀气问题（8.31）；鹿肉有可能使布鲁图斯（Brutus）和恺里乌斯（Caelius）比现在更忧郁（4.25）；菲力帕斯·阿尔奇加鲁斯（Philenus Archigallus）似乎在很多方面都有问题，最好不要吃香草馅饼，"因为它消化慢，让眼睛昏花，造成阻塞，并产生结石"（8.28）。从积极的方面看，恺里乌斯应该吃接骨木馅饼，因为他忧郁，也应该吃肉馅饼，因为他一直那么瘦（8.32）；格劳克斯（Glaucus）知道要吃水果和蔬菜馅饼，因为它们可以使他的尿痛和阳痿好转（8.30）。

健康状况并不是特定食物暴露的唯一个人问题。盖洛斯（Gallus）和日尔曼尼库斯（Germanicus）对强饲法养成的鸡的迷恋揭示了他们的贪食癖（5.10）；比布路斯[1]（Bibulus）的名字说明了一切，他喜欢用烧烤作开胃菜，因为它们会让人口渴（6.26）。当胆小的（可能意味着没有男人气概）格利乌斯在场时，燃烧的孔雀最好不要出现在菜单上，因为他怕火（6.14）。母羊和小羊适合过着豪华生活的奥古斯都（Augustus），但不适合模仿毕达哥拉斯派进行自我否定的蓬波尼乌斯（Pomponius）（4.24）。事实上，这位蓬波尼乌斯如此贫穷，以至于他最好不要尝试把整个鸡蛋扔在热炭上的食谱，因为如果没了鸡蛋，他就没钱再买了（9.34）。出于同样的原因，蓬波尼乌斯自己提供的食物也特别简陋，普拉蒂纳讲述了奥维德（Ovid）的菲洛墨拉[2]（Philomela）故事中的食人宴，即强奸犯忒柔斯[3]（Tereus）在不知情的情况下吃掉自己的儿子，他通过这个复杂的隐喻来描述：48 "蓬波尼乌斯的餐桌缺乏这种悲剧性的罪行，因为他为客人上的是洋葱、大蒜和冬葱，而不是伊提斯[4]（Itys）。"（5.14）换句话说，这展示了人文主义者的厨房幽默。

普拉蒂纳给饮食习惯写了一本方法书和一部充满逸事的历史，从各个方面看，饮食习惯都是他社交活动的一个关键。他高兴地回忆起与朋友尤利乌斯（Julius）一起吃鹌鹑，与瓦利斯卡拉（Valiscara）一起吃加泰罗尼亚的半烤酱[5]，以及与帕特里修斯（Patricius）一起吃杏仁糖（6.13，8.48）。他还回忆起在准备用油煎饼的方式烹调鸡蛋时的特殊场景，这指出了在精英社交领域相当令人惊讶的一面。"当它们开始变白，你就知道它们已经熟了。当卡利马科斯（Callimachus）急切地准备这些东西时，他被锅迷住的样子把我们都逗笑了。"（9.25）这

---

[1] 意思是爱喝酒的。
[2] 希腊神话中的一个女性人物。
[3] 希腊神话中的色雷斯国王，娶普洛科涅（Procne）为妻，生子伊提斯，强奸了妻妹菲洛墨拉，后受神罚变成了戴胜鸟。
[4] 忒柔斯的儿子。
[5] 来自加泰罗尼亚语：Mig-raust，酱汁中使用杏仁奶、面包屑并蘸上肉汤、糖和肉桂。酱汁被用于制作不同的肉类。

是一个罕见的迹象，表明这些高贵的绅士不仅仅是阿特纳奥斯式的无所事事的富人美食家，而是真正下过厨房的，知道何时将油煎饼从油中取出的细节表明了一种特殊的实践经验。

最引人注目的是，在第五卷的开头，也就是将马蒂诺大师的食谱开始大量插入文本时，普拉蒂纳提出了共餐的愿景。他说，吃孔雀和野鸡都很好，不过他对那些已经崛起的新贵炫耀性地使用这些东西感到遗憾，但

> 让我的朋友蓬波尼乌斯和我一起吃洋葱和大蒜吧，让瑟瑞纳斯（Serenus）和瑟泰姆雷乌斯·康帕纳斯（Settemuleius Campanus）和我们在一起，不要让科斯米克斯（Cosmicus）在我们的饭厅外过夜。让帕森尼乌斯（Parthenius）和珀达格罗索斯·司考洛斯（Podagrosus Scaurus）跟着他。我不拒绝纳尼亚的法比乌斯（Fabius of Narnia）、安东尼乌斯·鲁弗斯（Antonius Rufus）、格劳库斯（Glaucus）和塔西佗（Tacitus），他们甘愿受穷。为了不让卡利马科斯对我生气，只要是运气好的时候，就让德米特里厄斯（Demetrius）请他吃素，正如悲剧诗人所说，运气对勇敢和善良的人有敌意，对无赖和懒惰的人微笑。（5.1）

这段祈愿式的篇章让我们得以窥见这本杰出的烹饪书背后的全部背景，这些背景可能在历史上是隐藏的，而且是有意为之的。[49]

所有这些编造的名字都古典到了非常浮夸的程度，原因很明显，它们指的是罗马学院的成员，这个机构致力于复兴古典时代，由庞波尼奥·莱托（就是那个丢不起鸡蛋的人）主持，其成员喜欢穿长袍，庆祝罗马诞辰，并在地下墓穴的墙上刻上名字和文字，据说他们在那里秘密聚会。但这些虚构的名字还有第二重作用；它们掩盖了真实身份，因为这些人进行的人文主义活动具有激进的性质。简而言之，共

餐是快乐和危险的混合体。

这些假名最终并没有很好地保护这些人。保罗二世在担任教皇第四年后的狂欢节上，收到情报称有人要谋杀他，这份情报现在看来相当可疑，甚至还包括了穆罕默德二世将要介入意大利事务。[50] 教皇的怀疑集中在庞波尼奥·莱托学院的成员尤其是普拉蒂纳身上，他在四年前已经触犯了教皇，在监狱中度过了一段时间。这件事的结果是该人文主义团体遭到了普遍迫害和监禁，其成员即使没有密谋杀害教皇，也被认为是犯了三个"H"的罪：人文主义（humanism）、异端（heresy）和同性恋（homosexuality）。一些人幸运地及时逃亡了，另一些人逃脱后又被抓了回来，还有相当多的人，特别是庞波尼奥·莱托和普拉蒂纳本人，被送到圣天使堡的地牢里遭到酷刑逼供，不过最终没人承认任何事情。

这些危险的文化活动与《论饕餮之乐与健康》有什么关系？这本菜谱一般都被认为基本上与此无关——它是早些时候写成的，主题太过边缘和琐碎，不值得与政治恐怖联系起来。然而，有证据表明两者有更密切的联系。人们会记得，普拉蒂纳说他在图斯库卢姆的夏天是创作这部作品的快乐时刻。这似乎是在 1465 年 7 月，说明写作或至少是开始写作的时间是他从圣天使堡监禁中获释仅 6 个月后。他从监狱写给枢机主教阿曼纳第（Ammannati）一封未注明日期的信，这封信很可能是在 1468 ～ 1469 年第二次更长时间的监禁期间写的，使得这本书和作者的命运联系更为紧密了：

> 在我被囚禁之前，我写了那本糟糕的小书《论饕餮之乐与健康》，我把它寄给阁下。它的资助者"被停"了，如你所见，它似乎是从药店和小酒馆里爬出来的，因为它沾满污垢，肮脏不堪。它的既定方向是烹饪，但也没有远离才华，因为大部分内容都是关于准备食物的，而且已经达到了预期的水平。它最终以污秽不

堪的模样来到我身边；擦拭污渍时，我意识到有些污渍甚至应该被挖出来。在工作中，我们通常行使自己的判断力，作为与我们时代格格不入的人，我决定把这本吓人的小书（它肯定洋溢着最为敏锐的才智）送到阁下的门槛上，哪怕您并不乐意。[51]

任何这样的仪式性礼物都伴随着常规的谦卑要求——信中继续敦促枢机主教阿曼纳第修改手稿中任何需要改进的地方——但毋庸置疑的是，首先，他坚持认为烹饪与才华是可以共存的；其次，普拉蒂纳的灾难与"吓人的小书"本身的状况密切相关，严重损坏的手稿是作者的替身。

无论我们把这本书（或这封信）的创作与普拉蒂纳的政治命运怎样联系在一起，似乎毫无疑问的是，对他学院友人辉煌晚宴的回忆是对最近（或即将）崩溃的所有人文主义的感情和共餐习惯的直接回应。到 1468 年初，世界已经发生了变化。[52] 哪怕对他的健康有好处也不喜欢接骨木花的佩特里奥（Petreio）和因为不喝酒而用水煮火腿的格劳科（Glauco）都已经逃离了罗马；应该吃粥来治疗咳嗽的马尔西（Marsi），正在圣天使堡遭受监禁；因为油煎饼翻面的方式而让所有人捧腹的卡利马科斯，很可能就是背弃团体的人。[53] 普拉蒂纳自己老老实实地接受了之前被监禁时留下的不能出城的判决，因此在枢机主教贡扎加的家里——讽刺中的讽刺——吃饭时被捕了。那场想象中的大蒜和洋葱的宴会，以及一长串希望位列其中的同伴名字，让我们联想到，苏格拉底虽受国家审判处决，却因柏拉图的对话录得以永生；[54] 而普拉蒂纳选择出版一本长篇的、学术性的、亲切诙谐的、有关食物和朋友的作品，不论是在写作时还是在回顾的时候，都像是一种革命性的举措。

我详细讨论了普拉蒂纳的文章——还会有更多——因为我认为，无论是就它本身还是就它展示了人文主义者餐桌上放置食物和饮料的广泛可能性而言，或者无论是从字面意义还是引申意义上来说，它都是文艺复兴时期这一主题最重要的作品。这也许不是阿特纳奥斯笔下将美食学包裹在一层又一层的文学作品中的诡辩家欢宴（尽管普拉蒂纳肯定受到《欢宴的诡辩家》影响），而是一群这样的人，他们在一位既精通古代文化，又懂得如何制作牛奶冻的游戏大师（*magister ludi*）的指导下，努力把饮食放到他们学术和社会方案的核心。《论饕餮之乐与健康》融合了文艺复兴时期的人文主义和实践指导，此后再也没有出现过与它具有相同文化广度的美食作品——当然在早期现代也没有。未来，正如在许多学科和许多历史时代中一样，与其说属于哲学家，不如说属于分工更精细的专业人士。毕竟，蒙田所记录的典型的相遇中，对方不是流浪的古典学者，而是受雇于枢机主教卡拉法的厨师。而正是这些通常要么为王公贵族服务、要么为教会领袖服务的专业人员，接管了那种证实美食技艺有着百科全书式般严谨的书籍的创作工作。

　　其结果是，在 16 世纪的中后期，诞生了成熟且大量的美食论述，人们大力宣传自己的高超厨艺，并出版大体量的、经常有插图的作品来证明这一点。[55] 例如，1552 年，克里斯托佛罗·梅西斯布戈[1]（Cristoforo di Messisbugo）出版了他的新书，书名有 36 个词，保证根据适当的场合提供各种食物的食谱，内容还包括如何组织宴会、布置餐桌、布置宫殿豪宅，以及为大公爵装饰房间。该书宣称其对 *maestri di casa*、*scalchi*、*credenzieri* 和 *cuochi* 有用，这让我们看到了这个行业中正在蓬勃发展的各色职业：内务主事、管家、糕点师和厨师。被称为帕南多（Il Panunto）的多梅尼科·罗莫利[2]（Domenico Romoli）出版了他的《特典》（*Singolar dottrina*，1560），这本书更加冗长的标题页按照季节谈到了对所有食物的调味，讨论肉类、鱼类和所有动物的特质，还要给出健康方面的专家

---

[1] ？～1548 年，费拉拉埃斯特家族（House of Este in Ferrara）的管家，意大利文艺复兴时期的厨师。
[2] 佛罗伦萨厨师。

建议；他说，这会是"对所有人有用的"。

但是，也许比文艺复兴时期的任何其他文本都更能体现出烹饪是一门具有巨大广度和系统性学科的，是巴托洛梅奥·斯卡皮[1]（Bartolomeo Scappi）的《杰作》（Opera），这部不朽的作品在 1570 年至 1646 年间至少发行了 9 个版本。[56] 该书的规模和广度都令人震惊：厨房学徒的道德与技能教育，281 份肉食日的菜谱，286 份斋戒期的菜谱；一百多份具体晚餐的名册，详细记录了具体场合和最重要的客人，每顿饭的菜单上有多达九十道独立的菜肴，包括每道菜的分量；关于厨房设备的讨论，包括旅途中用餐时需要的设备；237 份糕点的菜谱；218 份适合病人的菜谱。此外，还有一个附录详细介绍了餐饮业者视角下的教皇保罗三世（Paul III）的葬礼和随后选举出儒略三世（Julius III）的秘密会议，另一个附录包括了 27 幅相当壮观的版画，涵盖了厨房及其服务设施的建筑、设备和操作流程。

这种包容性不言自明；而且，人们可以在阿特纳奥斯的招牌下讨论如何进行操作，但这里是真正的实践。在王公贵族的盛大宫廷里，每顿正式餐食的每个细节都值得记录，无论是原材料还是烹饪技术都值得追本溯源。烹饪操作已经形成了自己的特点，并且与季节、礼拜仪式的日期和食客的健康状况相适应，这最后一点表明，厨师还有几分像医生。最重要的是——如果我们假设主导叙事是政治的话——美食制作的整体内容对国家政务极为重要，即便以"区区"一位管家 / 厨师从厨房视角看待教皇继承也是正当合理的。继承问题在斯卡皮的环境中非常重要。开篇就有一连串的献词——庇护五世（Pius V）、科西莫·德·美第奇[2]（Cosimo de' Medici）、庇护五世的大管家

---

[1] 约 1500 年～ 1577 年 4 月 13 日，意大利文艺复兴时期的名厨，曾担任教皇与多位枢机主教的私人厨师。

[2] 1389 年 9 月 27 日～ 1464 年 8 月 1 日，意大利银行家、政治家，文艺复兴时期著名的佛罗伦萨僭主。

也就是斯卡皮的老板唐·弗朗西斯科·德·雷诺索（Don Francesco de Reinoso）——但正文开始后，整本书就像是与他的学徒乔瓦尼（Giovanni）的对话。这个前提断断续续地重复出现，它显然是为了确定斯卡皮整个职业生涯在行业内的地位，并确定这本书值得代代相传。更广泛的陈述前提——因为几乎没有必要只为乔瓦尼出版一本书——大概是在全世界出现了很多乔瓦尼这样的学徒，因此最终也有了很多斯卡皮这样的厨师。

我对职业人文主义者和职业厨师进行了区分。尽管普拉蒂纳的文本将他们混为一谈，但学识渊博、口齿伶俐的当代观察家，帕多瓦人文主义者斯佩罗内·斯佩罗尼（Sperone Speroni）进一步说明了这种边界是多么不稳固，他写了颂扬"厨师的美德"的长篇文字。⁵⁷厨师必须有节制，不能吃主人的食物，要有能力毫无顾忌地切肉切鱼，公正地分配食物，谨慎地确定烹饪时间，慷慨地使用香料和糖，在面对批评为自己辩护时要有说服力。"唱诗的诗人，……给馅饼做造型的几何学家，……记录他的锅碗瓢盆的算术师，……给烤肉和酱汁赋予正确颜色的画家，……知道食品消化难易程度的医生。"我们之前提到的本·琼森用这类比喻是为了嘲笑，但在这里没有嘲弄的意思，我们看到的只有尊重和敬畏。

然而，在这个复杂的编排中还有一条线索：职业哲学家带领我们回到晚餐争论。在文艺复兴时期美食学美德（*virtù*）的爆发及权力中心对此大力支持的背后，有一个不为人知的首要原因。为了理解这一点，我们必须从讨论厨师变成讨论人文主义者，我们无须关注普拉蒂纳著作之后的年代。最近有人极力主张，1417年波乔·布拉乔利尼^[1]（Poggio Bracciolini）发现的卢克莱修（Lucretius）的《物性论》（*De*

---

[1] 1380年2月11日～1459年10月30日，意大利知名学者、文学家、哲学家，文艺复兴时期人文主义者和政治家。

rerum natura）手稿，给文艺复兴时期的文化——实际上是对现代性本身——带来了翻天覆地的变化。[58] 无论其在全球范围内引起的后果如何，毫无疑问，在意大利人文主义世界中，构成卢克莱修世界观基础的伊壁鸠鲁学说在此时爆发，洛伦佐·瓦拉[1]（Lorenzo Valla）于 1431年出版的对话《论快乐》（*De voluptate*）就是证明。[59] 该文本的主体包括关于快乐正统性的几个观点，但开篇以瓦拉自己的口吻出色地表明了他的立场。他认识到他的立场尤其在他的"圣人和严肃的朋友"眼中可能有多大争议，并在确定（尽管有些含糊）自己在生活中没有过于享乐主义的行为后，他完全明确地表示支持快乐（*voluptas*）：

> 在这一点上，我的这位朋友可能会反对：你真的想说快乐是最高的善吗？是的，我这样说，我肯定它，而且我的肯定排除了除快乐之外任何其他善。这就是我决定要证明的论题。如果像希望和祈祷的那样成功的话，那么我选择这个主题或者给作品取这样的名字就不会显得很荒谬了。（151）

这当然是激烈的论战语言，是一种冲击战术，想要以惊人的非正统的，甚至是被禁止的一系列主张来吸引读者眼球。值得注意的是，这段话不仅在该作品的后续版本中被删除，而且标题本身也变成了更谨慎的《论善与伪善》（*De falso et vero bono*）。[60] 事实上，这篇对话的所有版本里都有一些不赞成关于快乐的激进前提的讲话者，而瓦拉却在 1431 年如此明确地宣称这是他自己的观点，此后学者们关于他的真实想法一直争论不休。[61] 尽管如此，这个故意引起争议的开篇，其措辞似乎不允许在快乐是至善的问题上有任何含糊，这将在 15 世纪的人文主义对话

---

[1] 约 1407 年～ 1457 年 8 月 1 日，意大利人文主义者、修辞学家、教育家，担任过教皇秘书。

中留下不可磨灭的痕迹。

伊壁鸠鲁主义就这样突然出现于餐桌上（以及餐桌旁），而且正如我们之前看到的那样，该思潮中的一个重要线索表明，吃与喝不仅仅是众多快乐实例之一，而是构成了范例。（我们对 *epicure*[1] 一词的使用也表明了这一点，该词并不适用于欣赏雕塑、奏鸣曲或性爱，只适用于美食。）[62] 因此，普拉蒂纳在他的标题中放入快乐一词时，他正在进入一场激烈的对话。包括普拉蒂纳的密友菲尔福（Filelfo）在内的讨论者一直在追随瓦拉，对快乐的概念进行解析，以便既保持在正统的限度内，同时也扩展这些限度。普拉蒂纳对这一棘手活动的贡献是从他的开场白开始的，这比瓦拉在 1431 年的开场白要谨慎一些：

> 我清楚地知道，居心不良的人会激烈地指出，我不应该给最好的和最禁欲的人［他的书提献给了：巴普蒂斯塔·罗韦雷拉（Baptista Roverella）神父，圣克莱门特的枢机主教］书写快乐的事物，但让那些假装是斯多葛学派的挥霍者……说说经过深思熟虑的快乐有什么坏处吧，因为这个词是中性的，既不好也不坏，正如健康一样［*voluptas ... ut valetudinis vocabulum medium*］。普拉蒂纳绝不会给最圣洁之人书写放任之人与好色之徒从自我放纵和各种食物以及从性趣味的刺激中获得的快乐。我说的是那种从食物和人类本性追求的东西加以克制中获得的快乐。（Milham, 101）

我们从这篇辩解书中可以看出，在选择标题和在味觉快感（或任何其他快乐）的艰难小道上穿行时，普拉蒂纳进行了非常细致的工作。快乐（*Voluptas*）不是一个坏的品质，它是一个中性的术语，就像健康（*valetudo*）一样。换句话说，道德学习的全部传统可能会暗示快乐和健

---

[1] 美食家、享乐主义者。

康不是对立的，而是伙伴——从而将这本烹饪书与烹饪主题文本因关联医学而获得认可的悠久历史联系了起来。[63]"正当的"（*honesta*）用"正当合理"或"可允许"的意思来修饰"快乐"（*voluptas*），进一步明确了瓦拉的激进论文中出现的快乐好坏的问题。

关于快乐的对话将成为文艺复兴时期文化的核心[64]，而且应该被看作追溯至苏格拉底在《高尔吉亚篇》中的怀疑与宴会上诡辩家们强烈的饮食享乐主义的食材的最终归宿。对于早期现代文化的许多表现形式来说，无论是在盛大优雅的环境中还是在亲切的朋友身边（或两者兼备），吃与喝都将被认为是快乐（*voluptas*）被看作正当（*honesta*）的典范情况。

4

在关于晚餐的争论中，伊拉斯谟，这个也许意想不到的人却是这种正当快乐概念的伟大代言人。[65]由化名判断出拥有虔诚、博学和雄辩等不同特点的一群朋友在尤西比乌斯（Eusebius）的乡间别墅聚餐，那里的环境用传统的感官术语描述就是"安乐之所"（*locus amoenus*），尽管这项事业崇高性的标志在于它虔诚的标题"神圣的盛宴"。他们的主人描述了他那一系列相互连接的花园，而这些花园在很大程度上都属于古典时代风格，只是传统设计中的异教元素被基督教的对应物取代或重新进行了诠释。观赏田园风光时，其中一位叫作提摩太（Timothy）的客人赞道："哦！我看到的这些一定是伊壁鸠鲁式的花园。"对此，主人回答说："这整个地方都是为了享乐——也就是说，正当的快乐而建的。"（178）和伊拉斯谟《对话录》中的许多时刻一样，其中的含义也是有很多层次的。伟大的希腊哲学家可以通过地点来识别。柏拉图有阿卡德谟[1]，亚里士多德有吕克昂[2]，芝诺有柱廊[3]，伊壁鸠鲁则在花园[4]里会见他的追随者。[66] 在此情况下，伊壁鸠鲁的快乐（*voluptas*）这个有争议的信仰，一旦进入讨论，就立即被定性并被描绘成正当的（*honesta*）。

伊拉斯谟带着这种无伤大雅的快乐往哪个方向走与他的阅读有很大关系，他阅读的贪婪程度甚至（很有可能）比他写作的浩繁程度更甚。他在书写《对话录》的烹饪内容之前，显然掌握了一整套古典时代晚期的著作，这些著作那时候正在塑造早期现代的人们关于古代饮食的观点。普鲁塔克的《道德论集》，特别是"餐桌谈话"标题下的一组对话，以及格利乌斯的《阿提卡之夜》，都含有关于餐桌体系和结构的丰富信息，而且都在文艺复兴时期被广泛阅读。[67] 但是两者都没有带我们靠近完整的饮食经验。而在这里，伊拉斯谟似乎让自己接触到了在这些书中已经变得熟悉的文本，而且是晚餐争论中的一个主文本。

我们之前对阿特纳奥斯《欢宴的诡辩家》的讨论表明，关于文艺复兴时期在吃与喝主题上的传承，这部作品可以告诉我们很多，不过无法证明这部作品在那个时期得到了广泛阅读。这种证据的静默之中有一个例外。迪诺·盖纳科普洛斯（Deno Geanakoplos）告诉我们，伊拉斯谟在 1506 年逗留威尼斯期间受到了热情的接待，并被允许接触一些其他西欧人几乎见不到而且没有出版的希腊手稿。[68] 在这些手稿中就有一本是《欢宴的诡辩家》。在同一时期的威尼斯，伊拉斯谟也被欢迎进入伟大的阿尔丁出版社的圈子，1514 年阿特纳奥斯作品的初版就是在这里诞生的，第二版于 1517 年发行。事实上，我们拥有伊拉斯

---

[1] 柏拉图教授哲学的公共花园，因靠近阿卡德谟圣殿而得名，另译柏拉图学园。

[2] 亚里士多德教授哲学的小树林，因临近吕克昂神庙而得名。

[3] 公元前 300 年前后，芝诺常在柱廊中讲学，斯多葛一词即来源于柱廊（stoa）。

[4] 据说伊壁鸠鲁的追随者们都住在他的住房和庭院内，与外界隔绝，因此伊壁鸠鲁有"花园哲学家"之称。

谟对第二版的大量注释，而这种细读的回报在伊拉斯谟的文化复兴著作《格言集》（*Adagia*）中明确显示出来，阿特纳奥斯被提及和引用了数百次。[69]在伊拉斯谟之前或之后，没有任何作者那样密集地引用《欢宴的诡辩家》。任何像伊拉斯谟那样仔细阅读这些书的人，要么是从食物角度解读，要么至少是在可能正在进行的文化探索中吸收了关于食物的大量学问。

因此，在"神圣之宴"（以及我们将看到的其他几场对话）中得到的快乐与其说是关于花园和"安乐之所"的，不如说是关于用餐的。这个场合可能是"神圣的"，但这顿饭——我们又听到了提摩太的说法——是"伊壁鸠鲁式的……不，是奢侈逸乐的"。我们也没有放过这些细节：首先是鸡蛋和蔬菜；然后，当客人们在吃主菜时表现出一些犹豫时，尤西比乌斯像所有好客的主人一样，发出了一系列诱人的鼓励：

> 我看到你们迟迟不动手，所以如果你们允许的话，我就把烤肉端上来。……看，我们简单午餐的主菜是：分量不大但美味的羊肩肉，一只阉鸡和四只鹌鹑。只有鹌鹑是在市场上买的；其余都是我家小庄园自产的。（189）

接着他推荐了一些美酒，后来又为没有人享用甜点而大惊小怪。

盛宴的"神圣"标签无论如何都起到了将菜单广而告之的作用，其他不那么神圣的谈话则对美食的物质性更为沉迷。"诗意之宴"里有一个关于饮食的猜谜游戏，其中泼辣的女仆玛格丽特（Margaret）试图把甜菜当作莴苣蒙混过关，她以为诗人分不清这两者（事实证明她错了）；这之后讨论的是鸡蛋用什么锅具煎最好（396-397）。"世俗之宴"是早已习惯于共同欢宴的朋友之间进行的对话，对话以一段关于斯多葛派和伊壁鸠鲁派的问答开始，而且明显偏向于后者。"斯多葛派是一群阴郁的、严肃的、闷闷不乐的哲学家，他们用道德美德来衡量人类最高的善。"奥古斯丁（Augustine）如是宣称（135）。后来，克里斯蒂安（Christian）表达了反对哲学的总体观点，他显然更喜欢餐桌上的乐趣，奥古斯丁回应说："你论述得很好。那么，再见了，哲学家——厨房哲学家，而不是门廊［即斯多葛派的芝诺论道的地方］哲学家。"（139）伊壁鸠鲁派再得一分。照此延伸，奥古斯丁在大家一致同意的情况下宣布："如果两者之中只能选其一，我会选择烹饪而不是修辞。"（138）这既是重温又是在重估苏格拉底在《高尔吉亚篇》中的观点。然而，不奇怪的是，整个讨论遵循了神学辩论严谨的学术风格，哪怕在书中，他们可能学到这些知识的索邦神学院（Sorbonne）变成了"吸收"（*absorbtion*）的双关语——当然这里吸收的是葡萄酒。

然而，这不全然是关乎吃饭的哲学思考，还关乎食物本身：牛肉、羊肉、猪肉和鹅肝各自的优点，野兔最美味的部分，阉鸡的切片方法，鸡胸肉和鸡腿肉孰优孰劣的古老问题，识别不同牡蛎确切产地的可能性。这里都是有学问和有鉴别力的食客，从奥古斯丁对烤鹅的反应就可以看出："我一生中从未见过这么干巴的东西；它比浮石[1]甚至卡图卢斯大肆取笑的弗里乌斯（Furius）的继母都要干瘪。在我看来它就像木头。"（142）始终处于美食品鉴知识最高位置的葡萄酒，得到了克里斯蒂安的仔细分析：

> 克里斯蒂安：有一些著名的美食家会认为，只有取悦了四种感官，葡萄酒才算令人称道：眼睛看颜色，鼻孔闻香味，嘴巴尝味道，耳朵听名字和名气。
> 奥古斯丁：荒唐！名声对酒有什么作用？

---

[1] 指用以去除皮肤污垢的多孔轻石。

克里斯蒂安：许多有品位的人都大声地赞美一种他们认为产地是波恩[1]（Beaune）的酒，但实际上它确是来自鲁汶[2]（Louvain）。（136）

创作这些句子的鉴赏家（伊拉斯谟在他的著作中多次提到来自波恩的葡萄酒）[70]即使丢失了标签，仍然知道如何区分世界级美酒和平淡无奇的地方酒；他也知道在这方面轻易就会被愚弄。

然而，在"多道菜之宴"中可以找到更多的美食资料，其主题正是如何策划晚宴。专家被冠以阿皮基乌斯的名字（这一典故在伊拉斯谟的作品中随处可见，作者显然希望人们能够意识到这一点），他指导他的对话者斯普德乌斯（Spudus，一位律师，也许由此暗示他对烹饪一窍不通）如何安排座位，如何摆盘和上菜，主人应该如何用不同的方式称呼不同客人，以及如果付出这些努力之后还是发生争吵该怎么办（答案是：小丑上场。如果你的客人话不投机，就请小丑演哑剧）。在阿皮基乌斯的评论中，有两项内容对我们这些有丰富东道主经验的人来说是很深刻的认识："没有什么比让人注意到你有什么食物，它是如何烹饪的，又花了多少钱更粗鲁的了。酒也一样。"（806）（伊拉斯谟的意识里不可能没有贺拉斯的纳西迪努斯和佩特罗尼乌斯的特利马乔。）还有，主人说："如果我在法律的任何一个分支、在医学和神学上花费的时间和劳动都和我在这门艺术上花的一样多，我早就获得了法学博士、医学博士和神学博士的学位，早就是这行的领军人物了。"（805）

当然，和其他许多情况一样，当我们从食物角度解读伊拉斯谟的作品时，就会发现他心里想的不只是食物。伊拉斯谟在多大程度上是

---

[1] 法国东部勃艮第地区的城市，以酿制葡萄酒闻名。
[2] 比利时弗拉芒大区的城市。

激进分子，以及在 16 世纪早期广泛而危险的宗教改革中，他究竟采取什么立场，都是不容易确定的，也不是在这里要解决的问题。[71] 但显而易见，对他和他部分虚构的朋友来说，关于基督教本身的神学或实践的基本问题，都要通过吃与喝的问题来探讨。

上一章讨论中，教义的切入点是耶稣和法利赛人之间的争论。犹太人坚持认为要通过遵守复杂的规则（其中大部分是饮食方面的规则）来表达对上帝的忠诚，这被解读为受到符号而非所指的奴役。[72] 在新教改革的早期阶段（伊拉斯谟在这些问题上的复杂立场已被考虑在内），受到对符号有类似的法利赛人式依恋指控的正是天主教会。

正如伊拉斯谟表明的，这里的符号是你可以吃什么或不可以吃什么，以及什么时候吃；而且，在《对话录》的多重声音中，有许多人对这一制度的严格性持有认真（这里我采取了谨慎的措辞）的保留态度。例如，"世俗之宴"中有这样的段落：

> 奥古斯丁：如果我是教皇，我会敦促每个人永远保持清醒的生活，特别是当节日临近时。但我会下令，一个人可以为了身体健康而吃任何东西，只要他的行为适度且懂得感恩，我将努力增加对真正虔诚的热情，以抵消身体不遵守戒律。
>
> 克里斯蒂安：根据我的判断，这一点非常重要，我们应该让你当教皇。（146）

还有，"神圣之宴"里有这样的描述：

> 索夫罗尼乌斯（Sophronius）：根据不同的体质和性情，有些人喜欢神职，有些人是独身主义，有些人喜欢婚姻，有些人想要避世，有些人投身公共事务。同样，一个人喜欢吃什么就吃什么，另一个人对食物区别对待；一个人区别对待不同的时日；另一个

人认为每天都一样。在这些问题上，保罗希望每个人都能享受自己的喜好，不受别人的指责。（186）

字面意思上的味道的体验成为一个远超餐桌边界的多元主义概念的标准，同时也被这个例子所定义。一路走来，索夫罗尼乌斯的论点巧妙地避开了教会关于这些差异运作的规定，代之以个人选择。事实上，"奥古斯丁""克里斯蒂安"或"索夫罗尼乌斯"的真实身份并不重要：这些非常自由的情绪采用的雄辩措辞是作者本人的，这一点明确无误。许多与他同时代的更为严格的人也没有忘记这一事实，包括巴黎大学的神学系（即有"吸收"之双关的索邦神学院）。在1526年版的《对话录》中，伊拉斯谟为自己辩护称："我不谴责教会关于斋戒和选择食物的规定，但我揭露了某些人的迷信，他们过分重视这些，却忽视了那些更敬虔的事。"（1101）然而，巴黎的神学家们仍然没有被说服，他们在1526年宣布，《对话录》中的69个段落有蛊惑年轻人的倾向。[73]

对我们来说，比这场争论本身更重要的是，伊拉斯谟在多大程度上以食物、饮食、风味和口味等高度具体的理由进行论证。在我们关注"世俗之宴"中法则的讨论之前，谈论的内容都是个人偏好：

奥古斯丁：克里斯蒂安，你喜欢牛肉还是羊肉？

克里斯蒂安：我更喜欢牛肉，但我想羊肉对我来说会更好。这就是人的本性；我们最喜欢最有害的东西。

奥古斯丁：法国人非常喜欢吃猪肉。

克里斯蒂安：法国人喜欢便宜的东西……

伊拉斯谟：羊肉和猪肉我都喜欢，但原因不同。羊肉我随便吃，因为我爱吃；猪肉我不碰，是出于爱，以免冒犯。

克里斯蒂安：你是个好小伙，伊拉斯谟，也是个快乐的人。是

的，我常常在想，怎么会有这么多不同的口味。（139-140）[74]

正如我们之前所看到的，口味的主题——以及给康德造成困扰的意义的二元性——不可避免地打开了一扇门，让我们摆脱了可强制执行的价值等级制度。简而言之，口味是所有信徒在美食上的牧师，也是关于晚餐（以及其他主题）的辩论中潜在的停战点。

从这一随心所欲的个人主义的观点出发——萝卜青菜各有所爱；品味无可争辩（*chacunà son goût; de gustibus non est disputandum*）——讨论滑向了类似但有可能造成更严重影响的事物：肉还是鱼。[75] 这种区分中存在的教义问题是一清二楚的，但伊拉斯谟的对话者却把注意力集中在教义之**外**的一切问题上：在对此事进行自由选择的每个个体来说，鱼和肉哪个更健康、更昂贵或更讨人喜欢，奥古斯丁宣称，他宁愿吃蛇也不愿吃鱼，并且想知道吃鱼是否会对人的健康有害。在另一处，一个叫作厄洛斯（Eros）的人（学者们认为这是指作者本人），"他从孩提时代起就非常厌恶吃鱼，又不能斋戒，因为他一旦尝试斋戒就会有生命危险。最终，他得到了教皇宗座简函的保护，才没有受到拘泥形式的嚼舌"[76]。这是从美食到法律的优雅迁移，正如我们看到"世俗之宴"的主人克里斯蒂安敦促他的客人在斋戒日前夕尽情地吃，并且把整件事说得轻描淡写："你们要吃饱肚子，抵御饥饿。为你们的船压舱，才能抵御即将到来的风暴；战争在即，要为你们的肚子提供给养。"（143）更为诙谐和可耻的是，他把一盘家禽和一个非常虔诚的早期基督徒的特定教派联系起来：

> 这是一位一直过着独身的生活，但不属于那些"为天国的缘故，使自己成为阉人"的有福者。这个生物被强行阉割，以取悦肚腹，直到"神要叫这食物和肚腹都废坏"。这是我自己鸡舍里的一只阉鸡。我很喜欢吃煮熟的菜。漂在上面的汤汁还不错，生菜

也很好。每个人都可以按自己的喜好来吃。（186）

我们又回到了口味、辨别和社交的领域；目前，强制执行这些口味选择的绝对权力已被完全遗忘。

在《对话录》中，这种游戏玩得最优雅的地方莫过于将耶稣和法利赛人之间关于饮食问题的全部激烈对话演变成屠夫和鱼贩之间的对话，这是很高明的笔法。[77] 总而言之，就是两个菜市场最下层的人在讨论饮食问题。两位讨论者可能抛出标准的职业性侮辱，他们没能力当好神学家，但他们了解饥饿和味道；从自利的商业角度来看，他们完全有资格嘲笑那些宁愿饿死也不违反饮食法规的人。他们还了解被残忍地剥夺营养意味着什么——不管是肉还是鱼——这一点从鱼贩子的一段热情洋溢的题外话中可以看出，他报告了蒙泰古学院（Collège de Montaigu）的贫困学生所遭受的可怕匮乏，这些信息当然是由亲身经历过这些状况的伊拉斯谟提供的[78]。

正是这个市场辩论的结论——又是以美食在世界范围内有可能自由运作为前提——指出了食物在伊拉斯谟异端思想中最充分的意义：

> 屠夫：最近当我在晚餐时间讨论这些话题时，不幸的是，有个乞丐般的家伙在场，他浑身脏分分，气色很不好，皱巴干瘪、惨不忍睹。他的头上只有不到三根头发；他说话时总闭着眼睛；他们说他是一个神学家。他说我是反基督者的门徒，还咕哝了一大堆其他的话。
>
> 鱼贩：你呢？你保持沉默吗？
>
> 屠夫：我希望他枯萎的大脑中能有一点理智——如果他有大脑的话。
>
> 鱼贩：我很乐意从头到尾听完这个故事。
>
> 屠夫：如果星期四来吃午饭，我就给你讲。你会吃到小牛肉，

碾磨后烤成馅饼，嫩得可以吸吮。

　　鱼贩：我接受，只要你星期五和我一起吃午饭。我将努力说服你，卖咸鱼的人并不总是吃腐烂的腌鱼。（720-721）

显然，伊拉斯谟期望这两个人在神学家弥合分歧之前就能够解决纷争。不用说，是在吃饭的时候。

　　两位商贩的友好聚餐是在幕后进行的，而这种聚餐的阶层特点，伊拉斯谟只能通过今天一些人所说的"挪用"来加以想象。至于在《对话录》中占据了如此有趣空间的舞台上的那些用餐描述，它们代表了在餐桌旁恢复古典文化的一个特殊时刻。如果可以借用伊拉斯谟一位密友的名言，这变成了一种美食乌托邦，一个交战双方——古典和基督教、天主教和新教、肉和鱼——可以在快乐的名义下联合起来的地方。这种快乐愿景的乌托邦程度，可以从伊拉斯谟对餐桌安排的详细强调中看出。在这些宴会中，几乎每一场都恰好有九位客人。这是一个经典的数字，不是在基督教的宴席上，而是处于古典的卧躺餐席传统中——三面各有三个客人，正如我们之前提到的——以及在晚餐客人与缪斯女神的联系中；实际上，伊拉斯谟从瓦罗那里引用了同样的材料，这些材料也产生了阿尔伯蒂的历史画规则。[79]

　　在伊拉斯谟的这些宴会中，餐桌上的人数问题被直接提及。尤西比乌斯，这个"神圣的"宴会的主人，把他的四个朋友和他们的四个"影子"安排在各自的座位上，坚持认为他作为主人不能享有最高位置的特权，然后他进行了一场恰当的祈祷：

　　尤西比乌斯：愿那使人欢喜的基督，没有他就没有真正快乐的基督，屈尊出席我们的宴会，以他的存在令我们欢喜。

　　提摩太：我希望他愿意屈尊。但既然每个位置都坐满了，他能坐在哪里呢？

尤西比乌斯：愿他与我们所有的食物和饮料混合在一起，使一切都能有他的味道，但最重要的是，希望他渗透到我们的心里！（183）

似乎这个特定的酒馆里**存在着**基督的容身之处，他就在食客分享的食物味道中。美食再一次代替了神学。餐桌上十二或十三人这个有问题的数字（下一章对此有更多介绍）被转化为一个使人联想到缪斯女神的古典数字，而圣餐则通过食物、饮料和味道来传达。对立面之间可能不像屠夫和鱼贩那样容易达成协议，但这是伊拉斯谟可以为自己和朋友设想或至少是幻想的。不仅是在晚餐的辩论中停战，而且实现——至少是渴望实现——持久和平。

5

对于这几十年间阿尔卑斯山以南的人们来说，"正当的快乐"，连同其接受和净化阿特纳奥斯或伊壁鸠鲁的无节制行为激发的所有回响，都是在一种不同的用餐背景下产生的。当普拉蒂纳给他的烹饪专著命名为《论饕餮之乐与健康》，并以为伊壁鸠鲁恢复名誉开篇时，他不仅仅是一个文学上的人文主义者；他还服务于高贵的贡扎加家族，这个家族会通过举办盛大的宴会来确立自己的地位和权力。在同一时期，以同样的方式运作的，还有克里斯托佛罗·梅西斯布戈代表埃斯特（Este）家族组织的宴会，以及巴托洛梅奥·斯卡皮代表教皇和枢机主教组织的宴会，这些宴会都体现了同一种形态：所有的就餐环境——精心挑选的同伴、厨师的劳动、戏剧化的展示、华丽的视觉布置，以及（也许没那么重要的）味觉体验本身——不仅是政治的工具，也可以被理解为无伤大雅的快乐。[80]

有座宫殿碰巧属于枢机主教的侄子，而这位枢机主教正是普拉蒂纳撰写专著时的资助人。尽管经历了一些曲折，伊壁鸠鲁派的意识形态问题还是在这座宫殿里得到了明确的阐述。1530 年 4 月，登基不久的神圣罗马帝国皇帝查理五世（Charles V）对曼托瓦[1]（Mantua）进行了一次国事访问，其间他将公爵头衔授予了此前只是侯爵的费德里戈二世·贡扎加（Federico II Gonzaga）。根据当时一位贡扎加侍臣提供的资料，[81] 我们可以看到关于庆典的详细描述，这些庆典是在新建成的、装饰一新的得特宫（Palazzo del Te）中举行的，这座宫殿位于郊区，在朱利奥·罗马诺[2]（Giulio Romano）的监督下建造，是为费德里戈提供娱乐的场所。[82] 高潮的晚宴——不幸的是，我们没有关于食物的具体记录，因为作者只是用公式化的语言描述了食物丰富且多样，所以晚宴持续了三个小时，其间什么也不缺——在宫殿的宴会厅举行，[83] 墙壁上镌刻着（现仍存）以下铭文：

> 费德里戈二世·贡扎加，神圣罗马教会和佛罗伦萨共和国第五任侯爵统领，为了在艰苦的工作后获得正当的休闲，安心恢复体力，下令建造。（图 4.2—4.5）

总的意思很清楚。这座建筑本身就是一座休闲活动的纪念建筑，暗示着过去服兵役的意思（由于费德里戈曾在意大利北部与法国人作战，教皇利奥十世任命他为教会的统领），而且特别体现了正当的休憩的概念。

就我们而言，值得关注的是宴会空间和正当休闲（拉丁语：*honestum otium*，意大利语：*onesto ocio*）的结合。我们可以说，普拉蒂纳

---

[1] 位于意大利北部，约建于公元前 2000 年，享有盛名的中世纪古城，是北意大利文艺复兴的中心。

[2] 1499 年～1546 年 11 月 1 日，意大利画家、建筑师，师从拉斐尔。

的"正当的快乐"及其本身与餐饮的关联，是在贡扎加家族中流传的；但它这种另类形式的重现可能另有渊源。这两个短语的一个共同特点是，无论是休闲（*otum*）还是快乐（*voluptas*），它们都寓意广泛且含义并非都是正面的。因此，相邻的修饰语要进行一些辛苦的工作，来确定相邻名词的积极意义。"快乐"需要面对的是基督教的道德神学，但对"休闲"来说，负面的压力主要来自此世——来自不懈地参与公共行动领域的必要性。从拉丁文学的发端开始，在恩纽斯[1]（Ennius）的《伊菲格涅亚》（*Iphigenia*）中，休闲与繁忙（*negotium*）形成了对比，这对在拉丁语中押韵的反义词在历史上不断回响。[84] 在古罗马，这种对立的典型代表是西塞罗，他梦想着摆脱同时作为公众人物（毕竟他的职业生涯会以灾难性的方式结束[2]）和哲学家的矛盾；他设想通过一种他称之为"悠然自适"（*cum dignitate otium*）的状态来摆脱这种矛盾，前提可能是，罗马帝国和元老院需要相当多的说服力来证明人们可以有尊严地从政治行动中退隐。[85]

在出现在铭文中被刻到得特宫墙壁之前，"休闲"的问题也是一个烫手山芋。当阿里奥斯托（Ariosto）笔下的鲁杰罗（Ruggiero）被女巫阿尔奇娜（Alcina）带离了英雄行动，未能到达女巫罗杰斯媞拉（Logistilla）的理性王国时，他遇到了一个骑在乌龟上缓慢移动的胖酒鬼——这只龟是懒散（*Ozio*）或休闲的化身。此后不久，鲁杰罗自己也成了这样一个典范，用女巫梅莉莎（Melissa）的话说：

> 他嬉戏、舞蹈、参加各种宴会。
> 在闲散与快乐中度过。

---

[1] 即昆图斯·恩纽斯，约公元前 239 年~约公元前 169 年，古罗马诗人、剧作家，被认为是古罗马诗歌的奠基人。

[2] 被安东尼派人刺杀。

他不记得自己的主人，也不记得夫人。

曾经深爱过的人，也不记得他的名声了。[86]

从鲁杰罗的境遇中，不仅可以看出休闲活动的构成（"嬉戏、舞蹈和宴会"），还可以看出它的后果（未能履行封建义务、爱情义务）。如果说在这里，懒散看起来一点儿也不正当，那么在马基雅维利（Machiavelli）的作品中，这个问题得到了更果断的处理，他的一条核心原则是，他重视的那种政治权力在面对休闲精神时是最脆弱的：

武器确保胜利，胜利确保和平，这样，尚武之心的活力就不能被比文字更可原谅的放纵削弱；懒散［*il più onesto ozio*］也不能以任何更严重或更危险的欺骗方式进入一个管理良好的团体。[87]

接下来，他讲述了加图（Cato）的故事，加图注意到，雅典哲学家出现在罗马后，罗马年轻人中出现了追随者。因此，他"知道这种正当的懒散可能给他的国家带来的危害"，不允许哲学家进入罗马城。使马基雅维利的攻击特别有力的是，他谴责的不仅仅是懒散，还有正当的懒散（*onesto ozio*）。显然，这个词已经大体上被认为是积极的爱好，可马基雅维利却认为它极其危险。在他看来，这里并没有正当（*onesto*）可言；用现代的说法可以说是没有"所谓正当的休闲"可言。

不用说，在得特宫里这个词组是不加引号的。费德里戈·贡扎加的自我呈现与这些对休闲的批评迥然相异，还通过以丘比特和普赛克故事为主题的、富有野心的视觉呈现（图 4.2—4.5）加以反驳。简而言之，关于晚餐的争论被赋予了建筑的形式。观者在进入宴会空间时，面对的就是约三十个或更多的叙事场景，它们被放在六个不同形状不同大小的框架中，整个组合通过复杂的几何图形结合在一起，里面还有一些与丘比特和普赛克无关的神话故事。

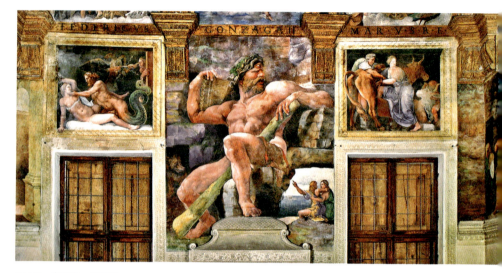

图 4.2　朱利奥·罗马诺，

《宙斯和奥林匹亚（左），波吕斐摩斯（中）和帕西法厄（右）》，1525 年。

丘比特和普赛克大厅，东墙，得特宫，曼托瓦

图 4.3　朱利奥·罗马诺，

宴会场景和献给费德里戈·贡扎加的部分题词，1525 年。

丘比特和普赛克大厅，南墙，得特宫，曼托瓦

图 4.4　朱利奥·罗马诺，
宴会桌和给费德里戈 – 贡扎加的部分题词，1525 年。
丘比特和普赛克大厅，西墙，得特宫，曼托瓦

图 4.5　朱利奥·罗马诺，
阿多尼斯洗澡（左下），巴克斯（狄俄尼索斯）和阿里阿德涅（中下），维纳斯和玛尔斯（右下），1525 年。
丘比特和普赛克大厅，北墙，得特宫，曼托瓦

不出意外，这一精彩而又令人困惑的组合引发了人们破译图像的热情和各种尝试，特别是柏拉图和新柏拉图主义的复杂性本身就很容易附着在一个古典时代晚期的、讲述（通过相当明显的寓言）人类灵魂乘着爱神的翅膀向天堂飞升的故事中。[88] 类似的学术努力也涉及传记的解码，因为费德里戈与后来嫁给其侍臣的伊莎贝拉·布斯切提（Isabella Boschetti）有一段非常公开的恋情，他有好几次几乎都要和她结婚了，这让他的母亲，也就是不服输的伊莎贝拉·埃斯特[1]（Isabella d'Este）感到非常惊愕——这一情况类似于丘比特、普赛克和维纳斯的阿普列乌斯[2]（Apuleius）式的三角关系。

　　然而，如果我们想象从一个更天真的同时代观察者——也许甚至是查理五世本人——的视角出发，此人可能没有接受过新柏拉图主义的教育，对曼托瓦宫廷的闲言碎语也不感兴趣，那么此人仍然可以清楚地看到这个房间里充满了情欲的意象，正如原来故事记叙的那样。[89] 一个美丽的年轻女子爱上了爱神；她经历过可怕的考验，在获得天堂和爱人时，她的坚持得到了回报。如果我们把这种对周围图像的简单描述应用到设计中更为明确的元素上——庆祝侯爵获得休闲的美德的话语——就会发现，正当的休闲很可能不仅仅指离开战场、在郊外退休或对美丽艺术的沉思；它还可能涉及爱欲的满足。换句话说，如果按照对神话的一种解读，费德里戈相当于极为理想的婚姻对象丘比特，那么按照另一种解读，他就是在郊区天堂获得正当的休闲以报偿经历苦难的普赛克。

　　但是，对于我们假想的观察者（或皇帝）来说，还有一个更符合

---

[1]　1474 年 5 月 18 日～1539 年 2 月 13 日，又译伊莎贝拉·德·埃斯特，即曼托瓦侯爵夫人，意大利文艺复兴的女性领袖，在文化和政治上都扮演重要角色，是懂得变通的政治高手，也是慷慨的艺术赞助人。

[2]　约 124 年～170 年，努米底亚拉丁语散文作家、柏拉图学派哲学家、修辞学家，代表作《金驴记》。

常识的反应。为什么观者会进入这个特殊的空间？因为这里是宴会厅，所以正当的休闲不仅仅是一个包括了从哲学论述到骑士风采等各种可能含义的术语，它也是吃与喝；此外，它不仅仅是短语或抽象概念，在刻有这些话语的空间里，它是一个既成事实。换句话说，正当的休闲最受许可的例子就是晚餐。在 1530 年查尔斯五世逗留期间，他确实在丘比特和普赛克的陪伴下进餐——甚至可能单独进餐，以便更好地思考这种休闲的美食形式。[90] 但在几乎所有其他场合，当房间里坐满了人，曼托瓦公爵为他的客人提供了一个可以公开赞美的"休闲"的成功形象，当然这"休闲"在私下里可能被理解成怎样私密（也就是色情）。而且在这个叙事中，用餐必不可少。在阿普列乌斯的故事中，普赛克的成功之处不仅在于她进入了奥林匹斯山，更在于所有天神为庆祝她的婚姻举行了一场宴会。这是故事的恰当结尾和最高逻辑，只要曼托瓦公爵府繁荣昌盛，聚集在这些壁画环绕的宴会桌旁的侍臣和宾客就会在一场没有争论的晚宴上扮演奥林匹斯诸神的角色，因为他们已经接受了正当的休闲。

为了观察这一逻辑最纯粹的形式，我们应该思考文艺复兴时期另一个伟大的宴会空间，其中也有丘比特和普赛克的内容。罗马法内仙纳庄园（Villa Farnesina）的普赛克廊（Loggia of Psyche）在各方面都是曼托瓦宴会厅的祖先，其竣工比后者早十到十五年，是拉斐尔及其身边艺术家合作的成果，其中就包括了后来在费德里戈·贡扎加的工程中起到带头作用的朱利奥·罗马诺。[91] 在这个项目中，建园者并非王公贵族，而是极其富有的银行家阿戈斯蒂诺·基吉（Agostino Chigi），他在 15 世纪末将业务从锡耶纳转移到了罗马，并成功在经济上帮助了多位教皇。[92] 对这两个宏伟的空间进行比较几乎不可避免——比如说，从银行家和公爵之间的区别入手进行比较。曼托瓦以皇室访客为荣；罗马以昂贵的炫耀为荣。来看看一个经常被讲述的逸事：1518 年，基吉为儿子洗礼举行了宴会，每道菜结束后，盛放菜肴的金银器皿都被满不在乎地扔进台伯河，这是一种（字面意义上的）炫耀性消费与谨慎预算相结合的行为，因为基吉早就安排在水下设网，这样他的仆人就能在大家回家后取回这些宝贵的财产。[93] 我们将看到，餐具在曼托瓦扮演着相当不同的角色；我们还会看到，在每一种情况下，都有比丘比特和普赛克更重要，且相当不同的内容，鼓励人们从食物角度解读。

丘比特和普赛克在法内仙纳庄园凉廊的呈现在各个方面都比曼托瓦的版本更直接。因为朱利奥·罗马诺参与了这两个项目，我们甚至可以推测，这位艺术家在罗马担任助理，参与对阿普列乌斯叙事相当直接的演绎，几年之后，他决定在曼托瓦策划一个更具创造性的混搭。无论是什么造成了这种变化，在法内仙纳庄园迎接食客的丘比特和普赛克的故事都是清晰而美丽的，在蓝天的映衬下，色彩明亮澄澈（与曼托瓦盛行的明暗对比截然不同），情节井然有序，即使是从未读过或听说过阿普列乌斯的观众也能理解。如前所述，关于曼托瓦的布置有大量创造性的学术研究，试图阐明被画在天花板上的故事情节的叙事含义，以及其中存在的很多无关材料，所有这些都要求观看者深入地思考；而罗马则不需要这样的巧思。这很可能是因为曼托瓦公爵府是比罗马银行业更有学问的环境，或者拉斐尔的团队建立起一个叙事的规范模式，后来的团队能够在此基础上进行优雅的变化；具体原因很难说。

此外，我们从食物角度解读时，会注意到关于这种差异特别重要的是故事结尾在某种程度上是明确的：普赛克被允许进入奥林匹斯山，然后在盛大的天堂宴会中进行庆祝。这毕竟是丘比特和普赛克成为餐厅装饰素材的原因：如果你被邀请在这样的空间里用餐，会感觉已经被允许进入天堂。（诚然，是异教徒的天堂，但我们正处于文艺复兴时期最具融合性的时刻，而这个天堂不要求你死后方能进入。）阿戈斯蒂诺·基吉的客人从他们可能即将被丢弃的银制圆盘上抬起头来时，他

　　饥饿的眼睛：吃喝以及罗马至文艺复兴时期的欧洲文化

图 4.6　拉斐尔和他的作坊，
维纳斯向丘比特指出普赛克，约 1517 年。
普赛克廊，法内仙纳庄园，罗马

们看到房间的一端是一幅穹宇画（图 4.6），丘比特和维纳斯正从天堂
朝下看向（大概是）尘世中的普赛克，而在另一端（图 4.7），是神采
奕奕向上飞升的墨丘利，他有能力将凡人送入奥林匹斯山。然后，在
天花板顶点中间的巨大空间，人们可以看到两块虚构的挂毯。右侧
（图 4.8）是诸神会议，每个奥林匹斯神都被画出了熟悉的形象，清晰
可辨，他们的脸大多朝向右边，丘比特正在那里试图说服朱庇特。在
左手边（图 4.9），朱庇特已经被说服，人们看到的是一场狂欢的盛宴，
神灵们平时令人敬畏的特质大多被丢弃，取而代之的是优雅的服饰或
半裸的状态；甚至丘比特和普赛克也到了一边（他们的亲热姿势将会
在曼图亚被仔细模仿）。所有这一切都使客人更容易充满想象力地进入
场景，也让地面上的聚会与天花板上的聚会融为一体。

图 4.7　拉斐尔和他的作坊，墨丘利，约 1517 年。
普赛克廊，法内仙纳庄园，罗马

　　而曼托瓦的客人抬头看的话，看到的是四种不同几何形状框架中的二十多个场景（图 4.10）。仔细观察，有可以对应上故事的情节，但人们几乎无须仔细观察。就像在法内仙纳庄园里一样，丘比特和普赛克的正式结合（图 4.11）被放在了中心位置，置于整个设计中唯一的矩形内。这幅画在透视、明暗对比、仰角透视（*di sotto in su*）方面都取得了惊人的成就，但即使在放大的复制品中，我们也几乎无法解读出该事件的确切特征；这当然不是一场宴会。现实生活中的客人和奥林匹亚诸神在天堂般的晚宴上的自由流动，在罗马的庄园里是直截了当的事情，但在这个天花板上却很难做到。这很可能是因为朱利奥·罗马诺和他的同事，大概是应曼托瓦赞助人的要求，有别的东西要给我

图 4.8　拉斐尔和他的作坊，
诸神会议，约 1517 年。
普赛克廊，天花板，法内仙纳庄园，罗马

图 4.9　拉斐尔等人，归于焦万·弗朗切斯科·彭尼，
丘比特和普赛克的婚姻，约 1517 年。
法内仙纳庄园，罗马

图 4.10　朱利奥·罗马诺，
丘比特和普赛克大厅天花板，得特宫，1525 年。
曼托瓦

图 4.11 朱利奥·罗马诺,《丘比特和普赛克的婚礼》,1525 年。丘比特和普赛克大厅,拱顶,得特宫,曼托瓦

们看。

　　房间有四面墙,其中两面有高大的窗户,无法进行大规模装饰;另外两面墙的空间大多不受限制。神话素材,特别是那些与阿普列乌斯的故事没有直接关系的场景,被描绘在有窗墙壁可绘画的部分上。另一方面,房间的南面和西面有更多空间的部分留给了与神话不那么相关的内容(图 4.4、4.5)。这两个场景比房间里的其他东西都要大,也更引人注目,文献中对这两个巨大场景的标准说明是"为宴会做准备"。(在它们被配上文字说明的时候,在弗雷德里克·哈特〔Frederick Hartt〕长

图 4.12　朱利奥·罗马诺，
贡扎加餐盘收藏，1525 年。
丘比特和普赛克大厅，
南墙的细节，
得特宫，曼托瓦

达三十页博学而有说服力的分析中，这两个场景几乎完全没有被提及。）[94] 这种描述通常没有附加评论，仿佛在大型仿古壁画的构图中，将 60% 的空间用于描绘没有任何神话内容的幕后活动是极其正常的。

　　事实上，这里指明了该房间的真正用途，以及实现该用途的出色方式。南墙的中央对贡扎加宴会上的盘子进行了华丽的展示（图4.12）。在文艺复兴时期的政治文化中，这些物品在大型宴会的每个方面都具有重要意义，怎么高估都不算过分。我们已经听说过阿戈斯蒂诺·基吉在"丢弃"盘子时的炫耀性表演：脑海中有了贡扎加的例子后，我们立刻就明白基吉的做作姿态显示了这些物品的重要性，以及（恕我直言）悍然把它们当作可以用后即弃的小装饰品而非传家宝的重要性。这些大餐中，华丽展现食物本身都是短暂的；事实上，正如瓦萨里的鲁斯蒂奇的生活所表明的那样，它们的可破坏性是夸耀的重要成分。[95] 另一方面，盛放这些精致食物的浅盘、木盘和瓶罐生命**并不**短暂。它们会被当作家庭珍宝来保存，大量人力物力被耗费其上，人们对它们的安全问题保持高度警惕。

最重要的是，这些收藏的盘子，虽然据说是为了实际用餐时使用，实际上却被当作展示的对象。在这个问题上，给我们提供信息的最佳人选是乔瓦尼·蓬塔诺，和普拉蒂纳一样，他是一位人文主义廷臣，对用餐场景以及他所谓的社交美德（virtù sociali）有着极大的兴趣。蓬塔诺采用了亚里士多德兼顾道德层面与人际层面两个维度的"华丽的美德"（virtue of Magnificence），将其果断地转化为王公贵族公共生活的华丽展示。在他的叙述中，宴会是在"华丽"的范畴内进行的，它描述的是王公贵族们如何在私人层面展示华丽（不是我们现代意义上的私人，而是在家里招待客人时的华丽感）。蓬塔诺对餐具进行了相当具体的讨论：

> 事实上，餐具柜上不一定要华丽地摆放很多杯子，但这些杯子应该是不同类型的。材质上有金的、银的和瓷的；形式也应该不同，有些是高脚酒杯，有些是调酒的碗，有些是罐，或者是带长柄或短柄的盘子。在这些器皿中，有些看起来是为了兼顾使用和装饰而购买的，有些则只是为了装饰和优雅。[96]

这几乎就是朱利奥·罗马诺等画家的方案。蓬塔诺告诉我们，无论它们是否有用，王公们都应该购买这些物品，他们也都应该炫耀性地展示它们；事实上，作为实用餐具的非实用性是炫耀的关键所在。普赛克宴会厅南墙上的金银器皿如此耀眼，证实了贡扎加家族获得了这些文化财产，而它们在画中的再现（可能是作为出现在柜子上的实物的

图 4.13　朱利奥·罗马诺，宴会桌，1525 年。
丘比特和普赛克大厅，西墙细节，得特宫，曼托瓦

补充）还起到了进一步炫耀的作用——也就是说，在仅仅作为食物和
饮料容器的实用性之上又进了一步。

　　另一块被排除在具体叙事目的之外的大镶板占据了西墙。如果进
入空间的人是按照贡扎加铭文的顺序来阅读图像的话，这块板子会排
在最后，就在摆放盘子的墙壁之后。这里我们终于看到宴会桌了，桌
上铺的白色桌布一尘不染且垂至地板，使这个空间具有特殊的光泽
（图 4.13）。桌边没有人坐，但它周围——一个改良版的卧躺餐席形式，
让观众的一侧几乎空无一人——是大量的经典形象，包括美惠女神、
裸体的丘比特和酒神游行中的人物。平时这群人物的出现为的是刻画
狂欢场面，但这里似乎对常见做法开了次绝妙的玩笑，这些来自古典
时代的人物其实是在布置餐桌。那么，这第四堵墙所传达的信息是晚
餐即将开始，每个人的位置都已就绪。我们所看到的是一个戏中戏
（mise en abime）的伟大实例，早在关于庞贝城的探讨中我们就观察到了
这一现象：用餐厅的图像来装饰的餐厅。[97] 但这也是对"未清扫的地
板"这一类比喻中最大胆的例子的一个有趣转变。这里进行了反转之
反转：现实生活中（困惑的）食客必然面对宴席结束时满地垃圾的不
光彩结局，但这里，我们受邀的宴席上，所有的东西都完美地摆放到

　　　　　饥饿的眼睛：吃喝以及罗马至文艺复兴时期的欧洲文化

位，这样一来，客人们可以迅速地代入丘比特和普赛克婚礼上奥林匹亚诸神的角色。

实际上，丘比特和普赛克与宴会空间的结合造成了对餐饮本身的过度确定，随着政治意识形态和古典主义的复兴，这种空间的设计固然有力，它的首要地位却受到了餐饮本身的挑战。法内仙纳庄园的情况也一样，但却是以一种完全不同的方式出现的。曼托瓦可以说是迷恋餐具；而罗马的庄园也有自己的迷恋之物，它们指向不同的方向——不过仍然是关于美食的。讲述阿普列乌斯故事的每一块镶板都装饰有繁茂的绿植花彩，这是拉斐尔最有天赋的团队成员之一乔瓦尼·达·乌迪内[1]（Giovanni da Udine）的作品。这些绿色植物中，有约 200 种不同的水果和蔬菜，每一种都被画了 1 至 66 次（图 4.14、4.15、4.16）。[98]

乔尔乔·瓦萨里经常为这种组合提供有说服力的同时代评述，他宣称乔瓦尼"按季节绘制了所有种类的水果、花朵和叶子，并以艺术手法塑造它们，让每样东西都栩栩如生，从墙上脱颖而出，像现实中一样自然"[99]。（他还注意到，一个圆筒状葫芦边有两个相邻的茄子和一个爆裂开的紫色大无花果，即使在今天，来到法内仙纳里的博学或者眼尖的游客仍然对此忍俊不禁。图 4.17）他将乔瓦尼归入忠实表现自然的艺术谱系中，这与他对文艺复兴繁盛时期艺术的成功论述相一致，他将乔瓦尼与那些爬进尼禄金宫的人相提并论，在那里他们第一次看到了古代绘画，特别是奇异艺术风格（grotteschi），它们是动植物的混合体，既有真实的，也有想象的。而在法内仙纳，重点无疑在于真实——以及食物。

这些食物种类的范围令人惊讶：五种谷物、五种豆类、八种坚果、七种核果、十九种浆果、六种苹果、四种聚合果。这还不包括萝卜、洋蓟和蘑菇等蔬菜。更难能可贵的是，我们能够识别每一个物种——

---

[1] 1487 年～1564 年，意大利画家、建筑师，师从拉斐尔。

图 4.14　归于乔瓦尼·达·乌迪内，植物花彩，细节，约 1517 年。
普赛克廊，法内仙纳庄园，罗马

图 4.15　归于乔瓦尼·达·乌迪内，种类丰富的水果，细节，约 1517 年。
普赛克廊，法内仙纳庄园，罗马

图 4.16　归于乔瓦尼·达·乌迪内，葫芦、葡萄、啤酒花藤，其他水果和蔬菜，细节，约 1517 年。
普赛克廊，法内仙纳庄园，罗马

图 4.17　归于乔瓦尼·达·乌迪内，色情水果，约 1517 年。
普赛克廊，法内仙纳庄园，罗马

图 4.18　归于乔瓦尼·达·乌迪内，玉米，细节，约 1517 年。
普赛克廊，法内仙纳庄园，罗马

换句话说，乔瓦尼及其同事的科学绘画是当时最复杂和最时新的，即使天花板上的许多个别内容可能微不足道。事实证明，这种时新极为彻底——从新大陆的几个物种在场就可以看出，这里包括多种类型的南瓜或葫芦，四季豆（*Phaseolus vulgaris*），还有对西半球居民来说最令人吃惊的玉米棒（*Zea mays*）（图 4.18）。从哥伦布第一次航行的日期算起，仅仅过了二十多年，这些食物就体现在绘画作品中，看来美食的消息传播得相当快。[100]

因此，拉斐尔团队展示的丘比特和普赛克的故事，包括了通过饮用使人长生不老的花蜜及通过庆祝宴会来欢迎进入天堂的习俗，但此外还有更多的东西。在这个环境中，幸运客人的经历部分发生在神话

（阿普列乌斯）领域，部分发生在象征性（爱神把灵魂带到天堂）领域，部分发生在现实中，即晚餐。这种组合并非没有先例。不过，更引人注目的是介于天堂和晚餐之间的另一个层次——即画家们笔下超现实的、来自自然的丰富食材。这是丰富性的又一次呈现，表明用餐的行为和材料属于早期现代文化的某些特权阶层，仿佛大自然的馈赠是无穷无尽的，人类通过美食将这种馈赠转化为快乐的能力是无限的，从而有可能在用餐的集体行为中压制关于晚餐的争论。

6

当然，世间不可能存在这种没有争论的乌托邦。从阿特纳奥斯的餐桌到贡扎加家族的餐桌，所有这些关于丰富性的讨论都不应被看作没有其他类型的食物故事可讲的迹象：也就是关于匮乏的故事。因为这本书探讨的是吃与喝如何渗透到欧洲高雅文化想象意识之中，而不是食物和营养，所以必然缺少一本可以与丰收的历史放在一起的饥饿的历史。我几乎无须再度强调，只有极少数人可以与学识渊博的诡辩家一起享用奢侈的菜肴，或在天花板画下参加盛大的宴会。即使是那些可以阅读拉伯雷或伊拉斯谟的少数人，也不可能参加高康大式的饕餮盛宴或《对话录》中田园诗式的聚餐。这涉及了一个更广泛的问题——对过去的研究被困在精英们自娱自乐的那些文化表达中[101]——如果这个问题在食物的主题中显得特别突出，那可能是因为对我们来说，更容易思考的是没有饭吃，而非没有史诗或大理石雕塑。简而言之，关于晚餐最可怕的争论是食物是否足够。

并不是说在食物和营养的领域，没有关于高雅艺术和匮乏之间关系的历史可以叙述。一直以来，值得注意的是，早期现代欧洲瘟疫和饥荒造成的两段最严峻的苦难时期，恰好是文学生产力最辉煌的两个时代。14 世纪的意大利，但丁、彼特拉克和薄伽丘经历了黑死病的时代；15

世纪 80 年代末的英国，莎士比亚和斯宾塞在事业的开端也见证了粮食供应的严格限制。[102] 揣测这些现象之间的因果关系是没有用的。然而，值得注意的是，这些物质生活的障碍为高雅艺术提供了伟大题材。例如，在《十日谈》中，薄伽丘以可怕的现实主义手法描述了佛罗伦萨的瘟疫，并以此为契机创造了一个幸福的天堂，重点是逃避现实性质的故事讲述，虽然没有多加强调，但故事中也存在精美的餐饮。[103] 薄伽丘将匮乏和苦难的问题摆上台面，不过读者却无须担心匮乏和苦难。读者当然无须担心，但《十日谈》描述灾难的方式如此优雅，故事的体验最终可能会像接种疫苗一样，通过一种替代性暴露来提供保护。

在中世纪和早期现代，对匮乏与丰富之间的紧张关系，还有一种略微不同的艺术表达方式，就是安乐乡（Cocaigne）现象。[104] 中世纪晚期，特别是在北欧，存在一系列关于特殊的完美世界的文化幻想，在那里，所有的物质需求都能轻而易举地得到满足。这个完美世界也被称为 Cuccagna、Luilekkerland、Lubberland 或 Schlaraffenland，这种概念中特别引人注目的是，相关的身体满足绝大部分都与食物有关。居民们可能在打瞌睡或做爱，但呈现在他们面前的绝大多数快乐都是以食物的形式出现的，而且强调的不是食物的美感，也不是食物的风味，而是可以获得食物的便利：

> 凳子和椅子，我不扯谎，
> 都是上好的肉馅饼。
> 头顶上的所有阁楼，
> 都是精致的姜饼。
> 木椽子是烤鳗鱼，这还没完，
> 屋顶上铺着好多果馅饼。
> 还有个奇观让人一直高兴，
> 兔子和野兔在身边跳个不停。[105]

媲美；这肯定是真的，因为我们在他们的房子里发现的人骨被啃得很干净，除了有的部分太硬吃不了之外，上面没有留下任何肉。"（136）

所有这些意味着，食物，无论是迫切需要的、出奇美味的、令人不快的，抑或视为禁忌的，在新大陆计划中都是与财富、皈依或征服同样重要的因素。毕竟，香料是最初的主要吸引力之一：它们的确是哥伦布想要相信并让别人相信他抵达了印度的原因。[108] 在航海家和原住民之间极不稳定的关系中，食物成为争夺和 / 或交换的核心对象。友好的土著人准备了欧洲人可以接受的根茎类蔬菜（它们"吃着像栗子"[78]）或"并非由葡萄酿造的"酒（213）；不友好的土著人可能拒绝帮助他们寻找食物，就像拒绝透露贵重金属的位置一样。西班牙人显示出一些适应的迹象，他们或向当地人学习，或至少发展出一种能力，可以更好地从陌生的食物中得到滋养。不足为奇的是，这种适应转变成了一种控制策略。有一次，当欧洲人饱受饥饿之苦，并与一个土著部落发生激烈的战斗时，西班牙船只上的大炮开火迫使土著人放弃了他们的房子，于是

> 基督徒进入其中，掠夺并摧毁了一切。他们明白了印第安人制作面包的方法后，就抓起他们的面团开始揉捏，从而为自己提供所需的食物。（196）

从掠夺到揉捏：从当地人那里获得的烹饪技能变成了和火药一样甚至比火药更重要的强大的统治武器。

哥伦布航行时期的这些文献都谈到了一个探索的时刻：小部分人乘坐少量船只向西旅行，混杂着获取、征服和传教等等动机，但他们的参照物仍然是欧洲。一个世纪后，尽管这些最初的目的仍然重要，但殖民时代到来了。[109] 男人，现在还有女人，向西旅行并计划要永远留在新大陆。生计以及随之而来的衡量匮乏与富足的问题，都显得越来

越重要。简而言之，食物本身从反复出现的主题变成了统治上的痴迷。

毫不意外，在困难时期这种对食物问题的参与程度最高——在困难被记录下来的时候尤其如此。从哥伦布和他的小集团开始，那些推动新大陆探险的人强调的是积极的一面，但在某些情况下，当地的情况和国内的政治形势会使报告更加详细和现实。在这些情况下，食物问题的所有方面都会占据中心位置。

英国人的经验集中在有相应危险和要求的殖民上。[110] 一份记录1609 年英国远征队启程前往弗吉尼亚的著名文献记载着这样的情况。[111] 殖民计划显露的野心与面临的灾难在这一记录中得到全部体现。两年前，伦敦弗吉尼亚公司的投资者通过建立詹姆斯敦殖民地，成功地实现了他们的商业投机，但该殖民地从一开始就非常脆弱，在内有身处陌生之地及原住民方面的困难，在外是因为前来定居的人并不都具备殖民地所需的职业技能。（因此，几年后，约翰·史密斯[1][John Smith] 船长给他在伦敦的投资者们发回一封语气暴躁的信，后者正计划运送更多的定居者。"我恳请你们只派 30 名木匠、农夫、园丁、渔夫、铁匠、泥瓦匠和挖树根的人，让他们都配备齐全；可别运来一千个像我们现在一样的人。"）[112] 1609 年的航行是加强詹姆斯敦殖民地的第三次也是最雄心勃勃的尝试，包括了七艘船和海军上将乔治·萨默斯爵士（Sir George Somers）以及新任殖民地总督托马斯·盖茨爵士（Sir Thomas Gates）等人士。所有头头脑脑似乎都被安置在首舰"海洋冒险号"（*sea venture*）上（商业语言从未远离这一事业），这艘船在横渡大西洋的最后阶段被飓风吹离了航线。

海军上将设法将船停靠在百慕大群岛。船队的其余船只到达詹姆斯敦，但包括整个精英阶层在内的大约 150 人流落到一个岛屿，这个

---

[1] 1580 年～1631 年 6 月 21 日，早期英国殖民者，在弗吉尼亚建立了第一个永久英国殖民地詹姆斯敦。

岛屿的居住环境似乎比詹姆斯敦殖民者经历的还要险恶。这些精英中，有一个叫威廉·斯特拉奇[1]（William Strachey）的人，他是英国早期现代社会的一个典型人物：出身介于乡绅和贵族之间的社会阶层，雄心勃勃，涉足国际投机冒险（此前他曾随使团赴君士坦丁堡），但根本上缺乏明确的社会地位或经济保障。113 正是斯特拉奇关于海上冒险号遭遇灾难、在百慕大停留十个月和最终抵达詹姆斯敦的报告为我们提供了一幅在这些巨大压力下的详细而生动的生活图景。

斯特拉奇讲述的故事114——对他经历的叙述以及他想传递的修辞信息——全部与食物有关，而且在匮乏和富足之间不断摇摆。沉船事件给他们的供应带来了灾难：他们扔掉了啤酒、油、苹果酒、葡萄酒和醋，而船体进水使得他们无法生火做饭。此外，他们登陆的岛屿因其不适宜居住和被恶魔占据而出名。后来他们发现其实是通往百慕大群岛的过程催生了这些故事；到了岛上之后，他们发现这些岛屿空间开阔，适宜居住。在很短的时间内，他们播下了麝香瓜、豌豆、洋葱、萝卜、莴苣和"许多英国种子"（23），这些种子在十天内发芽，从中可以看出，来自西方岛屿的其他作物，如葡萄、柠檬、橙子和产糖作物也会茁壮成长。他们还发现了美味的本地水果（浆果、椰子、醋栗、野棕榈）以及种类繁多的鱼类，包括鲑鱼、鲣鱼、黄貂鱼、嗣鱼、沙丁鱼、鳗鱼、七鳃鳗和鲻鱼；同样丰富的禽类，如麻雀、知更鸟、麻鹬、沙锥、乌鸦和鹰。还有一些不太熟悉的物种，但也相当美味，如刺梨、野猪、一种类似鸻的蹼足鸟，像鹌鹑一样肥美可口，甚至还有乌龟，很难界定它到底是鱼类还是肉类，但在餐桌上一只龟会比三只猪更受欢迎。

但所有这些成功的根基都摇摇欲坠。最终，住在百慕大岛上的人和大陆上的殖民者团聚了，詹姆斯敦却陷入了水深火热。每年这个时

---

[1] 1572 年 4 月 4 日～ 1621 年 6 月 21 日，英国作家，其作品是英国在北美早期殖民地历史的重要来源之一。

候，种子才刚刚种下；溪流中没有鱼，森林中没有野味，自己也在遭罪的当地人——在百慕大没有这样的群体——不添乱就算是好的了。除此之外，咸水河道——在百慕大也没有这种情况——正在广泛传播疾病。斯特拉奇的报告中写出了这种绝望，但同时他也反映了一种统治意识形态，即如果能够建立殖民地，探索性的投机事业一定有望产生无限的回报。关于晚餐的争论变成了一种自相矛盾：在叙述近乎饥荒的情况的时候，他还宣称弗吉尼亚没有理由不像英国那样肥沃，因为那里有"大片的"玉米地和"成千上万的漂亮葡萄藤"。他接着说，"不要让这片土地贫穷的谣言"打消任何人对"拥有许许多多的富足和增长，比天底下任何地方都拥有美好希望，更接近太阳"的土地的期待（69）。

尽管斯特拉奇的经历和他的报告很吸引人，但如果不是因为一位特殊的读者，它们几乎不可能像现在这样吸引全世界的注意。事实证明，斯特拉奇在英格兰时过着完全不同的生活。就在他去弗吉尼亚创业之前，他是伦敦文坛特别是戏剧界积极的参与者；他是多恩（Donne）和琼森的朋友，也是黑修士剧场的股东。正是因为他存在于这个环境之中，在某种程度上成了大多数学者认定莎士比亚熟悉信中记录的事件的佐证，尽管它在《暴风雨》创作之前似乎没有以任何形式发表过。[115] 事实上，莎士比亚的浪漫故事使我们看到，一位天才会用斯特拉奇信中关于旧世界和新世界、匮乏和丰饶的所有消息创造出什么。

那么，从食物角度来解读《暴风雨》吧。一位公爵和他的女儿被逐出米兰，乘上了一艘漏水的船，如果不是有人为他们秘密地提供食物和水，两个人早就死在船上了；他们来到一个岛上，在那里得到了一位土著的帮助，找到了可以食用的东西；他们还——但也许只是开始的时候——给了那个土著一些自己的美味。另一群人在同一个岛上遭遇海难，其中的上层人士在绝望的饥饿状态下四处游荡，随着一场奢华宴会的出现和消失，他们被戏弄于股掌。下层成员中的其中一人靠着一个被丢弃的酒桶逃了出来，他们设法从船上弄走了一批酒，随着剧情的发展，他们越喝越醉。后者与前述的土著人相遇，土著人在此改变了他的效忠对象，向他们承诺提供岛上最好的美食，妄想着可以获得不必再做炊事勤务的新自由。在一次单独的行动中，公爵出于私人原因把一个与其他人走散的贵族成员关了起来，并对其进行惩罚，给他吃了不能吃的东西。然而，所有事都以愉快的方式收尾，并以庆祝自然界富饶的盛会作结。最终相认的快乐场景则被指出会在某种类似于婚宴的地方。

　　这些只是梗概，但在该剧的情节中，新大陆会遭遇的困难通过吃与喝的问题得到了密集的阐述。并不奇怪，卡列班，这位出众的土著人位列于一系列问题的首位。首先，在莎士比亚对殖民经历的改编中，卡列班是本地的信息提供者和岛上的食物供应者，是流离失所、迫切需要吃喝的欧洲人的营养来源：

> 你刚来的时候，
> 抚拍我，待我好，给我
> 有浆果的水喝，教给我
> 白天亮着的大光叫什么名字，晚上亮着的小光叫什么名字：
> 因此我以为你是个好人，把这岛上一切的富源都告诉了你，
> 什么地方是清泉盐井，什么地方是荒地和肥田。
> 我真该死让你知道这一切！[1]（1.2.332-339）[116]

在这个社会契约中，相互提供食物的姿态描述了一种关系，一方面，原始状态具有生产食物的潜力，但却没有任何实现这种生产的体系，另一方面，一整套文明的机制可以把自然变成营养，例如把淡水用于

---

[1]　本书中《暴风雨》，译文均来源于莎士比亚著、朱生豪译、何其莘校《暴风雨（莎士比亚戏剧·中文版）》，译林出版社 2018 年版。

饮用，盐水用于保存，开发土地种植作物，把食材变成菜肴。

过去的场景在十二年后（只有一幕）重现，但有一点不同，卡列班在狂热轻率的服从中，提出要给酗酒的管家斯蒂番诺提供食物：

> 我要指点您最好的泉水，我要给您摘浆果，
>
> 我要给您捉鱼，给您打很多的柴。……
>
> 请您让我带您到长着野苹果的地方；
>
> 我要用我的长指爪给您掘出落花生来，
>
> 把樫鸟的窝指点给您看，教给您怎样
>
> 捕捉伶俐的小猢狲，我要
>
> 采成束的榛果献给您；我还要
>
> 从岩石上为您捉下海鸥的雏鸟。（2.2.152-153，161-166）

这又是一次匮乏与富足之间的摇摆：斯蒂番诺（估计）正在挨饿；卡列班（某种程度上）为他提供了一场美食盛宴。自普洛斯帕罗到达后，获取食物变得更加复杂，但卡列班提出的菜单却是含糊不清的。这些美食是为伪皇族斯蒂番诺想象中的美食家品味而设计的——这当然是卡列班希望传达的印象，或者这代表的是他作为野蛮人对高级美食的看法？毕竟，落花生一般是动物的饲料；樫鸟因其羽毛而不是肉闻名；至于那些敏捷的小猢狲，王公贵族甚至假冒王公贵族的欧洲人对于食用它们都会有相当强的禁忌。[117]

小丑般的皇族将向卡列班回报以更为复杂的食品。欧洲和新大陆交锋中最棘手的一个方面就是酒类饮料。[118] 土著人有烟草和玉米制成的烈酒，以及各种可饮用的东西，观察者们用"wine"（葡萄酒）和"beer"（啤酒）这样不确切的术语来表示。与此同时，欧洲人急切地寻找种植葡萄的地点（即使是北欧人，他们的家乡几乎没有葡萄栽培），他们带来了大量的葡萄酒；还开始自行生产谷物饮料。在类似斯

特拉奇的叙述中，这些本土或移栽的物质，往往都是将贵族与欧洲下层人或土著人区分开来的阶级标志。

因此，《暴风雨》中关于酒的整条线索都值得关注，在第一幕安东尼奥就不公正地指责水手都是酒鬼，到结尾，胆小的塞巴斯蒂安在与他的管家斯蒂番诺奇迹般重逢时唯一感兴趣的事是："他从哪儿弄来的酒呢？"（5.1.278）在《暴风雨》及其参考文献的环境中，酒是一种危险的魔法，尤其是对那些社会地位不足以拥有权力掌握它的人来说，不管他们是新大陆的土著还是旧世界的仆人。被扔到海里的那桶酒正如斯蒂番诺想象的那样救了他的命，启发他用树皮削出一个瓶子（毕竟他是一个管家，负责装瓶而不是喝酒）。另一方面，同样的酒，不是由一个，而是由三个不相称的角色肆意饮用，在一系列不仅不合法而且注定要失败的事件中产生了能够推翻权力等级的幻想。这个特殊的阴谋在醉意中溶解，并在泥潭中迷失了自我——这是一种反向的奇迹，在这个过程中，酒被变成（并洒进了）水。简而言之，麦克白的门房关于酒与淫欲的看法，同样适用于《暴风雨》中酒对革命的影响：酒"挑起你的春情，可又不让你真的干起来"[119]。并不是说它没有残留一些魔力，特别是对卡列班，他受酒精影响时远没有他的同谋者那么滑稽。当斯蒂番诺强迫卡列班张开嘴，对他说，"猫，这是会叫你说话的好东西"，他触及了醉酒的一个相当神秘的后果。但在这里，在普洛斯帕罗的统治下实行的卡列班的语言殖民形式——"那时你这野鬼连自己说的是什么也不懂，只会像一个最野蛮的东西一样咕噜咕噜；我教你怎样用说话来表达你的意思"（1.2.357-360）——被证明比瓶中的液体更适合野蛮人的生活状态。

在这个特殊的饮食空间里，过于强大而无所顾忌的"大象"[1]当然是卡列班的名字。在欧洲人心目中，野蛮人和食人族之间的关联在很

---

［1］ 房间里的大象指的是显而易见但总被忽略的问题。

多文献中出现过，包括在斯特拉奇的信中。我们并不需要斯特拉奇来证明这个问题也在莎士比亚心中，因为众所周知他仔细借鉴了蒙田的《论食人部落》（"Des cannibales"）[120]，但卡列班是食人族吗？正如我们所看到的，他是剧中很多美食的汇聚之处，但他给普洛斯帕罗或斯蒂番诺提供的东西都不像人肉。另一方面，正如我们所见，野蛮人是典型的食人族，而卡列班就是一个野蛮人。他本身也是一种怪物，而当他和屈林鸠罗在一起时，又是另一种怪物。怪物，尤其是像弥诺陶洛斯[1]这样的复合怪物，通常会吃人。当屈林鸠罗瞥见斗篷下的尸体并注意到它有多么难闻时，卡列班已经被唤为半人半鱼的怪物；剧中唯一直接提到人被吃掉的是阿朗索对斐迪南的哀叹："那不勒斯和米兰的储君，你葬身在哪一条鱼腹中呢？"毕竟这里要是真的有一条吃人的怪鱼，我们也知道该去哪里找。

　　这种含糊不清的捉迷藏式的游戏让我们回到了食物与文学传统相交的方式。在美食学和新大陆的探索中，食人是他者的起点，是不敢说出自己名字的食物，尽管它的名字在莎士比亚的资料中被广泛提及（甚至在标题中）。作为回应，他以这种最有名的美食究竟在不在餐桌上的问题来玩弄我们的文学意识。剧终时，在对卡列班这个人物迷恋了四百年之后，我们可能会变得对这个游戏麻木不仁，但在最初时并非如此，那时我们对新大陆或其居民的情况知之甚少或一无所知。我们被引导着穿过第一幕第二场的长篇大论，其中大量的论述是不得不一目十行地读读就好的（你可能还记得，米兰达在她父亲的朗诵中打了个盹）。普洛斯帕罗的历史已经叙述完毕；爱丽儿出现了，他的故事也讲完了，是时候谈谈普洛斯帕罗的另一个仆人了。卡列班这个名字在他从山洞里出来之前被提及四次，足够让它可能的变体（食人族）进入我们的意识。普洛斯帕罗相当粗暴地召唤他，当我们第一次看到

---

[1] 希腊神话中著名的半人半牛怪物。

他时，他报之以同样愤怒的回答：

> "但愿我老娘用乌鸦毛从不洁的沼泽上刮下来的毒露一齐倒在你们两人身上！但愿一阵西南的恶风把你们吹得浑身青紫！"
> （1.2.323-326）

在普洛斯帕罗做出回应后，卡列班开口说话了，"我必须吃饭"。就前言后语而言，这话完全是不合逻辑的。在剧中的那一刻——如果我们可以从已知的关于卡列班的一切中回过神来，只关注这个人物的怪异、他的愤怒和他的名字——我们就会陷入一种惊心动魄的不确定性中：他的晚餐到底是什么，或者说，是**谁**。

如果说莎士比亚既在呈现经验，又在捉弄我们从以前这种呈现经验的方式中得到的期望，那么这个游戏并不限于卡列班。目前我们已经看过人们谈论食物的不同场合，但在剧中一个关键时刻，进食成为了舞台的中心。船只失事的意大利贵族和他们的随从最初出现在第二幕漫长的第一场中，他们在那里心思各异，表现出悲伤、无聊、愤怒，以及一系列在爱丽儿的干预下被阻止的杀人意图，这本身就靠的是普洛斯帕罗的全知魔法。当我们在四场戏之后再次看到他们时，重点变成了饥饿和疲劳；显然，他们一直在岛上徒劳地跋涉，这群人中两位年长者，阿朗索和贡札罗，已经准备放弃了。在这个时候，

> "若干奇形怪状的精灵抬了一桌酒席进来；他们围着它跳舞，且做出各种表示敬礼的姿势，邀请国王等人就餐后，就离开了。"
> （3.2.s.d.）

这只是该剧中心转折点的第一阶段，所有的戏剧画面都集中在这个宴会上。不过，在魔法变得更加壮观之前，幽灵的作用是确定该剧与新

大陆文学中熟悉的传统主题的复杂关系。

在看到这个超自然的表演后，塞巴斯蒂安和安东尼奥，这两个以前对所有主题都表现出愤世嫉俗的怀疑论者，现在突然说自己完全相信旅行者从遥远的地方带回来的每一个牵强的故事。用塞巴斯蒂安的话说：

> 现在我才相信世上有独角兽，阿拉伯有凤凰所栖的树，上面有一只凤凰至今活着。（3.3.21-24）

安东尼奥急切地表示同意，甚至更进一步，说："要是此外还有什么难以置信的东西，都来告诉我好了，我一定会发誓说那是真的。旅行的人决不会说谎话，足不出户的傻瓜才嗤笑他们。"（3.3.25-27）

但莎士比亚马上就要给文学自我意识的游戏升级，从斯特拉奇的信这样的文献升级到更宏大的历史与范围的作品。在一场短暂的讨论之后，国王被贡札罗说服，以克服因为迷信导致的犹豫不决（我们关于晚餐最后的辩论），他们都准备去填饱肚子，但是这被证明是不可能的：

> "雷电。爱丽儿化成怪鸟上，以翼击桌，筵席顿时消失——用一种特别的机关装置。"（3.3.s.d.）

莎士比亚在这里重演的是一些比当代海难小册子更有文化分量的东西。在维吉尔的英雄们从特洛伊到意大利的旅程中，发生在斯特罗法德（Strophades）岛的事情成为一个关键的转折点。[121] 饥肠辘辘的勇士们设法找到了一个宿营地，在这里有成群的牛，似乎可以自由取用。当埃涅阿斯和他的部下准备享用这些美味时，一群可怕的鸟身女妖来到宴会上，把宴会弄得乱七八糟；维吉尔对这里的具体细节有些羞于启齿，但他提到的恶臭表明发生了一些非常不愉快的事情。妖怪们告诉他们，这里不是他们能休息和取食的地方，他们必须到意大利去。但是，他们被告知，即使在那里，他们也会被饥饿困扰——以至于他们不得不吃掉放食物的桌子。四卷之后，他们到达意大利时已经饥肠辘辘，就摘了一些当地的水果——维吉尔告诉我们，这是女神塞瑞斯的果子——放在他们带来的粗麦饼上。他们饿得要命，在吃完水果后又吃起了麦饼。这时，他们意识到预言已经应验；一种旅行文学的模式由此建立了起来：推迟和目的地都由吃饭决定。

事实上，评论家们早就认识到《暴风雨》是建立在维吉尔的丰富地基之上的。我特别感兴趣的是《埃涅阿斯纪》的材料和新大陆素材之间，尤其是在食物这个主题上的惊人交集。从斯特拉奇本人开始，他在报告他们为寻找更好的捕鱼场所而决定离开詹姆斯敦后，得意扬扬地宣布：

> 最后，在经过漫长而疲惫的寻找之后（他们的驳船仍在沿岸航行，正如维吉尔所写的埃涅阿斯所做的那样，抵达了意大利台伯河畔的拉丁姆地区）［他们到达了］……这条美丽的帕斯帕赫河，我们称之为国王河。（78）

无论是不是斯特拉奇的功劳，莎士比亚在归家故事中瞥见了饥饿——吃饱、没吃饱或晚些吃饱——所具有的力量。被拒绝的宴会成为一种神之显现的场合，此时意大利贵族们第一次必须面对他们的罪——“你们三个是有罪的人”，爱丽儿按照主人的剧本说，同样重要的是，普洛斯帕罗知晓他们的罪；没有这一冲突，他们就无法经历任何形式的归家，不能经历塞瑞斯的祝福，或是类似于吃桌子的任何行为。在这段可怕的情节中，那张空桌子——象征如今已经没有食物的宴会——一直在舞台上。

事实上，在这个著名的一日行动中——这几乎是莎士比亚对亚里士多德时间一致性的独特应对[122]——在所有关于食物的讨论中，我们不清楚有没有谁真正吃了东西（虽然有几个人物确实喝醉了）。就一部讲述海上荒岛生活可能性的戏剧来说，无论这荒岛是斯特拉奇的还是莎士比亚的百慕大，所有的迹象都指向了稀缺。

或者说，如果不是因为一项普洛斯帕罗谦虚地称为"我的法术"的规则（4.1.41），所有的迹象就都会指向稀缺。在必须以费迪南德和米兰达相结合而告终的爱情故事的套路中，被召唤来参加婚礼假面舞会的异教神灵主要关心的是（如普洛斯帕罗在庆典开始前用自己声音大声表明的那样）婚前不能有性行为；女神们证明反复无常的维纳斯正忙于其他事，从而向所有人确保了这一点无须担心。其实这里主要颂扬的不是爱情或贞操，而是大自然的恩赐，更确切地说，是可食用的自然。埃利斯用"小麦、大麦、黑麦、燕麦、野豆、豌豆"的咒语召唤出塞瑞斯，塞瑞斯自己也用庆祝丰收的语句说出了我们听到的最后一句话（普洛斯帕罗回忆起卡列班的阴谋时把它打断）：

> 田多落穗，积谷盈仓，
> 葡萄成簇，摘果满筐；
> 秋去春来，如心所欲，
> 塞瑞斯为你们祝福！（4.1.110-117）

这与费迪南德和米兰达的关系充其量只是一闪而过的附带一提，但与新大陆的一整套文化焦虑的关系则是明确无误的，因为新大陆处于无限丰饶的伊甸幻想和饥饿的现实前景之间。这一章讲述的故事，如此专注于富足和快乐，总是与匮乏、瘟疫和饥荒的现实相对应；现实，以及西方新大陆土地的情况，提供了最不可避免的晚餐争论。莎士比亚引人注目地对这种对立进行了最新解读，他意识到在自己的时代，关于匮乏的伟大戏剧讲述的是欧洲人如何在彼岸扩张帝国、寻找食物。所以，他以无限丰饶的庆典结束了这部讲述了饥饿的剧作。

第五章

模仿、隐喻和具身化

在第一章中，我们援引了《未清扫的地板》来赞美食物兼具阳春白雪和下里巴人的特质，它既包含了创作艺术（或晚餐）的平凡材料，**也**包括了创作（或进食）完成后可能出现的精湛细腻的加工。我还引用了看似任意设计的马赛克，作为本书方法的模型，读者会注意到，本书有时会采取一种曲折或联想的路线。现在，在最后一章的开篇，我摆出唤起不同联想的马赛克，作为**真实**的化身。

我们现在知道，食物有办法被指定为事物本身，但这一事物可以很容易地变成某种矛盾，或者变得透明，让饥饿的眼睛通过它窥见其他东西，那些也许具有更重大的意义但本身没有能力满足饥饿感的东西。柏拉图的酒会禁止饮酒；布歇的葡萄不仅仅是葡萄（或者至少不是葡萄本身）；阿尔伯蒂的晚餐聚会是用耶稣生活进行场景创造的入门指导；康德的**口味**试图回避与任何进入嘴巴里的东西产生联系。简而言之，吃与喝似乎经常通过对吃与喝的否定或升华来进入高雅文化。我们可以说，即使是《未清扫的地板》也在传达一些明显的非饮食信息，比如主人的财富、智慧和慷慨等。不过，比起我们考虑的大多数消耗品，它的现象学角度，也就是它的物性（*thingness*），在任何观众试图将其转化为意义之前就早早出现于画面的前景了。

本章要探讨的正是事物和意义的问题。可以肯定的是，本书的大部分内容都致力于控制美食从本身漂移到饮食以外的意义上。因此，我们讨论的事情有：将吗哪转化为食品的劳作、将野猪当作开胃菜的戏仿、复活的耶稣对一块鱼的渴望、鱼酱令人不安的味道、伊拉斯谟或高康大在宴会上的菜单选择、以一种形式再现于法内仙纳庄园的天花板之上或以另一种形式再现于《未清扫的地板》的厨余垃圾之中的各种可食用物种……相比之下，从本质上讲，在这最后的一章中我们要考虑的是阐释学的两极。当然，没有纯粹的事物，也没有纯粹的意义——尤其是当主题是食物和饮料的时候——然而，如果我们把这两极并列搁置，我们可能会了解到任何一极都无法单独告诉我们的东西。

1

首先是真实。

我们从大量的考古发掘中得知，埃及人在他们最尊贵逝者的坟墓中放置了真正的食物；例如，在图坦卡蒙[1]（Tutankhamun）墓中出土的物资名册上就有 48 箱食用物资。[1] 水果、蔬菜、肉类和鱼类以及其他日常必需品与逝者一起下葬，这件事必须从字面上理解，或者说我们可以从字面上想象他们对死后生活的看法：死后会感到饥饿，因此需要吃饭。而且，这些食物中的一部分要经过特别精心的保存，仍从字面意义上理解，这一事实表明死后的旅行被认为是相当真实的，只是更漫长而已，或许比从开罗到底比斯的旅行还漫长。在漫长而艰辛的旅程结束时，没有人愿意吃已经变质的肉。

埃及人还在墓室的墙壁上绘制食物的图案，食物有时是日常生活场景的一部分，有时则仅仅是菜篮子里的东西而已，如门纳[2]

---

[1] 古埃及法老，埃及历史新王国时期第 18 王朝末期最后一位统治者，约公元前 1332 年至公元前 1323 年在位；其位于帝王谷的坟墓直到 1922 年才被英国人霍华德·卡特发现，从墓中发掘出的文物超过 5000 件。
[2] 古埃及官员，其墓葬装饰华丽，经考古研究后发现其拥有许多与神庙和宫殿管理有关的头衔。

（Menna）墓中描绘的鱼、禽、蛋等（图 5.1）。[2] 在这些坟墓里，真实的食物和绘画的食物之间有什么关系？与我们日常摄入的食物无异的真实食物可能在来世被食用，即使人们全心全意地将其作为一种信仰，也需要想象力的飞跃。那么一旦实现了这一飞跃，绘画中的食物是否同样可以滋养死者呢？

这类难以理解的问题是值得追问的，因为这些描绘是几千年来食物绘画的起源，而且它们开始勾勒一些相当根本的问题，这些问题也是本章关注的。如果我们想在更轻松的背景之下探讨埃及人为逝者准备或真实，或描绘的食物这一问题，可以把时间移到一千五百年之后，此时维特鲁威在对希腊人和罗马人的住宅建筑的讨论中给出了一个明显的启示。他的主题徘徊在建筑和建筑语言之间，详尽阐述了单为客人提供住所的住宅结构，换句话说，也就是让他们感觉宾至如归的建筑学方法：

> 更优雅、更富有的希腊人会为即将到来的客人配备有着充足食品储藏的餐厅和卧室，并在客人到来的第一天就邀请他们共进晚餐，随后会送来鸡、鸡蛋、蔬菜、水果和其他农产品。因此，画家们在画中临摹送给客人的东西，这种画叫"xenia"，即对客人表示殷勤款待的图画 [*Ideo pictores ea, quae mittebantur hospitibus, picturis imitantes xenia appellaverunt*]。[3]

在埃及，食物画被献给逝者；而在维特鲁威时代的希腊，它们被送给那些不过是离家远行的人。

维特鲁威这里的目的是描述住宅建筑的一个特点；在此过程中，他触及了这些空间内的待客之道，专门解释了原本神秘的术语"xenia"，回答了为什么一类画的名字来自于款待外宾这一概念的问题。[4] "xenia"一词包含了《荷马史诗》中所有关于宾客友谊和在外乡人

图 5.1 门纳墓，田地抄写员，维持死者来世的食物，

细节，新王国，第 18 王朝，约公元前 1400 年～公元前 1352 年。

奢赫阿布得艾尔库尔纳，底比斯，埃及

之间生活情况的回响，在这里，这些回响集中于食物之上（在《奥德赛》往来于岛屿的旅行情节中有所体现）。[5] 事实上，在古典时代晚期，"xenia"参与的交换圈甚至比维特鲁威在饥饿旅人的小故事里讲述的还要广。马提亚尔在《隽语》的一整卷中都以"xenia"一词作为标题。[6] 这些非常简短的文本的形式，本质上就是一张礼品卡，是为了配合呈现食物而设计的献词。这些诗句可能是为了赞美呈现的食物，可能是为了腼腆自谦，也可能只是转述在普林尼或阿特纳奥斯作品中可以找到的那种技术性信息。[7] 然而，在所有情况下，这一姿态都是纯粹诗意的。没有实际的礼物，只有献词，它以几行巧妙的诗句代替了鲟鱼、韭葱或费勒年酒等生产起来可能更麻烦的东西。同时，作为一个整体，马提亚尔"xenia"诗句努力超越它们以诗意呈现的食物的富足程度，尤其是通过精确地按照盛大宴会上菜的顺序进行排序，以便（给读者，如果不是给某个假定的主人）用诗歌来呈现一场完整的宴会。

这是维特鲁威描述的馈赠习俗的传统激发了马提亚尔的生花妙笔。"xenia"就是食物的绘画。正如我们从《建筑十书》（*De architectura*）中了解到的那样，这些图画是在一个替代的循环中操作的：访客到来时，首先邀请他们去吃饭，然后赠送实际的食物（以原状，不在餐桌上），除了这些实质性的款待姿态外，还存在一种视觉再现形式，以一种既提供图像又提供替代的形式纪念这些食物礼品，就像马提亚尔的《隽语》所做的那样。哪个是更慷慨的好客之举——一盘抱子甘蓝，一幅抱子甘蓝的绘画，还是一首关于抱子甘蓝的诗？——比这些更重要的是，"xenia"可以被理解为标志着食物图像和事物自身之间一种特殊形式的交换，实际上，这种交换唤起了，有时甚至是扬扬得意地唤起了对模仿过程本身的关注。当我们统计主人和客人之间传递的东西时——晚餐的邀请、成篮的新鲜食物、食物的图像——我们必须在熟悉的生（*raw*）与熟（*cooked*）的类别之外，再加上被再现的（*represented*）这个类别。

作为食物传递的第三种媒介，也是唯一能够跨越时间的媒介的证据，我们拥有几十幅典型的古典时代晚期小型绘画，它们描绘了各种食物。[8]这些画作中即使有，也很少有可能是使这一类型得名的真正的待客信物，但这种再现形式在绘画和马赛克中的传播使我们更清楚地看到，从地中海东部到北非，再到维苏威火山爆发后被掩埋的意大利城市，各种文化都希望以某种形式纪念以美食作为礼物的交换行为，甚至在交换食物的做法已被取代或不再流行时，也希望能以怀旧的姿态进行纪念。被围在方框内的、描绘肉和蔬菜的餐厅马赛克，或者覆盖了更广阔墙面空间的、以水果和鱼为主题的壁画，都可以像亲手传递礼物一样清楚地表示宾客之谊，甚至更为持久，尤其是在它们带有活态传统印记的时候。

由此产生的艺术作品，除了特别漂亮之外，在再现食物这一点上可以传达更多内容。这些体量可观的作品的一个显著特点是，可食用的物品被置于美食的语境里，而非自然的语境，换句话说，是在厨房中的劳动和餐桌旁的快乐之中。鱼不在海里游，而是堆在一起或悬挂在钩子上准备烹饪，水果更可能在碗里而不是在树上或灌木丛中。芦笋被捆成一束放在其他食物旁边，它与这些食物没有植物学上的联系而有烹饪上的关联。兔子、野猪和三文鱼与蔬菜或草本食材——分别是洋葱、蘑菇和鼠尾草——画在一起，它们将被一起烹调或摆上桌。画中的火烈鸟已经被捆紧腿和翅膀，准备烤制。研钵、碾槌或醒酒器等厨房工具在食品之间占据了重要位置（图 5.2—5.7）。别忘了同桌共餐的物质姿态，以及饭前厨房中的活动，这些都是"xenia"原初概念的基础。

这一类型另一个值得注意的特点是艺术家们极为关注如何实现逼真效果。在这方面，马赛克的技术和壁画的技术是完全不同的，但无论是哪种情况，艺术家们都完成了被后世称为照相写实或错视画（trompe l'oeil）的效果。[9]首先——这可能是最重要的一点——烹饪

图 5.2
　　预备烹饪的粉色火烈鸟，
突尼斯埃尔·杰姆一家卧躺
餐席的马赛克，2～3世纪。
巴尔多国家博物馆，突尼斯

图 5.3
绘有宴会上食物的款待图，
马赛克，2～3世纪。
烛台画廊，
比奥－克莱孟蒂诺博物馆，
梵蒂冈博物馆，梵蒂冈

图 5.4　有瓶子和高脚杯的款待图，
马赛克，2～3世纪。
巴尔多国家博物馆，突尼斯

图 5.5　有兔子的款待图，
马赛克，2～3世纪。
巴尔多国家博物馆，突尼斯

图 5.6　有鱼和鸭子的款待图，
马赛克，2～3世纪。
国家考古博物馆，那不勒斯

图 5.7　有野猪和蘑菇的款待图，
马赛克，4世纪初。
动物馆，比奥－克莱孟蒂诺博物馆，
梵蒂冈博物馆，梵蒂冈

图 5.8　鱼款待图，马赛克，4 世纪初。
动物馆，比奥 – 克莱孟蒂诺博物馆，
梵蒂冈博物馆，梵蒂冈

材料本身经常得到细致入微的观察。无论动植物，各个种类的特征都被准确地再现出来，这在绘画上应得的赞美丝毫不逊色于普林尼《自然史》的文字。成堆的鱼或者碗里的水果彼此之间并不完全相同，往往有细微的个体差别（图 5.8、5.9）。有些看起来像经过了理想的美化，而其他则有着逼真的瘀伤。果实优雅地排列在一个漂亮的器皿中，有些却掉了出来，漫不经心地搁在桌上。至于艺术技巧本身，除了努力确保科学准确性之外，在艺术风格上是最写实的，往往对透视、光影的效果给予完美的关注，甚至在需要费力地应用马赛克嵌块的地方，也有细微明显的自然花纹。在这段艺术史中，人的肖像看起来都差不多（至少对我们来说是这样），而对鱼的刻画却并非如此。

图 5.9　有水果碗的款待图，1 世纪，尤利娅·菲利克斯之屋，庞贝。
国家考古博物馆，那不勒斯

　　考虑到这种对真实的偏爱，"xenia" 在老菲洛斯特拉托斯[1]
（Philostratus the Elder）的《想象》（*Imagines*）中占有如此突出的地
位就不足为奇了，该书中有一系列对（可能是想象的）绘画的细致
而优美的描写。[10] 在这本集子中，"xenia" 具有特殊的地位，被放在
了两卷结尾部分。"xenia" 的照相写实处理与《想象》中艺格敷词[2]
（ekphrasis）的基本主题完全吻合，后者利用了绘画作品及其描绘的现

---

［1］　约190年～230年，罗马帝国时代的希腊雄辩家，同时代另有小菲洛斯特拉托斯，两人
　　　各著一部《想象》，内容都是对各种艺术作品的描述和诠释。
［2］　对艺术或手工艺品加以生动、戏剧性的语言描述。

实的绝对相似。还不仅仅是绝对相似：文本不仅描述了（对我们来说看不见的）图画，还提供了任何真实图画能力无法描述的现实，为这些做法以及后续许多类似的艺格敷词提供了前提。就"xenia"的情况而言，这些假设的现实主要是味觉上的，人造的视觉迅速将其转化为质地、味道和用餐的体验。在第一卷的结尾，无花果"刚刚裂开，蜜水涌出，有些熟透绽裂了"，苹果和梨的成熟不是来自画家用颜料描绘的外部，而是来自内在的自然过程，而葡萄则迸发出"美酒般的汁液"（1.31）。[11] 第二卷结尾处的"xenia"描绘了一组野味，这里重点在烹饪过程。野兔的内脏已经被去除，鸭子已经被拔毛，观众想到的是用什么调味品来烹调；这个场景令人想到的视野之外的未来——这是此类艺格敷词的另一个特征——存在于这顿饭可见内容之外的后半段，包括水果和甜点。如果说《未清扫的地板》是过去晚宴的人工残渣，那么这些艺格敷词就是对未来晚餐的文本幻想。

当然，有一个著名的古代故事，其中画里的食物至少对某个专门的消费群体而言不是对晚餐的幻想，而更像是事物本身。我们以前听过这个故事。巴赫西斯在画作的逼真性较量中击败了宙克西斯，因为宙克西斯只是欺骗了鸟儿，而巴赫西斯则骗到了宙克西斯。[12] 但是，如果我们给予第二名宙克西斯应有的待遇，并认真对待这样一个命题——一幅葡萄绘画为什么对人的眼睛能如此有说服力，乃至刺激人的食欲，情况会如何呢？毕竟，欺骗宙克西斯的窗帘是一个形而上学的诡计，让人想起《绿野仙踪》中所说的：不要注意幕后的东西，因为幕后没有东西。另一方面，葡萄的胜利是真实的，至少对鸟儿来说是如此；鸟儿无法理解复杂的模仿（或隐喻），它们相信食物绘画真的就是事物本身。当然，这是一个范畴错误[1]（类似于那个玷污普拉克西特列斯[2]

---

［1］ 是指将既有的属性归属到不可能应该拥有该属性的对象上，为语义学或存在论的错误。
［2］ 公元前4世纪最著名的阿提卡雕刻家，是雕刻真人大小的裸体女像的第一人。

［Praxiteles］的《阿佛洛狄忒》的愚昧之人的错误），[13] 但这不就是整个模仿狂想史的逻辑终点吗？食物，似乎又与真实有一种特殊的关系。事实上，我们可以说，正是视觉艺术家所实现的完美模仿，抵制了人们原本几乎压倒性的倾向——布歇、康德、阿尔伯蒂，以及前文提到的其他人——看着食物却想到了别的东西。

我们已经了解了古典时代晚期图像、文本、关于图像的文本的大量作品，它们都把食物的再现和再现本身联系在了一起，特别是包括了完美模仿的可能性（或幻想）——在饮食主题下，它承诺提供一幅可食用的绘画，无论这承诺如何像是空想。这种奇思妙想绝非仅限于古典时代晚期。从那些描绘食物的迷人希腊微型画逐步发展到早期现代盛行的静物画，很难说究竟受到了什么实际的影响（如果有的话），呈现这一整段历史也不是本书讨论的目的。[14] 但无论如何，从 17 世纪到 19 世纪，从低地国家到西班牙，从阿尔斯特（Aelst）到苏巴朗[1]（Zurbarán）等许多艺术家（更不用说或许是他们中最伟大的塞尚），关于作为**事物本身**的食物再现，所有的作品都有一些重要的东西要告诉我们。

我们称之为"静物"的这个事物本身是什么？最高法院大法官波特·斯图尔特（Potter Stewart）经常被引用的关于淫秽物的立场或许可以给我们一些启示，我无法定义它，"但我看到它就知道"[15]，这个说法似乎符合要求。不动或不说话的物体，荷兰语称之为"stilleven"，在英语中是"still life"；自然界中的、不再有生命的物体，法语中称之为"nature morte"。另外，查尔斯·斯特林（Charles Sterling）在处理这个问题时提出了一个特别有说服力的、甚至令人心醉神迷的定义：

> 一幅真正的静物画诞生于画家做出根本性决定的那一天：他选

---

［1］弗兰西斯科·德·苏巴朗（Francisco de Zurbarán），1598 年 11 月 7 日～1664 年 8 月 27 日，西班牙画家，以描绘修士、修女、殉道者的宗教绘画闻名，在静物画上造诣也很深。

择了一个主题，并将一组物体组织成视觉实体。无论艺术家在什么
时期或以什么媒介进行创作，都不会改变其深刻的艺术设计，那就
是在他们用这些物体及其组合带来的美感之前向我们施加诗情。[16]

斯特林的定义并没有描述这些画的内容。相反，他讲述了画中内容是
如何变成这样的，提醒我们它们是被故意安排的，而这种安排首先是
对某种美学规律的回应。这样的方法对我们这个时代来说可能有点过
于诗意和感伤，然而斯特林的定义确实指出了静物画的一些普遍特性：
它不完全对艺术家碰巧发现的可见世界的原本模样负责（我想补充说
明的是，它假装如此），而且它试图在没有画人的情况下激发观众的
情感。

　　如果我们比斯特林更注重字面意思，并试图通过实际再现的内容
来定义静物画，我们就有很多可能性可以选择。然而，食物在静物画
主题中是如此具有主导地位，以至于像斯特林这样没有提及食物的定
义反而会显得近乎反常。我通过网络从博物馆藏品目录表中随便收集
了一些数据：在阿姆斯特丹荷兰国立博物馆的大约 200 幅静物画中，
有 122 幅画了食物；在卢浮宫博物馆的 200 幅静物画中，有 75 幅描绘
了食物。[17]有时食物与鲜花、死亡象征或猎获之物（通常本身是可食
用的）的能指放在同一类别，但食物本身就是最常见的主题。

　　我们怎么看这个现象呢？换句话说，把食物塞进斯特林的定义所
启发的方法中，为什么食物在静物画家希望实现的"深刻的艺术设计"
里扮演着如此重要的角色，为什么在面对美的时候，这些瓜果和奶酪、
火腿和牡蛎会成为如此强大的"诗情"的承载者？简而言之，当我们
从食物角度解读静物画时，会看到什么？

　　我们可以先问一下，**除了**静物画之外，这些艺术家还可能在画什
么——比如，肖像画、历史画或宗教主题画。在大多数情况下，作为
绘画最终参照物的"真实"是观众无法触及的；绘画是这种真实的必

要替代品。而且，除了肖像画之外，我们可以说，有些"真实"是画家也同样无法触及的，画家在作画前不得不**想象**《逃往埃及途中的休息》或《勒班陀战役》（Battle of Lepanto）的场景。

然后，斯特林也提供了一个事实，即艺术家完全有能力虚构，或至少设计主题——其他类型的作品不是这样的，在这些作品中，历史资料、神学正统、景观特征或被画者的长相和要求都决定了创作的重要特色。当然，这两种情况是一体的。静物画家的主题对画家来说是容易处理的，因为在很大程度上，他们自己创造了这些主题。而观众也能理解，因为它们是由最普遍的人类经验中——餐桌上——的常见素材组成的。不过，把这两者放在一起，我们就会想到，画家的绝对自由，虽然可能适用于物体的布置（我们会看到它确实如此），但并不适用于物体本身，而这些物体恰恰是观众从自己的日常经验中可以判断其逼真程度的那种——这同样与《神圣家族》或《勒班陀战役》等画作不同。这种逼真性，我们可以称之为模仿的完美性，表现在几乎是静物画所特有的情况上：物体在画布上的大小往往与现实生活中的大小相同。[18]

如果我们对观看体验坚持看到什么说什么，这种部分符合逻辑、部分自相矛盾，混合着逼真与自由艺术选择的结果究竟是什么样子的？让我们考虑一下位于洛杉矶县艺术博物馆的克拉拉·彼得斯[1]（Clara Peeters）的作品，让我们在最狭义的（在我看来是最真实的）意义上，从食物角度解读它（图 5.10）[19]。画面最上面有用梳子一样的器具切开的黄油卷；它们软塌塌的形状精确地反映了 17 世纪制冷技术的极限。盛放黄油的乳白色浅碗被随意而非牢固地放置在一块外皮发黑、质地致密的、（有可能是）绵羊奶制作的陈年奶酪上面。后者又被适度地固定在一块半圆形的较新奶酪上，这可能是荷兰高达品种的

---

[1] 1607 年～1621 年，安特卫普的静态画女画家。

　　　　　饥饿的眼睛：吃喝以及罗马至文艺复兴时期的欧洲文化

奶酪。在高达奶酪的前面是第三种奶酪的一角，这种奶酪的颜色较深，因为添加了欧芹之类的东西。[20] 所有这三种奶酪显示出一种相似的刀工：被削掉的奶酪块形状不会特别美观。而且削奶酪的过程可能有点草率：有四五片微小的碎屑散落在最下面的闪亮的金属盘子上。我们也能看到完成这项工作的刀子，反射出一些闪光。一个在烤盘上烘烤的面包卷占据了部分前景，因为发酵和烘烤的缘故，烤盘上会变得很拥挤；在烤箱里的膨胀过程中，与其他面包卷接触的几个部位留下了明显的痕迹，这些地方都泛白了。

到目前为止，这一切在一个相当狭窄的饮食框架内都是有意义的：面包、黄油和奶酪。它的色度范围也很窄，但前景的其余部分情况有所变化。两组随意放置的樱桃带来了一抹色彩。明亮的色调表明，它们是荷兰人至今仍然很喜爱的那种酸樱桃，也就是莫利洛黑樱桃。[21] 在自然状态下，它们通常被用作馅料，但在画作中，它们的前面，我们看到了刚刚吃掉（估计是直接生吃）它们的惊人证据：一个完全被剥掉果肉的樱桃核仍然连在梗上。这表明了一种近乎高超的唇齿功夫（不妨找个时间试试）。在另一个金属大浅盘上，显示着画家最大胆的行为：与一组樱桃放在一起的是一个被从中间劈开的洋蓟，暴露出菜心、苞片、中心的紫色蓟以及绿色外叶的内部。大概是洋蓟另一半的一个狭窄部分被剪出了可食用的部分，直接放在了桌子上。那一小块洋蓟和樱桃的残骸之间存在某种同构关系；虽然一个是唯一可食用的部分，另一个是唯一不可食用的部分，但都需要付出一些努力才能将它们可食用的部分与不可食用的部分分开，这反过来证明了这样一个事实：所有这些食物都是为了食用而不是仅仅为了观赏，而且人类的手（而不仅仅是画家的手）一直在这里劳碌。

与画中的其他食物不同，洋蓟有些异国情调，这种蔬菜在画家创作这幅画不久前才从意大利来到法国。[22] 相应地，它以其细致区分的形状和色彩，唤起了艺术家最大胆的狂热表现。画面左侧的边框是另

图 5.10　克拉拉·彼得斯，
《奶酪、洋蓟和樱桃的静物》，
约 1625 年。
洛杉矶县艺术博物馆，加州

一项大胆尝试，更突出的不是食物而是餐具：一个圆柱底座状的盐瓶，上面的雕刻和设计都是古代风格，不同的金属材质产生着不同的光线反射。柱子的顶部有一堆海盐放着光，提醒我们在 17 世纪这还是一种珍贵的商品。[23]

彼得斯的作品是 17 世纪低地国家和其他国家一个繁荣发展的类型的代表。或者更准确地说，是一系列相关类型的代表。值得注意的是，首先，关于这些类型和具体作品在其中处于什么位置，在当时存在着热烈的讨论；其次，这些类型的特点就是以美食为主。[24] 我们讨论的这幅画被认为是一件"ontbijtje"，通常被译为"早餐画"，但更准确地说应该是"点心画"，这里指的不是吃的时间，而是指内容上有严格的限制。有的作品被称为"banketje"，即"宴会画"，在美学上与"ontbijtje"没有太大区别，但在餐饮内容方面选择更多。然而，当时还有一种"pronkstilleven"，即"华丽的静物画"，所展示的食物范围更广，再次表明这些作品的类别是由其饮食内容来定义的。

在这一类型的各种表达中，我选择细读的彼得斯的画作尤其以食物自身为中心。其他"点心画"——例如，收藏于柏林的彼得·克拉斯[1]（Pieter Claesz）的《静物：酒杯与银碗》（图 5.11）——让我们看到了一种关注餐具、几乎排除了食物的艺术技巧。这幅作品近乎刻意地尽可能不去刻画食物：一颗橄榄，尽管由于它形单影只，再加上极其丰富的绘画效果而有了史诗般的突出地位；一些坚果在阴影中渐渐消失；还有几个牡蛎壳，其中至少有一个似乎是空的。这些小小食物的规模衬托出玻璃高脚杯和银质餐具的磅礴气势。这些闪闪发光的物体上的光影显示出整个类型典型的高超水平。但特别值得注意的是，银质的浅杯（意大利语单词 *Tazza* 常被用来描述这种器皿）被打翻了。其实浅杯经常以这种姿态出现，可能是因为只有在这种角度下，艺术

---

[1]　约 1597 年～ 1660 年 1 月 1 日，荷兰黄金时代静物画家。

图 5.11　彼得·克拉斯，
《静物：酒杯与银碗》，1625 年。
柏林画廊，柏林国家博物馆，柏林

家才有机会描摹这种器皿上奇妙的意大利风格金属工艺。但这种姿态也预示着内容的缺失；事实上，放倒的浅杯在彼得·克拉斯这类展示有限的食品的作品中更为常见。[25]

　　这些画作中再现的物品几乎总是围绕着自然作品和艺术作品之间的辩证关系。两者都致力于餐桌上的乐趣，但这是一种对立的关系——或者说，如果这种绘画类型没有如此彻底地让它们的共同存在显得自然，它们就会显得对立。彼得斯的面包、奶酪和樱桃给我们留下了深刻印象，因为它们完全准确地唤起了我们熟悉经验中的物体；而克拉斯的浅杯和高脚杯可能会打动观众，因为它们在我们以前的经验之外，要是我们非常富有的话，也是在我们过去经验的极限中进行了夸大操作。这些再现行为一致的是，它们同时覆盖了艺术和自然这两个对立的领域，每一种都给了艺术家展示精湛技艺的机会；画家的艺术技巧指挥着这两个对立的领域。

这种精湛的技艺通过一系列的主题和变化表现出来。就餐桌摆设而言，亚麻桌布（在许多其他类型的绘画里也一样）的优良质地往往也可以用来炫技，画家会通过细致的绘画技巧展现其褶皱。另一个富足的标志——中国瓷器，也对艺术再现提出了特别的要求。[26] 我们已经看到了高脚杯，它被称为 "roemer"（在英语中，偶尔被称为 "rummer"）；还有与它关系非常紧密的 "berkemeyer"——后者的杯型是圆锥形而非球形；它们都是静物画的主要内容。就像这些绘画中的许多其他家庭用品一样，它们既标志着屋主的奢侈开支，也显示着艺术家的高超技巧。在大量的静物画中，它们几乎都长得一模一样：直立着，且装了约三分之一杯透明的液体——估计是白葡萄酒，也可能是水。现存于华盛顿哥伦比亚特区的威廉·克莱兹·海达[1]（Willem Claesz Heda）的《有馅饼的宴会一角》（图 5.12）中可以看到一个不常见的变体，其中有两个高脚杯，一个侧躺着，另一个打破了放在白镴盘上。在其他公式化的餐桌摆设中，还有装饰华丽的金属壶，估计是用来盛放热饮的（但应该不是咖啡或巧克力，因为这时它们还没有成为欧洲的主要食品）。有时，圆锥高脚杯被画成倒放在金属壶长长的壶嘴上（图 5.13）；这似乎是一个诙谐、优雅的变体，可能更多与绘画形状的构图有关，与用餐实践无关。

在食物方面，桃子和石榴、牡蛎和龙虾会经常出现，这并不奇怪：它们甘美多汁、适合绘画，而且对画家的技巧提出了高要求。但也有

---

[1]　1593/1594 年 12 月 14 日～约 1680/1682 年，荷兰黄金时代画家，擅长静物画，以开创了"丰盛早餐"（late breakfast）类型的静物画闻名。

图 5.12　威廉·克莱兹·海达，《有馅饼的宴会一角》，1635 年。
国家美术馆，华盛顿哥伦比亚特区

其他没那么常见的宴会菜式。在几位艺术家的作品中（图 5.13、5.14），水果馅饼或肉馅饼引人注目的再现方式几乎完全一样。在这么多近乎完美的闪亮物体中，这个被掰开的黑色圆形小丘里，大多数东西都难以辨认，其外壳有时像军事风格的城墙，给人一种非常不同的感觉。[27]（我想到了地狱入口。）到目前为止，画面中的食物往往会显示出最精心的人为干预；事实上，其中一些食物——我说的是真实而非画中

图 5.13 彼得·克拉斯，
《静物》，1625 年～ 1630 年。
芝加哥艺术博物馆，芝加哥

的食物——在当时属于哈勒姆[1]（Haarlem）等中心城市的专业面包师为富裕客户服务的特殊范围。[28]

　　在厨房和画室之间，也就是在厨师和艺术家之间，有一种更温和、更不同的干预方式，那就是让一件食物更频繁地出现。比如柑橘类水果，通常是柠檬，偶尔也有橙子，已经被削去了一部分果皮，估计是用刀削的（图 5.15、5.16）。去除的果皮在一半到四分之三之间，还没

──────────

[1] 荷兰自治市，北荷兰省的首府，位于阿姆斯特丹以西，在中世纪末期就是一座繁荣的城市，拥有大量纺织工厂、造船厂、啤酒厂。

图 5.14 威廉·克莱兹·海达，
《黑加仑馅饼》，1635 年。
美术博物馆，斯特拉斯堡

离开水果，通常是一个长长的螺旋形，优雅地下垂，常常延伸到柠檬所在的表面之外。任何曾经特意削过柠檬的人都知道，果皮包括两种物质：黄色的外皮，味道浓郁，在烹饪和蒸馏中都非常有用，内侧白瓤则没有味道，而且质地相当不讨人喜欢。如果只留下柠檬果实，这两者都必须舍弃，但要得到完美的柠檬和完美的柠檬外皮则很棘手，当然，两者不可能同时拥有，因为讨厌的白瓤就位于它们之间。即使在威廉姆斯·索诺玛[1]的时代，这套操作也是相当苛刻的。

---

[1] 美国家居企业。

图 5.15 乔治·海因茨，
静物，1680 年。
荷兰国立博物馆，阿姆斯特丹

图 5.16 彼得·德·林，
《有金杯的静物》，1640 年～ 1660 年。
荷兰国立博物馆，阿姆斯特丹

图 5.17 迈尔顿·布勒玛·德·斯德摩，
《松露馅饼》，1644 年。
美术博物馆，南特

这正是这些技艺超群的画家用他们笔下的柠檬讲述的故事。甚至更甚于此，是再现：更多的时候，这些柠檬本身就是在炫耀艺术技巧——黄色和白色；闪亮的一面和阴影；尤其是，蜿蜒如蛇的果皮从柠檬上被剥离出来时的华丽展现，有时不可思议地几乎要垂到画面之外。还有更巧妙的放置位置，与类似盘绕的刀鞘平行（图5.17），或者先是从悬挂水果的高脚杯（roemer）向上攀升，之后在高脚杯上的雕刻映衬下向下卷曲（图5.18）。

肉馅饼和剥了一半的柑橘放在一起看着令人胃口大开，艺术家在许多场合都会这样做（图5.19、5.20、5.17）。一个要展示外部，另一个要呈现内部；一个是披露的举动，另一个则是封闭的行为。然而，两者的共同点可能更重要：画家的艺术和厨师的艺术在这些地方都得到了炫耀性的表达。

这种超近距离的解读表明，这样的解读本身是可行的，因为这些作品把我们带到了类似于死抠字眼的层面上；因此，对这些画作的解读故意排除了除现象本身以外的几乎所有东西，把它们咬文嚼字地加以理解：食物的再现和食物相关用具的再现。[29]与"xenia"——我认为它成功地进行了模仿，同时也呼吁重视它的模仿过程——一样，这些17世纪的画作被设计成旨在产生一种双重快乐。像普林尼的鸟儿一样，我们任自己完全被食物的逼真说服——有如身临其境，还为之垂涎。然而，与鸟类不同的是我们并不咀嚼：我们并没有去食用画中的水果，因为第二种，独特的人类（甚至是人文主义）的快乐开始了，这种美学里，用颜料制作葡萄的技艺激发了某种愉悦，这种愉悦至少暂时超越了矩形画布和人类味蕾相分隔的边界。

我一直将这一经历作为一个关于细节的故事来叙述，但这里存在着更宏大的说服行为。查尔斯·斯特林说过，静物画家是掌控全局的人，其操作来源于一种"深刻的艺术设计"，换句话说，这些作品比其他任何作品都更能体现出艺术家的绝对意志，对环境现实的依赖最小。

图 5.18　威廉·卡尔夫，
《有银碗、玻璃杯和水果的静物》，
17 世纪下半叶。
国家博物馆，什未林

图 5.19　彼得·克拉斯，《有火鸡派的静物》，1627 年。
荷兰国立博物馆，阿姆斯特丹

图 5.20　扬·戴维茨·德·希姆，
《有水果、馅饼和高脚杯的丰盛静物》，1651 年。
施泰德艺术馆，法兰克福

这些荷兰静物画的矛盾之处[30]——它们的"真实效应"——就在于在很多情况下，它们的构图显得如此偶然，按照优雅的社会实践的正常标准，它们甚至是无序的。事实上，它们几乎从来不像真正的宴会布置；如果真是宴会，我们大概会赞美厨师而不是画家了。食物杂乱地摆放着或者歪斜地堆在一起；牡蛎壳和面包屑随处可见；水果碗以难以置信的角度摆放着；亚麻布熨烫得毫无瑕疵，但又被打褶弄皱；大件餐具有一半不在它摆放的家具上面；吃了一半的东西与没动过的精致食物针锋相对。如果说这番景象称不上是《未清扫的地板》，那也肯定是《未清理的桌子》。

　　我认为，在绘画表面和人类食欲之间，在眼睛的审美和味蕾的审美之间，这种汇聚是绝对的，就像再现本身所希望的那样。这些作品本身似乎就在要求这种观看方式。恰恰是沿着古典时代"xenia"的道路，这些作品以相应的"再现现实主义"展示了直观的食物主题，在古典时代和早期现代的例子中，这似乎比应用于其他主题的同时代绘画风格更加引人注目。就好像食物本身就吸引着艺术家对视觉经验进行更绝对的艺术处理，而这个过程本身就是对隐喻的拒绝：味蕾而非口味，真实的（也就是画的）葡萄而非比喻。完美的模仿相当于绝对的原义：这些再现的逼真风格是它们对观众提出要求的一部分，要求他们停留在真实，而不是在真实之外寻找某种比喻。[31]

　　这样的要求并没有得到普遍的满足。我把这些作品当作从美食本身解读美食的例子，但事情的真相是，它们经常（事实上是大多数时候）受到另一种解读。而像我这样只专注于现象，可以故意把对这批作品的一些主要阐释传统放在一边。在反思这些方法之间的差距时，我希望再次提出从食物角度解读意味着什么。

　　华盛顿哥伦比亚特区的美国国家美术馆有一幅阿德里安·柯尔特[1]（Adriaen Coorte）的可爱的小静物画，画面上描绘了一捆芦笋和两枝红醋栗（图 5.21）；两者都放在一个阴暗的石头底座上，底座的主要装饰是艺术家的签名。美国国家美术馆荷兰绘画收藏指南信息广博，对于了解这些画作必不可少，其中对这幅作品给予了如下评价：

　　　　芦笋和醋栗简化和理想化了的形状赋予了它们巨大的存在感——比吃饭时享用的区区小菜更重要。柯尔特将它们与灰色岩

---

[1] 约 1665 年～1707 年之后，荷兰黄金时代静物画家，以 17 世纪上半叶的典型风格创作小型而朴实无华的静物画，被称作"这种幽静氛围静物画的最后实践者之一"。

图 5.21 阿德里安·柯尔特,《有芦笋和红醋栗的静物》,1696 年。
国家美术馆,华盛顿哥伦比亚特区

石底座鲜明的几何形状并置，同时强调了它们的自然特质，其中的裂缝提醒观众，生命乃至一切事物，都是短暂的 [着重号是作者所加]^{32}。

这本杰出的展览目录的作者亚瑟·威洛克（Arthur Wheelock）有一双慧眼，他认识到了这两个饮食题材中存在着非凡品质。他如实地表述，这样绘画上的成就将把这些美食再现从"吃饭时享用的区区小菜"的领域转移到抽象真理的更高境界。然后，通过解读一些相当模糊的砖石图像，他确定了要讨论的区域。石头上的裂缝向观众宣布了这样一个事实：芦笋、红醋栗和石板都会随时间湮没；换句话说，这幅画成为了关于命运无常的比喻。

从本书的态度可以看出，我们认为，那些让烹饪对象超乎自然存在的出色的绘画笔触不一定会让它们与"纯粹"的食物脱离联系（本书提及的食物**从来不**是"纯粹"的）。也没有理由如此迅速地从食物下面阴暗底座的现实主义表现的不完美转移到关于永恒的信息。这并不是说在这组艺术作品中没有关于此时此刻与来生的问题。威洛克教授自己的论证非常有说服力，家庭静物画与其他类型的绘画相比有一种自卑感，它寻求声望的方法是把自己写进关于生命无常的宏大神学声明之中，在这个问题上，它选取的素材，例如水果和鲜花，实际上是非常合适的。当然，没有人否认这一信息的存在和意义。而且这些作品里，相当一部分绘制了骷髅、动物尸体、被掐灭的蜡烛和其他关于"尘世荣耀就此消逝"（*sic transit gloria mundi*）和"考虑结局"（*respice finem*）的明确标志，这也证实了这种观点。事实上，这是一个数量众多的亚类型，即虚空画（*Vanitas*）。^{33} 这个词偶尔也会体现在画面上。

然而，无论我们如何解读这块石头上的裂痕，我们在此考虑的那种荷兰静物画并不像直白的虚空画那样大胆地宣扬死亡。看起来似乎恰恰相反：它们对食物世界进行了一丝不苟的精心处理，一切都在最美味的完美时刻，并被制作精良的器皿包围和容纳。当然，我们有可能在看到一幅等待被吸吮的水蜜桃，或一个等待被拿起的精雕细琢的高脚杯时，立即得出这样的结论：水果会萎蔫，玻璃会碎裂，享受这些东西的人不久也会被蛆虫所食。问题是当我们看这些画作时，当我们审视自己对它们的假设时，如何对多汁的食物和腐蚀的砖石给出的混合信息进行平衡。我们可以叙述关于当下的快乐和终极现实的文化争论，这也是这些艺术家究其一生都在进行的争论。但我们也必须明白，我们在这里所考虑的那些画作——那些没有明确表露虚空或转瞬即逝的画作——让 17 世纪和现在的观众都可以自由地享受眼睛带来的味觉愉悦，无论其中有没有人生无常的信息。事实上，这样的信息可以为这些视觉享受提供道德借口，就像《圣经》中但以理的审判智慧传达出的信息，使得所有偷窥半裸的苏珊娜的举动变得正当。[1] 34

关于这些画作"意义"的这种争论——事实上，关于是否应该寻找"意义"的争论——本身就是一种问题：我们是把食物理解为其他东西的隐喻，还是理解为事物本身，本章所要讨论的正是这个在这些艺术家所处的环境中被提出的问题。画家杰拉德·德·雷瑞斯（Gerard de Lairesse）在失明之后，开始以同时代艺术家的作品为主题进行演讲。他本人并不是静物画家，他喜欢的是那种更受追捧的神话和寓言绘画。他在讨论与他同时代但年长一些的威廉·卡尔夫（Willem Kalf，最著名的静物画家之一）的作品时提醒我们，专注于（以华盛顿的柯尔特画作为例）芦笋和红醋栗而非砖石可能带来的信息，是多么合理，用德·雷瑞斯的话说，同时又是多么危险。在确定卡尔夫是静物画家中的佼佼者时，德·雷瑞斯还是对以下事实表示遗憾：

---

[1]《但以理书》的典故，马丁·路德宗教改革后被编入次经［或称伪经］，大概是说两位士师［类似于法官］经常偷窥苏珊娜洗澡，苏珊娜发现后两位士师欲行其不轨，被拒后反诬苏珊娜与人通奸并判其死刑，青年但以理受上帝启示为苏珊娜鸣冤，将两位士师分开询问，在什么样的树下看到苏珊娜与人通奸，两位士师答案不同，因此苏珊娜得救。

与所有前人和后来者一样，［他］从来没有解释过他创作的原因，为什么他要画这个或那个。他只画他喜欢的东西，如瓷罐或瓷碗、金杯、装着酒悬垂着柠檬皮的笛形细长酒杯或锥脚球形酒杯、怀表、装在金银底座上的珍珠母角制物、装着桃子或橙子或柠檬切片的银浅盘或平碟、挂毯以及类似的普通物品，却从未考虑过是否要创作一些有重要意义的事物，或者可以指代某些东西的事物。[35]

就我们的目的而言，这可能是关于这一时刻食物艺术再现最好的总结。如果我们想把食物作为事物本身，从包括视觉、味觉在内所有的感官角度来观察，我们最好像德·雷瑞斯观察卡尔夫那样，弃绝重要性、意义以及——在饮食现象本身以外——甚至所指本身。

2

现在谈谈不那么真实的东西。弗朗西斯·培根在他的《谈学养》一文中说：

> 有些书可以浅尝辄止，有些书可以囫囵吞下，少数书则要咀嚼消化。也就是说，有些书只需读其中的一些段落，有些书只需大体涉猎一遍。而少数的书则需通读、勤读、细读。[36][1]

这再一次显示出人是吃饭的动物，但进食的对象却不像克拉拉·彼得斯和她的同行们提供的那么令人食欲大开。培根的语义场应

---

[1] 译文参考［英］弗兰西斯·培根著、蒲隆译《培根随笔全集》，上海译文出版社 2012 年版。

该会让我们想起拉丁语作家如何将语言过程与进食过程联系起来，他们的做法更为有力，因为他们有极为密集的词汇来涵盖这一领域（例如，普林尼的 *augunt*、*lambunt*、*sorbent*、*mandunt, vorant*，即吸吮、舔舐、吸入、咀嚼、吞咽）。[37]

培根需要这些密集的比喻，因为他希望既能赞美学习，又能指出学习的局限性。过度的学习，或卖弄的学习，或不参照经验的学习都是不好的。即使学习是好的时候，它也必须被仔细地分成不同的类别：阅读、讨论、写作，历史、诗歌、数学，等等。因此，对书籍的品尝、吞咽和咀嚼把这件事强行带入一个虽然是完全熟悉，但依然错综复杂的领域。事实上，这种熟悉感勾勒出了价值等级。这个等级的顶点——我们将在其他地方看到相似的模式——是身体的彻底吸收，一系列自觉的运动最终在获得营养时达到高潮。字面意义的吃书荒诞，不可想象；用餐在这里只是一种修辞，真实和隐喻由这一修辞的边界线安全地分开。

培根的文章是以一种特殊的修辞风格写成的，他用隐喻来达到说服的目的，但并不希望读者的思想误入解读隐喻的其他方式或者忘记它们**是**隐喻；因此，精心划分的三部分让我们对每个修辞的含义没有任何怀疑。但是涉及食物和饮料，涉及品尝、咀嚼和消化的隐喻，并不总是划分得如此精细。在莎士比亚的《脱爱勒斯与克莱西达》[1]的开头，主人公准备放弃单恋。履行牵线人角色的潘达勒斯回答说："要拿面粉做饼吃，必须等着磨麦子。"[38]——换句话说，在勾引克莱西达的计划上，罗马不是一天建成的（打一个无关的比方）。但他们并没有讨论罗马，而是在讨论饼。脱爱勒斯说他**已经**等过了研磨的时间，潘达勒斯回答说，那过筛（即过滤）呢；脱爱勒斯说他也等过了；潘达勒

---

[1] 关于该书的译名和译文均参考［英］莎士比亚著、梁实秋译《莎士比亚全集（中英文对照版）》，中国广播电视出版社 2002 年版。

斯接着说发酵；继而说到揉面，然后是烧炉，最后是烘烤。当然，他们不仅不是真的在说吃的；而且事实证明，这些烘焙词语中的每一个都是——毫不奇怪——和性有关的。[39]

这仍然是相对简单的，而且是培根式的；很明显，没有人在做饼。然而，在这种情况下，隐喻的顺序更加玄妙，实际上并没有向我们说明，这段缓慢展开的恋情的各个阶段与制作饼的哪个步骤相对应，尽管按照悠久的传统，我们会若有所思地去寻找有色情意味的双关语，这个结论在最后一条烹饪建议中得到了证实，潘达勒斯告诉脱爱勒斯要等到饼冷却下来，以免他烫伤嘴唇。这个建议，脱爱勒斯必然没有听从，故而带来了灾难性的后果。

然而，当有了饼，或者至少有了类似于饼的东西，会发生什么呢？在《哈姆雷特》[1]的前半段，哈姆雷特觉得有必要向他的朋友霍拉旭解释他父亲之死和他母亲再婚之间的时间间隔有多短。他还没有被告知父亲是被母亲再嫁的男人杀害的，但这并不重要，因为正如我们在整部剧中所了解到的那样，这两件事离得太近，而且母亲从寡妇到新娘的迅速转变才是他的痛处。当然，霍拉旭是个说话特别得体的人，不会去追问，但哈姆雷特将话锋转向厨房来回答这个没有被问出的问题。"节俭，节俭，霍拉旭。葬礼中剩下来的残羹冷炙，正好宴请婚筵上的宾客。"（1.2.179-180）也就是说，为了省钱，我们用葬礼的剩菜来款待婚礼上饥饿的客人了。

在剧本另一处，哈姆雷特杀了人，藏起尸体时，国王克劳狄斯审问他：

　　国王：啊，哈姆雷特，波洛涅斯呢？

---

[1]　关于《哈姆雷特》部分译文均参考［英］莎士比亚著、朱生豪译《罗密欧与朱丽叶（名著名译插图本）：莎士比亚悲剧五种》，人民文学出版社2003年版。

哈姆雷特：吃饭去了。

国王：吃饭去了！在什么地方？

哈姆雷特：不是在他吃饭的地方，是在人家吃他的地方。

（4.3.17–20）

这种对食物的双重援引让我们来到了比《脱爱勒斯》中的双关语或培根关于阅读的名言更为复杂的修辞领域。哈姆雷特的话语都不是真的和吃东西相关，但它们也不完全是隐喻。这样的话语不是真的在谈书或性，而是在谈对人类生命的衡量。对哈姆雷特来说，葬礼和婚礼之间可怕的快速更替在它们之间的共通之处——宴会小吃——上得到了体现；但这并不完全共通，因为葬礼和婚礼的间隔虽然短暂，但食物已经变冷了——估计与地下的尸体变冷的速度一样。而在戏剧的后期，当哈姆雷特宣布波洛涅斯"吃饭去了"时，也存在着同样的 180 度关系。坐在餐桌旁的活人——从事着定义活人的基本活动之一——恰恰也就是另一部剧作[1]中哈尔王子所说的，为虫子提供食物的身体。[40]生与死的主题，以及周围的仪式，使食物的隐喻变得真实。

最后再来说一个莎士比亚笔下与食物相关的人物。我们该如何理解"人情的乳臭"[2]这句话呢？"人情的乳臭"（milk of human kindness）在英语中是如此自然，以至于我们忘记了它是出自莎士比亚，也忘记了它讲的是食物。只有把它重新放到《麦克白》的台词中，我们才能开始欣赏它的复杂。麦克白夫人用这个字眼来形容丈夫不愿意参与他们策划的谋杀："可是我却为你的天性忧虑：它充满了太多的人情的乳臭，使你不敢采取最近的捷径。"（1.5.14-16）也就是说，抓

---

[1] 《亨利四世》。

[2] 关于《麦克白》部分译文参考［英］莎士比亚著、朱生豪译《麦克白》，译林出版社 2018 年版。"human kindness"在英语中是自然而然的人情、同情心的意思。

住邓肯国王在他们城堡里的机会杀掉他。在这个意义上，这相当于麦克白夫人对麦克白进行了非男性化处理，似乎暗示她的丈夫如此缺乏男性气概，如此娘娘腔，甚至像个哺乳期的女性。这里，*kindness*（人情）不仅可在现代语境下被理解为仁慈，也可以按更早的语境被理解为人类（kind）本性。后文中麦克白夫人还做了补充，确定了她的女性资格（"我曾经哺乳过婴孩"），并宣布要是曾经发过誓的话，她会愿意不顾自己的性别，把一个正在吃奶的婴儿的脑子砸碎。在这一点上倒是没有多少乳臭。

培根的书，与吃的关系仅仅是修辞上的；到脱爱勒斯的饼，与吃的关系是修辞上的也是错综复杂的；再到哈姆雷特的丧宴——我们活着，我们死了；我们吃，我们被吃，字面上都是真实的——最后到了《麦克白》的哺乳，这似乎完全是修辞，但我们还记得，母乳对一个（假设中的）婴儿来说是食物。这一递进中的每一步都使食物成为隐喻的过程进一步复杂化。如果我们把克拉拉·彼得斯的奶酪放在这一连串的修辞旁边，这样，从图片到文字，至少在本书及作者对这一复杂主题的理解中，一个命题似乎出现了：比起修辞的食物将真实——进食和品尝的实际体验——边缘化，字面的或模仿的食物更容易抵制修辞的食物，或至少将其边缘化。换句话说，我更容易忽略柯尔特的石头中隐含的死亡信息，而很难不注意点心、饼、哈姆雷特餐前开胃饼里的奶或脱爱勒斯的饼中熟悉的饮食属性。

这难道只是因为我们吃饭的时间比做阐释学研究的时间多吗？让我们寻求一个更实际的解释。本书的主题是饮食文化与我所称的高雅文化——诗歌、绘画、哲学、政略等之间的关系。现在，我们来到了食物所特有的、其他任何活动所不具备的属性：食物进入身体，并以各种方式离开身体。简而言之，食物在身体里拒绝被限制为修辞并坚持某种形式的真实，就好像在咽喉的入口处立着一道标志，上面写着："隐喻到此为止。"这就是我称之为具身化的过程。你可能还记得，这就是培根的隐喻不能再进一步的时候，是书籍需要与消化道隔离的时候。

对哈姆雷特来说，他生活在人吃点心和死后会被吃掉的世界里，对麦克白夫人来说，她的身体可能会也可能不会产生滋养的乳汁（而且可能有也可能没有需要这种滋养的婴儿），这种隔离并不那么容易。这个过程有着特别丰富的特征，可以在一个比我们一般认为的要晚得多的文本中找到：

> 这已经是很多很多年前的事了，除了同我上床睡觉有关的一些情节和环境外，贡布雷的其他往事对我来说早已化为乌有。可是有一年冬天，我回到家里，母亲见我冷成那样，便劝我喝点茶暖暖身子。……母亲着人拿来一块点心，是那种又矮又胖名叫"小玛德莱娜"的点心，看来像是用扇贝壳那样的点心模子做的。……带着点心渣的那一勺茶碰到我的上腭，顿时使我浑身一震，我注意到我身上发生了非同小可的变化。一种舒坦的快感传遍全身，我感到超尘脱俗，却不知出自何因。我只觉得人生一世，荣辱得失都清淡如水，背时遭劫亦无甚大碍，所谓人生短促，不过是一时幻觉；那情形好比恋爱发生的作用，它以一种可贵的精神充实了我。也许，这感觉并非来自外界，它本来就是我自己。[1] 41

显然，尽管普鲁斯特的故事与培根的故事有相同的情节——品尝、吞咽、消化，但它的隐喻方式并不相同。首先，一旦涉及真正的食物，我们就进入了身体感觉的领域——饥饿、口渴、欲望的满足以及它们的后果——必然会影响到正在构建的更宏大的叙事。事实上，这又是一个食物影射或围绕着被认为比吃更为重要的经验的例子。这种不平等毕竟是隐喻本身的简练造成的，与"真实"或本体相比，喻体（在

---

[1] 译文参考马塞尔·普鲁斯特著、李恒基等译《追忆似水年华》，译林出版社 2012 年版。

熟悉的表述中）被贬低到一个从属的位置。[42] 吃小玛德莱娜是占据整部小说的实质性内容，也就是唤出记忆的一个"区区"比喻。但是，问题又来了，食物能有多"区区"？

普鲁斯特吃下了糕点，有了他不明白的非同寻常的、看起来和食物无关的体验；最后他想起了一些已经忘记的东西，那是一种更早的体验，是一种类似的食物体验，从那里开始，大量的与美食无关的回忆将他吞噬。但是，如果把玛德莱娜点心说成是区区隐喻并不完全令人满意——而且确实不令人满意——那是因为把物质摄入体内，的确具有打破本体和喻体的分隔结构的效果。"这感觉并非来自外界，它本来就是我自己。"[43]

正是这种通过进食产生的比喻性质使得它令人不安且不稳定。在玛德莱娜的味道和记忆的全面显现之间，普鲁斯特不厌其烦地做着我们在本书中已经看到过无数次的事情；他一直说食物不是重要的部分。"这股强烈的快感是从哪里涌出来的？我感到它同茶水和点心的滋味有关，但它又远远超出滋味，肯定同味觉的性质不一样。"（60）然而，童年的回忆重新浮现后，他不得不宣布："即使人亡物毁，久远的往事了无陈迹，唯独气味和滋味虽说更脆弱却更有生命力；虽说更虚幻却更经久不散，更忠贞不贰，它们仍然对依稀往事寄托着回忆、期待和希望，它们以几乎无从辨认的蛛丝马迹，坚强不屈地支撑起整座回忆的巨厦。"（63-64）那么，什么感觉不是在他身上而本来就是他自己呢？无论是隐喻还是身心的机制，身体的滋养还是精神活动的机制，都失去了我们赋予它们的因果关系或本体和喻体的独特结构。当可能是真实的、可能是隐喻的、可能是真实且隐喻的物质进入身体时，谁能区分哪个是味道，哪个是品尝味道的人？

这种带有超越隐喻后果的进食在普鲁斯特之前有很长的历史，比如说：

于是女人见那棵树的果子好做食物，也悦人的眼目，且是可喜爱的，能使人有智慧，就摘下果子来吃了。(《创世记》3：6)[44]

夏娃有一连串动机，而且是按重要程度排列的，这些最终导致她做出了无可挽回的决定。这一顺序（尽管文本颠倒了顺序）是：智慧、好看、有营养。暂时不要介意这里的降序排列，因为上帝禁止之物并不能真正提供这些好处，无论它们本身多么有价值。然而，我们必须注意到，这种堕落心态的切入点——实际上就是我们继续拥有的心态——是"好做食物"。并非巧合的是，夏娃的性别通常被认为是由厨房定义的，她首先被食物吸引，实际上是被最基本的烹饪智慧吸引：什么食物对人类来说是安全的，而不是危险的。[45] 夏娃认识到一些东西可食用，而非不可食用，这一点值得称赞（亚当可能甚至不知道如何煮鸡蛋）；然而她不知道的是，在上帝的计划中有一种不可食用的定义，这种食物比有没有资格成为水果沙拉更为危险。

在这一表达中，我们可能会辨认出那个熟悉的举动，即把整个食物问题降为次要地位：主要的行动者是夏娃而非亚当；人类的饥饿而非上帝的计划；可食用性而不是美丽或智慧（按升序排列）。然而，从这些细节中回过头来，令我们感到震惊的是，《创世记》居然把领衔主演的角色赋予饮食这一基本行为。宗教和世俗的评论家们在苹果问题上有很多讨论，[46] 我们回头会再讨论苹果，但对为什么原罪的媒介——关于人类堕落的普遍性的重大隐喻的喻体——不是看、听或触摸（毕竟为什么不是性呢）而是吃的问题讨论得却比较少。

简而言之，我们已经吃到了原罪，这让我们回到隐喻与肉体相遇的领域，一种物质进入（和离开）身体，普鲁斯特感到不得不说它充满了他，它不只是在他体内，它就是他。在这里，我们可以从另一位雄心勃勃的权威人士那里学到关于起源的主叙事。在1925年的一篇题为《否定》（"Negation"）的短论文中，弗洛伊德写道：

> 判断功能主要涉及两种决策。它肯定或否定事物的特定属性；它断言或质疑某一表象在现实中的存在。被判断事物的属性最初可能是好的或坏的，有用的或有害的。用最古老的语言——口腔本能冲动来表达，这种判断是"我想吃这个"或"我想把它吐出来"；更笼统地说，"我想把这个吃进肚子里，把那个留在外面"。也就是说："它应该在我身体里面"或"它应该在我身体外面"。[47]

《创世记》的表达似乎也是以"最古老的语言——口腔本能冲动"为基础的。弗洛伊德没有引用《圣经》，但这段话似乎几乎是对伊甸园的注释。对好坏进行区分——最初的判断——包括决定是否允许一种物质通过口腔进入身体。这让人回想起康德的主张（许多人也有同感），他试图将好口味的概念具体化，将其建立在健康而非有害的进食行为上，仿佛对我们有害的东西会通过不好的滋味得到自动辨识（要真是这样就好了！）。[48] 不论是苹果还是玛德莱娜蛋糕，又或康德喜欢吃的东西，品味的经验在这些饮食故事中都只是一个不固定的能指，这个具有潜在危险的快乐原则落在了一个人们认为必要事项——上帝的意志、对逝水年华的追忆、复杂的审美判断、健康的饮食——才更为重要的空间。但无论是字面上还是隐喻中，抑或在包含两者的某些肉体空间里，食物都能提供多种满足。蛇并没有选择用一个能提供我们每日所需的维生素 C 的 14% 的苹果来引诱夏娃；快乐原则也永远不能被排除在考虑之外。

这一饮食行为的主要文本，至少对讲英语的人来说，将永远是《失乐园》，而最有力地将这种行为固定成厨房行为的是弥尔顿将可食用之物指定为苹果。这样的认定绝不是不可避免的。[49] 如我们所看到的，《创世记》根本没有具体说明，而是用了一个表示一般水果的术语（פְּרִי 或 peri）。《创世记》中没有弥尔顿指定的苹果，这并不奇怪，因为苹果并非《圣经》诞生之地原有的水果。几个世纪以来，注释家和翻译家们觉得有必要把这个问题确定下来，结果是他们提出各种可能性可以装满整个水果店——杏子、无花果、葡萄、桃子，还有拉丁语单词 *pomum*，后者指的是一类水果，而不是一个特定的品种。画家比注释家更迫切地需要明确的说明，从柑橘到石榴的广泛范围让人想起我们在第三章看到的圣母与圣婴画中的多种水果（也许不是巧合）。[50] 除了弥尔顿普及了这一场景之外，苹果的特别之处还在于拉丁语 *malum* 有双重含义，它可以是"苹果"，按照长元音来读则是"邪恶"（尽管武加大译本的《圣经》里写的是 *fructus* 而不是 *mālum*）。事实上，人们会情不自禁地将 *mālum* 与 *bonum* 和 *malum* 的知识联系起来。毫无疑问，与此有关的是在帕里斯王子的裁决中作为核心道具的金苹果，它是助燃特洛伊战争的不和之果：金苹果的献词"献给最美丽的女神"会在公认为自恋的夏娃身上引起共鸣。

然而，弥尔顿选择苹果，最重要的原因可能在于苹果是观众饮食经验中最平平无奇的部分。鲁本斯（Rubens）和勃鲁盖尔等北欧画家喜欢选择令人想到遥远圣地的、具有异国情调的水果；弥尔顿却做出了相反的选择，选择了整个英国饮食中可能最为普通的食物。甚至苹果（apple）这个词本身具有表示"小"的词缀[1]，也可以看出是指向家常事物。换句话说，没有其他任何选择能够更好地使这一具有巨大意义的行为更彻底地成为家庭事务的一部分，即更彻底地成为厨房的一部分，成为普遍的经验。

从相反的角度来看——从进食者的角度而非食物的角度——当我们分析夏娃的灾难性选择时，对人类普遍经验的呼吁在这场大戏中也是明显的：

> 她盯住果子出神，仅仅看，就够
> 吸引人了，还在她的耳朵里响着

---

[1] 即词尾的 -le。

他那巧妙的言辞，充满着理由，

在她看来很有道理。那时节，

将近中午，那果子的香气激起

她难抑的食欲，摘食的欲念，

唆使她一双秀目渴望不止。（9.735–743）[1]51

可以肯定的是，撒旦所有的花言巧语已经在发挥作用，但"那时节"出现了一套不依赖于修辞的动机，而是完全规范的、美食上的动机：现在是午餐时间，人饿了，美味的食物出现时，所有的感官（但特别是触觉和味觉等低级感官）都被调动起来，想要得到满足。

尽管弥尔顿有和苹果的这层联系，值得注意的是，他其实很少使用苹果这个词。被吃掉的对象从一开始就处于史诗的核心。上帝创造了禁令；亚当和夏娃花了好几卷来讨论吃知善恶树上果子的危险；撒旦栖息于树上，于是有了蛇和夏娃进行的内容广泛的对话；夏娃吃了果子，说服亚当吃了它，他们堕落了，接着对食用果子进行了长时间的自责；最后，他们因为吃了果子受到了惩罚。在整个叙述过程中，苹果这个词被完全隐去。诗的开头几行倒是给我们指出了一个不同的方向：

关于人类最初违反天神命令

偷尝禁树的果子，把死亡和其他

各种各色的灾祸带来人间，并失去

伊甸乐园，直等到一个更伟大的人来……（1.1-4）

这个故事中指向关键道具的词——这个词在诗中使用了 61 次——不是苹果，而是果子（fruit）。它具有巨大的共鸣，这在诗歌的最初的跨行

---

[1] 译文参考弥尔顿著、朱维之译《失乐园》，上海译文出版社 1984 年版。

连续里应该是显而易见的：如果我们在第一行的末尾停止阅读，我们就会把 fruit 这个词理解为结果[1]。我们知道人类第一次不顺从的结果是什么：那就是堕落。另一方面，如果我们继续读下去，不在断行处停下来，果子就不是结果，而是原因。上帝保佑我们出入[2]。

"fruit" 这个词的最初含义（作"结果"来理解，也就是堕落与之后的所有人类历史）和断行后出现的含义（食物）之间的等级关系，与普鲁斯特的记忆和唤起记忆的玛德莱娜蛋糕之间的等级关系相同，也就是在单纯的偶然事件和巨大的结果之间，这种关系在两种情况下都通过进食的行为得到了字面上的直译。对弥尔顿来说（就像对普鲁斯特一样），这个等级关系是混乱的，当苹果这个词确实被使用时（整首诗中仅有的两次，这是其中的一次），形成了一个高潮段落。可怕的行为完成后，撒旦胜利归去，回到了他欢呼雀跃、兴高采烈的堕落天使军团之中。弥尔顿给我们带来了他最好的史诗仿作，这里人类的敌人大肆宣扬他横跨宇宙的英雄壮举。他说，他将叙述：

> 我费尽心思，
> 去寻找新造的世界，就是那传闻
> 已久，在天上盛传的新造世界，
> 一个组织完善的可惊的地方。
> 在乐园中安置着的人，因为我们
> 被流放而得到幸福。（10.480-485）

为了颂扬自己的成就，撒旦必须夸大一切，直到他说到核心的那件事：

---

[1] 英文原文的第一行为 Of man's first disobedience, and the fruit。
[2] 出自《诗篇》121：8，"你出你入耶和华要保护你"。

我用诈术

假意赞美创造主而骗了他；

更加使你们惊奇的是用一个苹果。（10.485-487）

对于撒旦的听众来说，这是一个滑稽的笑话（他继续对魔鬼说，"真是可笑"）；他是一个如此出色的英雄，用农产品就完成了对人类的诅咒。但恰恰是这种从几乎无处不在的"果子"到几乎只出现一次的"苹果"的转变，将话语压到"区区"玛德莱娜蛋糕的水平。或者说更低：对弥尔顿来说，把注意力集中在食物上，把事件放在超市里，就是一种对堕落的撒旦式解读。（事实上，唯一的另一个谈到苹果的例子也是在撒旦的声音中出现的，当时他正在诱惑夏娃。）当然，弥尔顿很清楚，撒旦式的解读总是可能的——正如威廉·布莱克（William Blake）知道的那样[52]——但突然在故事中插入"纯粹"（！）食物这一明确无误的标志，是对故事的一种纠正。用圣奥古斯丁的话说，这样的解读就是没有认识到文字与实质、苹果和果子的正确等级关系。[53]但涉及食物时，这种等级关系从来都是不牢固的。

在整首诗的设计中，食物也从来不是单纯的食物（甚至比荷兰静物画还不单纯）。弥尔顿在第九卷的灾难性事件发生之前已经安排了一幕，在这一幕中上帝做出了一切可能的努力（当然是徒劳的，因为上帝已经知道）防止那些事件的发生。他派大天使拉斐尔来到伊甸园，目的是让亚当和夏娃完全了解（可以这么说）园中唯一禁令的内容，以及违抗禁令意味着什么。但这个场景首先是美食场景，其次才是神学场景。《失乐园》的读者和评论家们往往会被第五卷中三人小桌的午餐聚会在美食方面的内容吸引，甚至感觉到有点惊讶。[54]每个人都记得其中的"不怕食物凉了"[55]这句话，可能还会心一笑。这句话看似随意，实则指的是乐园中这样一个事实：既然没有任何东西被烹煮过，也就是说没有任何东西被改变其自然状态，那么就没有东西需要热着上桌。[56] 其结果是，厨房里的迫切要求不会干扰神圣的对话——换句话说，没有我们在阿特纳奥斯那些痴迷于食物又吃不到晚餐的诡辩家那里看到的问题。

但诗人自己倒是带着相当多的饮食信息闯进来了。弥尔顿证明了他对美食是博学的，对美食的神学问题是严谨的，正如他在更神圣的事物上面一样。[57] 他通晓地理——当然是未来的地理——遥远的地方生长着最好的水果和香料，他赞同夏娃对多道菜的选择（"风味若不调和，便会变成粗劣，务必要按照自然的变化加以调味"［5.334-336］）。他甚至还解决了想象同时在春秋两季进行烹饪会有什么后果这一棘手问题，而这正是天堂的基本情况。夏娃温柔地反对亚当用特别丰盛的食物来款待他们天上贵宾的要求，她指出，"不必过多贮藏"，因为他们四季都有成熟的佳果悬挂枝头，但她又说，

> 只把一些干硬之后
> 而更加滋养的东西收藏就够了。（5.324-325）

换句话说，即使没有季节，她也掌握了把水果做成果干的技术，当它们过了成熟期之后进行适当保存，会更加营养而美味。

然而，在这个场景的表象之下，还有更重大的关于吃与喝的问题。正如人们经常指出的那样，弥尔顿在这里的创作受到了《圣经》中两个凡人和神祇相遇场合的影响。[58] 上帝与亚伯拉罕立约并制定割礼的过程中，有那么一个叙事时刻，我们被告知"耶和华在幔利橡树那里，向亚伯拉罕显现出来。那时正热，亚伯拉罕坐在帐篷门口"（《创世记》18:1）；紧接着，亚伯拉罕抬头看到的不是上帝，而是三个人站在他面前。无论我们如何理解这一未加解释的转换，对亚伯拉罕和读者来说，这三个人一定是天上的使者，也就是天使，这一点都是显而易见的。在这时候，近东人的热情好客开始了。毕竟现在是正午，正是夏

娃为解决自己的饥与渴采取行动的时间。在这里，就像拉斐尔出现在伊甸园时一样，人们首先想到的是用餐的仪式，包括洗洗脚和提供一点饼来抑制饥饿。接下来故事偏向更为具体的烹饪环节：撒拉被要求按照食谱做饼，亚伯拉罕自己选择了一头牛犊（"又嫩又好"），并命令仆人将其煮熟。"亚伯拉罕又取了奶油和奶，并预备好的牛犊来，摆在他们面前，自己在树下站在旁边，他们就吃了。"（显然，这时候还没有犹太律法。）《创世记》中的匿名天使形象在弥尔顿笔下成了"人类的朋友"拉斐尔，而且，为了适应这种友好的气氛，用餐的做法不是像《圣经》中那样，由凡人做仆人侍奉天上的天使，而是人类和神灵大致平等地一起吃饭。

这种相遇的另一个例子出现在伪经《托比特之书》（Book of Tobit）中，此书对我们来说可能显得比较晦涩难懂，但显然是弥尔顿的最爱。[59] 在这个有时看起来更像阿普列乌斯的作品而不是经文的热闹的叙事过程中，一个放逐期之后的[1]犹太人的大家庭被一大堆民俗问题困扰，包括麻雀粪造成失明；一个恶魔情人；连续有七个新郎，娶了同一个女人，每个人都在新婚之夜被谋杀；还有一条有魔力的鱼，它发臭的内脏有能力破解上述一些苦恼。在发生这些事情的同时，还有诸如追回被带进皇家金库的钱等更多世俗事务。当然，还有一些更大的问题，与保持以色列人的血统纯正以及他们与上帝的关系有关；而且有许多叙事与经典的《希伯来圣经》有所呼应。

在第五卷午餐开始的时候，弥尔顿相当直接地宣布了自己受惠于《托比特之书》。亚当和夏娃去做园艺杂务，然后

> 高天在上的王看见他们如此勤勉，
> 心生怜悯，便召来拉斐尔，那善于

---

[1]　指公元前 6 世纪犹太人被掳入巴伦时期之后。

交游的天使，叫他和托比阿斯同去，

并且保证他跟那嫁过七次的处女结婚。（5.219—223）

《创世记》中的无名三人组被弥尔顿重新设想为《托比特之书》中
"善于交游"的天使长拉斐尔，这位不知疲倦的上帝代理人设法解决了
失明、死亡新郎和金钱转移的问题，同时还促成了萨拉和托比特的儿
子托比阿斯之间的婚姻。拉斐尔由此使以色列人的血统保持纯正，做
这一切的时候，他都将自己伪装成一个普通年轻人，名字叫亚撒利雅。

　　《托比特之书》中的拉斐尔是"善于交游的天使"，从他弥合犹太
人社会一系列灾难性的矛盾这个角度而言确实如此，但在吃饭上的意
义上却不是这样。当然，叙事本身充满了饮食细节。正如《希伯来圣
经》中几乎所有的地方一样，共同体的标志是盛宴，而共同体不和的
标志则是盛宴的缺失。故事从五旬节开始，其中包括一个"有许多道
菜"的宴会，当托比特不得不在"还没有品尝到"食物时就离开餐桌，
去处理一个被谋杀的犹太人的尸体时，这一系列的灾难就开始了。另
一个仪式是，为了庆祝结婚，新娘的父亲坚持要托比阿斯和他在一起
"吃喝"十四天。尼尼微的婚礼本身也花了七天时间庆祝。但在这场节
日美食的狂欢中，有一个值得注意的断裂。正如任何精心策划的伪装
身份的故事一样，在结尾揭开谜底是非常重要的。在这种情况下，这
位成就显然超出人们对任何普通人期望的所谓的亚撒利雅，向托比特
一家透露了他作为天使对他们的了解和他如何拯救他们脱离困境的整
个历史。"我是拉斐尔，"他最后说，"在主的荣光前站立的七位天使
之一。"

　　但拉斐尔随后的启示是最重要的，这就发生在他重新回到上帝面
前之前。"虽然你们看着我，但我实际上没有吃或喝任何东西——你们
看到的都是幻象。"[60] 对于圣奥古斯丁及以后的评论家来说，在一个具
有如此多的庆典活动的故事的结尾出现了一个这么明确的声明，何况

天使在其中还扮演了一个看似人类的角色，这提出了关于凡人和天使之间差异的根本问题。[61] 当然，这些问题集中在食物上。（这也不仅仅关于天使。毕竟，耶稣也公开吃喝，尽管与拉斐尔不同，他既是人也是神。）仿佛为了证明他的天使本性，亚撒利雅，也就是拉斐尔需要消除托比特和其他人心中曾见他吃东西的印象（其实在叙述过程中他从没吃过东西）。弥尔顿合并了各个来源的素材，一方面既有亚伯拉罕提供给天使客人的饼和小牛肉，另一方面又有拉斐尔宣称自己不食人间烟火的天使身份，至少从人类营养的角度来看，他是把自己置于问题的症结所在。第五卷中，那位不吃不喝的大天使享受了一顿丰富的伊甸园午餐，让弥尔顿明确地站在了进食的一边。

这里涉及的不仅仅是夏娃那全是水果的午宴带来的味觉享受。首先，随着这一幕的上演，诗人让我们对天使的饮食丝毫不起疑心。亚当自己在这个问题上也小心翼翼。他在谈到提供给拉斐尔的食物时怀着歉意地说道："不知这些东西合不合天人的口味"，后来他的疑虑有些消除，但依然谦卑地说："这些不配作为天使的食品，您竟吃得津津有味。"但拉斐尔对接受尘世的养料说得很明白："那些纯智者也和你们有理性者一样需要食物。"（整个场景让人联想到随处可见的宾主关系：主人自谦，客人安慰。）当我们听到诗人自己的声音时，他在神祇吃饭问题上的立场没有给我们留下任何怀疑的余地：

> 于是他们坐下来一同饮食，
> 原来天使并不是有影无形的，
> 也不是雾中朦胧的幻象，如一般
> 神学家们所说的，他们真有
> 强烈的食欲，能够狼吞虎咽。（5.433-437）

《托比特之书》（我们可能还记得，这是部伪经）中拉斐尔最后的否认抹除了任何神祇可能摄入凡人食物的印象。

我们很快就会明白，为什么弥尔顿要在这儿冒险：他的整个宇宙论都和饮食有关。他告诉我们，"被造之物都需要给养"（5.414-415），他通过"给养"这个动词建立了从低到高的整个宇宙等级体系。大地和海洋；大地、海洋与空气；空气到月亮，月亮到太阳，"太阳把光明给予万汇，同时又从万汇吸收蒸汽作为报酬"。拉斐尔接着用更抽象和柏拉图式的调子重新表述这一等级体系的愿景，描述肉体如何转变成灵质，单纯的善如何变得完美无缺，此时整个宇宙机器已经被彻底灌注了饮食的含义。一个天使和两个凡人正在吃午饭的当下，不仅仅是通往天堂道路上的一个小小的偶发事件，而是它的基本出发点。而且，经过适当修改后，它也是终点：

> 将来会有一天，人和天使同吃，
> 而不觉得那些食物太轻，不习惯。（5.493-495）

从伊甸园里的水果开始，人类历史将发展到天国的羔羊婚宴[1]。

这里最重要的是要记住，所有这些弥尔顿式的对进餐的调用与美食、味道或味觉无关——当然，所有这些问题在本书中都是重要的——它关乎摄取，与人体吸收比自己更不精致的物质，从而变得更精致有关。因此他不得不拒绝托比特故事的结局——它采取了基督教徒常见的笼络方式，同时搁置了犹太人的信条，坚持要在人神之间设置不可逾越的障碍。为什么而吃应该是超越性的机制，这在弥尔顿的一个最惊人的场景里变得很明显。我们已经看到他如何宣布大天使有"真正强烈的食欲"，他将继续从那里微妙地谈到——从天使的角度来看，则是令人欣慰地谈到——满足饥饿的一个更真实的后果："吃了过

---

[1] 指《启示录》第 19 章描述的晚宴。

多的东西，精灵都能消化。"然而，在进食和排泄之间，他使用了一个非同寻常的专业术语。最好引用整个段落：

> 于是他们坐下来一同饮食，
>
> 原来天使并不是有影无形的，
>
> 也不是雾中朦胧的幻象，如一般
>
> 神学家们所说的，他们真有
>
> 强烈的食欲，能够狼吞虎咽，
>
> 也有消化，变革食物的热力，
>
> 吃了过多的东西，精灵都能消化。（5.433-439）

正是这种最特殊的进食行为才是弥尔顿的终点，也是我们的终点。

3

当弥尔顿漫不经心地把那个非常专业的术语变革（*transubstantiate*）丢进这个伊甸园聚餐的叙述中时，他指向的是所有饮食隐喻中最为激进的那个。[62] 我们从培根的隐喻性摄取到马塞尔模棱两可的摄取，在"在他体内"和"是他"之间，再到亚当和夏娃——他们吃了一块水果，这同时是一个重大的结果。反过来又把我们带到了最著名和持续再现的摄取实例。在这一行为中，以及在其数千年的不断重复和诠释中，我们找到了隐喻和具身化之间关系的基础，这处于人类吃与喝经验的核心。我们可以从《圣经》中保罗给哥林多的信的表达来识别它。这个场景是逾越节第一个晚上：

> 主耶稣在他被出卖的当晚拿起饼来，祝谢了，就掰开，说："这是我的身体，为你们舍的。你们应当如此行，为的是记念我。"

饭后，也照样拿起杯来，说："这杯是用我的血所立的新约。你们
每逢喝的时候，要如此行，就当记念我。"你们每逢吃这饼、喝这
杯，是表明主的死，直等到他来。(《哥林多前书》11:24-26)

也就是说，基督教是通过特殊的吃与喝行为建立起来的；每个信徒都
要重复这种行为，而这种重复的行为将衡量基督之死和他复活之间的
时间。[63] 但是，这个吃饭的例子究竟**意味**着什么？换句话说，它在培
根、普鲁斯特和弥尔顿的比喻尺度上的位置如何？我们在保罗身上
已经可以看到这个问题。"这是我的身体……我的血"指向字面的行
为——*moi*（我），而不是 *en moi*（在我体内）——而"为的是记念我"
则指明吃与喝是信徒对基督信仰的比喻。

那么，在食物和酒方面，在字面和隐喻之间，我们可以推测出什
么样的关系？毕竟，七大圣礼至少在天主教会存在。它们都没有像圣
餐那样经历过各种不同观点的诠释：我相信，这是因为它涉及吃与喝，
因为它包括字面上的摄取。这又是咽喉入口处的标志，上面写着："隐
喻到此为止。"

如果真的到此为止，那也会停在一个可怕的地方：可以吃的东西
不是饼干，不是苹果，而是基督的身体；基督徒成了食人族，不只是
吃他们的同类，而且吃他们的上帝。[64] 这些诠释的问题，以及所有这
些与食物有关的不安，从一开始就是故事的一部分。在保罗那里，整
个事件被掩饰了，变得简单合理，在三部对观福音中也大致如此。但
在《约翰福音》里，对字面和隐喻的严重焦虑突然爆发了。建立圣餐
礼的前奏是给五千人供食的故事。这种字面上的供食行为令耶稣得以
进行一些相当直接的比喻。"不要为那必坏的食物劳力，要为那存到永
生的食物劳力，就是人子要赐给你们的，因为人子是父神所印证的"
(《约翰福音》6:27)；"我就是生命的粮"(《约翰福音》6:35)。到目前
为止，他并没有要求我们按字面意思来理解这些比喻。但随后他又迈

出了关键的一步："我是从天上降下来生命的粮。人若吃这粮，就必永远活着；我所要赐的粮就是我的肉，为世人之生命所赐的。"在这时候，听众的表现是我们在别处类似的记载中没看到的。犹太人彼此争论说："这个人怎能把他的肉，给我们吃呢？"后来，在他毫不含糊地重复了这一说法（"我的肉真是可吃的，我的血真是可喝的"）之后，他们又嘟哝道："这话甚难，谁能听呢？"[65]

几千年来的人们都听了，几百年来的争论也集中在这个比喻的问题上。在宗教教义发展的每个阶段，以及随后的多元化阶段，在整个基督教神学世界中，没有什么主题比领受圣餐者在食用圣餐面包和葡萄酒时到底在摄入什么的问题更令人苦恼的争论了。《圣经》的起源照例是神秘的。对观福音明确提到了逾越节的第一天，这个场合无疑有助于形成一份内容明显是象征性的仪式菜单；但这一特定节日的核心象征行为，即以酒为基督之血，以肉为基督之肉身，在犹太律法中是如此陌生，我们只能断定这样设计是想要抹去与以往做法的任何关系。[66]显然，《最后的晚餐》的核心事件即耶稣的牺牲，与犹太教逾越节的意义只有非常间接的关系。

早期基督教神父们确实遭到反对者的困扰，因为像马太说的，从基督敌人的角度来看这位弥赛亚是"贪食好酒的人"（《马太福音》11:19）。更糟糕的是，他们面对的是更改了基督教故事的异端邪说，其中对信徒们应该吃其肉喝其血的神－人悖论进行了简化。因此，他们在自己的写作中努力从《最后的晚餐》可怕的训谕中找出某种意义。爱任纽[1]（Irenaeus）掩盖了吃的方面，把面包和酒看作祭品。德尔图良[2]（Tertullian）把"这是我的身体"解释成"我身体的象征"，但由于这恰恰**不是**耶稣在《约翰福音》中所说的，他继续在理论上进行说

---

[1] 130年～202年，基督教主教，早期神学家。
[2] 150年～230年，出生于迦太基，基督教会主教，早期基督教著名神学家和哲学家。

明，称除非有**真正的**身体，否则不可能有身体的**象征**，这样就认为基督可以食用的身体来源于修辞的过程。[67]

后来，安布罗斯[1]（Ambrose）将重点转移到耶稣语言的神奇力量上，即普通的饼和酒在耶稣进行命名之后就变成了他自己的血肉："所以可以看到，基督的语言如何拥有改变一切的力量。"[68]奥古斯丁在阐释学的操作上忠实于他自己的特质，他从耶稣关于圣餐不可妥协的比喻转向他自己对基督徒生活的指导隐喻：

> 他说："一个饼。"这一个饼是什么呢？难道不是由许多组成的"一个身体"吗？请记住：饼不来自单一的谷物，而是来自许多谷物。当你接受驱魔仪式时，你就被"磨"了出来。当你接受洗礼时，你就"被发酵"了。当你接受圣灵的火时，你就被"烘烤"了。成为你所看到的，接受你的本来面貌。这就是保罗关于饼的说法。因此，我们要理解的关于杯的内容也类似，不需要解释。在可见的饼中，许多谷物被聚集成一个，就像信徒们（经文如是说道）形成了"一心一意"（《使徒行传》4.32）。酒也同样如此。朋友们，请记住葡萄酒是如何酿造的。单个的葡萄挂成了串，它们的汁液都混合在一起变成一种酒。这就是我们的主基督选择的形象，表明在他自己的餐桌上，我们团结与和平的奥秘是如何被庄严地祝圣的。[69]

实际上，奥古斯丁抛出了一个诱饵，把问题从很难对付的——也就是对圣餐等同于食人的——解读，转向对食物本身的共同体验。奥古斯丁以他自己的方式从食物的角度解读圣餐。

事实上，在某种程度上，正是由于奥古斯丁的遗产，能指与所指之间这种往来的阐释空间在中世纪变得高度紧张，当时围绕这些进食

---

[1] 340年～397年，米兰主教、作家及赞美诗作家。

行为及其与神学关系的问题变得激烈甚至暴力。9世纪时，两位修道士之间的辩论——后来两人先后成了北法科米修道院的院长——为中世纪关于圣餐礼的讨论制定了规章。[70] 帕斯卡西乌斯·拉德贝如图斯[1]（Paschasius Radbertus）在一篇题为《论基督的身体和宝血》（"On the Body and Blood of Christ"）的论文中，采取了后来被称之为"现实主义"的立场：圣餐中的基督身体是由马利亚所生、在十字架上受难并死亡的同一身体。与此相反的是，他的同行修道士拉特兰努[2]（Ratramnus）以同样的标题写了另一篇论文，开篇是一个简单的哲学立场："彼此不同的事物是不一样的"，基督的身体，"从死里复活，从而不朽，'就不再死'"，是永恒的，而在圣餐中被歌颂的身体却是"暂时的"[71]。圣餐的身体是真实的，但形式却是"被隐藏"的。

这里的戈尔迪之结[3]在托马斯·阿奎那（Thomas Aquinas）借助异教哲学家亚里士多德的理论至少部分地解开了。[72] 亚里士多德的实体和偶性学说诞生于柏拉图的理型（form），认为所有实体都拥有一个本质的、不变的性质，但它在属性上也可以有所变化（亚里士多德统计了九类变化），同时仍然拥有相同的本质特性。如果我们进入这样的话语结构：把基督的血肉作为一方面，把圣餐作为另一方面，我们至少有了解决圣餐之谜的哲学纲领。而正是这种对"实体"的强调会催生天主教对所有这些问题的权威解答，即在1215年第四次拉特兰会议上颁布的圣餐变体论[4]，而且正如我们在上面看到的，在弥尔顿的《伊甸园》中也得到了呼应。[73]

无论我们从解决逻辑问题的角度，还是从解决教会团结问题的角

---

[1] 785年～865年，加洛林王朝的神学家、科尔比修道院（Corbie）的院长。
[2] ？～868年，法兰西修士和神学家。
[3] 西方传说中的物品，按照神谕，能解开这个结的人会成为亚细亚之王。
[4] 又称变质说、化质说，即基督教神学中认为面包和葡萄酒可以通过圣餐仪式转化为基督的身体与血液。

度去看，这个决定都无法结束争论。宗教改革是这些争论中另一特别激烈的章节。[74] 马丁·路德认为圣餐变体论是一种臆造：他认为这是一种**哲学上**的解决方案，真正的解决方案则应来自于信仰——特别是，上帝无处不在，因此无论在什么时间和地点，都可以在圣餐实体中存在。慈运理[1]（Zwingli）不能容忍圣体真实存在的想法；当慈运理派和路德派于1529年在马尔堡试图和解时，路德在面前的桌子上刻下了"Hoc est corpus meum"（拉丁文的"这是我的身体"），来维护一个没有商量余地的要求。约翰·加尔文（John Calvin）则对圣餐变体论或后来的圣体共在论[2] 没有兴趣；他发誓不会寻求解决办法——哲学再次被看作敌人——并宣布："不是亚里士多德，而是圣灵告诉我们，主的身体从他复活的时候起就是有尽的，并且在天堂里，直到世界末日。……我宁可去经历而不是去理解。"[75]

这虽然肯定不是故事的结局，但对于文化史（而且是美食文化史）而非神学史来说，从发端到早期现代的对圣餐在专业层面上的理解，谈到这里就可以了。但是，如果我们从不同的角度观察整件事，并按照本书习惯的方式，从食物的角度解读，会怎么样呢？

从本质上说，整个神圣的过程——无论人们认为其中有什么形式的转变或实体化——是被包围的，甚至可以说是被困扰的，因为它被固定在人类的吃与喝这种完全世俗和自然的事务中。毫无疑问，首先，这个仪式的起源可以追溯到相当普通的用餐实践——无论是罗马人的宴会、犹太人的庆祝活动，还是早期基督教信徒的聚会。在饼和酒获得主的肉和血的地位之前，它们可以是共享的礼物、好客的姿态、剩余的食物，或者是古代宴会时对穷人的慈善捐助。[76] 在被宣布拥有作

---

［1］　1484年1月1日～1531年10月11日，瑞士宗教改革领袖。
［2］　又称合质说、同质说，这种理论与圣餐变体论相反，相信圣餐仪式中基督的身体和血液是与面包和酒同在的，而不是通过弥撒转换而成。

为教条的意义（以不同的方式——这也是问题的一部分）之后，它们在物质上作为食物和饮料的性质并不能神奇地消失。

我们已经注意到奥古斯丁是如何将饼和酒的实际生产方法插入关于圣餐仪式的布道中的。但这与莎士比亚的潘达勒斯关于如何向克莱西达求爱的主题一样，只是一个有用的启发式比喻。随着圣餐仪式的实践变得越来越广泛，争论也越来越激烈，食物的物质性处于争论的中心。它究竟是与领受圣餐者的日常经验相同的普通面包，为了纪念犹太逾越节用的无酵的面包，还是像《公祷书》（*Book of Common Prayer*）中规定的那样"像通常在餐桌上和肉一起吃的面包，但要用方便易得的、用最好、最纯的小麦制作的面包"[77]？饮食入侵了神学。简单的家务事也入侵了神学：如何处理垃圾或剩饭？一旦这些物质通过牧师施法而祝圣，当基督的身体和血液变成糕饼屑和地板上的液滴时，该怎么办？这需要特殊的知识和处理程序。

简而言之，从教父时代到宗教改革时代，所有关于基督在圣体圣事中真实存在的问题和所有关于这些问题的争论都将受到饮食物质性这一问题的持续制约。这个问题可以用一对反证法的案例来说明。在教会偏向圣餐"现实主义"版本的时候，官方立场很容易受到对食物进行字面理解的反对意见的影响。因此，就有了所谓的粪便异端（stercorian heresy），其名称来自拉丁文 *stercus*（即粪便）。[78] 这个词是在中世纪早期创造的，为的是攻击一个假想的、可能从来没有人支持过的神学立场。从本质上讲，它对人们坚信基督在圣体圣事中真实存在进行讽刺，将基督的身体从被神圣化的圣体一直追溯到厕所。在其有限的、反驳假想对手的论证方式中，它拥有一些来自《马太福音》中段落的潜在权威。耶稣正在解释他对——不足为奇——饮食规则的修订，他后面的观点是，就口头活动而言，一个人说的话比吃的东西重要得多。他说，出口的是发自内心的；另一方面，"岂不知凡入口的，是运到肚子里，又落在茅厕里吗？"（《马太福音》15:17）[79] 当然，他想到的不是圣餐，当时还没有制定圣餐礼，但中世纪的神学家们可以建立这种联系。因此，有必要对这一饮食和圣餐的彻底写实进行论证，将"为维持这个肉体凡胎的生命而摄入的食物"与为圣餐摄入的食物区分开来。[80]

另一个比下水道问题有着更辉煌历史的反证法，再次证明了饮食的物质性问题；然而这里卑鄙的不是人类的消化系统，而是动物世界。不太清楚神学家是在什么时候开始担心老鼠吃了代表主的圣饼之后会发生什么，但很明显，从很早的时候起，在家务和神学的边界之处就存在着一个实际问题，即老鼠会进入放置圣餐材料的仓库，地方教会被他们的上级追问，因为这些材料比其他在橱柜里的食物更容易被老鼠偷吃，产生更为严重的后果。[81] 阿弗尔萨主教吉特蒙（Guitmund）是基督在圣体圣事中真实存在的支持者（见注80），在这种情况下，他找到了一种方法，在进行一些修改的基础上维持他的信念。没错，基督的身体进入了低等动物的体内，但救主曾在地狱里待过三天，短暂地居住在一只老鼠的消化道里有什么可怕的？反正基督已经复活，因此对啮齿动物内脏的蹂躏永远免疫。

一个半世纪后，老鼠的问题并没有消失，但是鉴于亚里士多德到阿奎那经院哲学的出现，这些问题要受到阐释学推理的影响。圣文德[1]（Saint Bonaventure）在13世纪中叶用了很多篇幅来讨论这个问题，他用一整个树状图来说明面包在接受者胃里的可能性（这里老鼠和人之间没有什么区别），但与之相对的，在圣体圣事来说，两个物种的进食后果是截然不同的。[82] 圣事的效力在于，人类——当然不是所有的人，像异教徒、异端、犹太人和有弥天大罪的人就不行——可能拥有对符号的充分理解，而老鼠则没有。就我们而言，这意味着食物和饮料在基督教符号学的宇宙中具有特权地位。

---

[1] 1221年～1274年，意大利道明会教父，极有影响力的神学家、哲学家，自然神学的早期提倡者之一，也是托马斯主义的创立者，著有《神学大全》。

食物的符号和实体的同时性远远不仅仅是个修辞问题，因为这套多重的、潜在的矛盾组合是实际被摄入的。但一种更现代的修辞可能有助于解释其中的利害关系。20世纪理论思维提出的基本两极之一是隐喻和转喻之间的区别。[83]两者都涉及用一个东西替代另一个东西：在隐喻中，由于某种概念上的相似，一个东西被选择替代另一个东西；在转喻中，替代的基础则是实际的邻近或重叠。这里与这种区别相关的是，前者发生在两个空间**之间**，后者发生在**共享的**空间。换句话说，这种替代究竟是指向两个实体领域**之外**的某种原因（你可以称之为任意的、想象的、强加的、象征的），还是指向它们各自的属性**之内**（可以称之为经验的、演变的、模仿的）。当耶稣说饼是他的身体，酒是他的血液，他似乎至少是在做一个隐喻性的替代。然而，当我坐在桌前，听了耶稣的话，吃了饼，喝了酒时，我必然会把这种替代行为看作转喻，因为饼和酒在我面前，因为我会用滋养我的身体（和灵魂）的方式摄入它们。因此，隐喻和转喻之间的距离相当可怕地坍塌了。圣餐仪式成为具身化挑战比喻最极端的例子。如果我在吃耶稣的血肉，我的身体本身就是上帝的转喻。

让我们把这一话语彻底带入现实，从神学到经验，从中世纪的争论到21世纪的网络空间。只要在谷歌上搜索一下"我应该咀嚼圣饼吗？"[84]就会发现成千上万的基督徒——似乎主要是天主教徒——在极度不确定的状态下度过了他们在祭坛栏杆前的时间，不是在担心圣礼的超验意义或基督在圣体圣事中真实存在的确切现实，而是担心他们应该用牙齿和舌头做什么。这个问题的答案（剧透警告）是，教会并没有对咀嚼问题做出明确的声明，因此领受圣餐者可以自然而然地想做什么就做什么。但这个难题的原因让我们回到了"最后的晚餐"中出现的所有饮食问题：饼和酒的规矩是在用餐中建立的，无论它们可能发挥什么神圣的功能，也都是普通的进食和营养对象。咀嚼还是不咀嚼，这里实际提出的问题是，我是在吃耶稣还是在吃晚餐。而教会在这一点上是沉默的。或者说，它只是就未得到解决的争论给出了很多著作——现在是很多字节。

4

从谷歌回到前现代文化，我们可以在这个问题——面对盛宴的场合，我们如何将圣餐与用餐、圣事与饮食区分开——中找到一个最重要的艺术实践。

而问题的答案是，非常艰难才能区分开。通过从神学到现象学，或者用更朴实的语言来说，从文字到图片，我们才可以最好地观察这个答案。神学家们可以从理论上阐述基督的身体和血液在圣餐过程中是如何被体验的。视觉艺术家则可能在他们的作品中注入指向这种正统信仰的专门标志，但不可避免地，他们要绘制出一群人吃饭的画面。这首先对他们的作品产生了影响：他们创造了一个在经验上被认为是在吃饭的场景。这对他们的观众也有影响：在面对圣餐的奥秘时，千百年来的基督徒必然会开始相信，圣餐看起来就像晚宴——虽然也许他们从未有幸参加过晚宴。

我们可以从简单到复杂，或者说，从和谐的部分谈到有问题的部分。与圣餐有关的最早绘画（普遍认为比拉文纳[1]的马赛克早几个世纪，这通常被认为是第一幅《最后的晚餐》）是位于罗马萨拉里亚新街的普利西拉墓窟（Catacombs of Priscilla）中的一幅壁画（图 5.22）[85]。这幅画很可能创作于 2 世纪早期，画中七个人坐在一张桌子的角落或者弧边。除了一位，所有人——其中一些或全部可能是女性——似乎都是以罗马人的习惯方式斜倚在桌前。桌上有一个杯子和几个装有鱼和饼的大盘子。没有斜倚着的那个人似乎拿着一块饼。在画面中还可以看到装饼

---

[1] 意大利东北部的城市，拜占庭帝国时期的意大利首都。

图 5.22　早期基督教,《圣餐》(擘饼), 2 世纪。
普利西拉墓窟, 罗马

图 5.23　早期基督教,《最后的晚餐》(饼和鱼的奇迹), 圣事墓室, 3 世纪。
圣卡利斯托墓窟, 罗马

的篮子。在不远处的圣卡利斯托墓窟 (Catacombs of Saint Callixtus) (图 5.23) 也有一幅年代较晚的壁画, 描绘的场景类似, 但保存状况较差, 也是七个人围着一张桌子, 桌上的盘子和篮子里装有饼和鱼。

　　毫无疑问, 这两个都是基督教场景, 但它们对应着什么典故呢? 后者被标注为《饼和鱼的奇迹》[86], 前者则被称为《擘饼》("Fractio Panis") [87], 指的是圣餐仪式中把饼擘开以便分发的阶段; 其实这个词在圣餐仪式的实践中被认可, 比这幅壁画诞生晚了好几百年。先说显而

图 5.24　安德烈·德·卡斯塔格诺，
《最后的晚餐》，1445 年。
圣阿波洛尼亚女修道院，佛罗伦萨

易见的：这两幅壁画——其中较早的那一幅毕竟是在庞贝之后几十年才出现的——与古罗马人，也就是异教徒的用餐绘画完全相似。我们可以认为这种相似性只是一个风格问题。但与此同时，它也告诉我们，早期基督徒观众能够识别的图像不仅模糊了基督教和异教之间的区别，也模糊了宗教与世俗的区别，这提醒我们，我们在"圣餐"和"最后的晚餐"等术语下归纳的活动与异教徒的各种宴席是相通的，因此虽然人们可能认为异教徒和基督徒之间存在巨大鸿沟，但视觉记录本身没有不容变通的教义区别。关于这些画面，以及它们在这个早期时刻被阅读和认识方式的假设中，说到底，我们认为给它们的名字在史实方面是准确的，但这些名字并非是指神学名词，而是食物词汇——饼、鱼。

　　一千年后，当基督教实践与其他事物之间的界限比地下墓窟时代更加绝对时，主的晚餐的形象还是以各种方式隐入了提供晚餐的世俗世界。例如，在 15 和 16 世纪的意大利北部，有大批画家接受委托为

图 5.25　多明尼克·吉尔兰戴欧，
《最后的晚餐》，1480 年。
诸圣教堂，佛罗伦萨

图 5.26　佩鲁吉诺，
《最后的晚餐》，1495 年。
富利尼奥姐妹修道院，佛罗伦萨

图 5.27　弗朗斯毕哥（弗朗西斯科·克里斯多法诺），
《最后的晚餐》，1514 年。
卡尔扎女修道院，佛罗伦萨

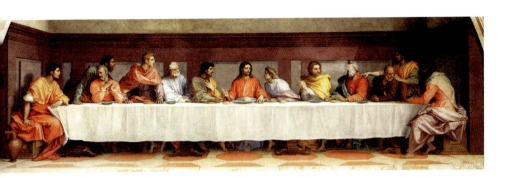

图 5.28　安德烈·德尔·萨托，《最后的晚餐》，1527 年。
圣萨尔维女修道院，佛罗伦萨

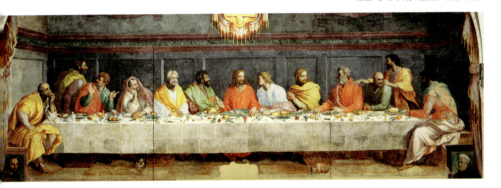

图 5.29　亚历山德罗·阿洛里《最后的晚餐》，1582 年。
卡尔米内圣母大殿，佛罗伦萨

宗教基金会的食堂创作以"最后的晚餐"为主题的画作。[88] 在佛罗伦萨附近可以看到六件这样的作品：安德烈·德·卡斯塔格诺[1]（Andrea del Castagno，1445 年）（图 5.24），为圣阿波洛尼亚（Sant'Apollonia）女修道院制作；多明尼克·吉尔兰戴欧（1480 年）（图 5.25），为诸圣教堂的乌米利亚蒂女修道院（Umiliati）制作；佩鲁吉诺[2]（Perugino，

---

[1]　1419 年～ 1457 年，意大利佛罗伦萨画家、雕刻家，作品风格主要受到马萨乔和乔托的影响。

[2]　彼得罗·佩鲁吉诺（Pietro Perugino），约 1446/1452 ～ 1453 年，意大利文艺复兴时期翁布里亚派画家，拉斐尔是其学生。

1495 年）（图 5.26），为富利尼奥姐妹修道院（Sisters of Fuligno）制作；弗朗斯毕哥[1]（Franciabigio，1514 年）（图 5.27），为德拉·卡尔扎女修道院（Convento della Calza）制作；安德烈·德尔·萨托[2]（Andrea del Sarto，1527 年）（图 5.28），为圣萨尔维女修道院（San Salvi）制作；亚历山德罗·阿洛里[3]（Alessandro Allori，1582 年）（图 5.29），为贝加莫附近的瓦隆布罗萨修道院（Vallombrosano）制作，现存于佛罗伦萨卡尔米内圣母大殿（Santa Maria del Carmine）。（我暂时省略了最著名的那一幅，它不在佛罗伦萨。）所有这些体现晚餐的作品都是专为装饰用餐的房间墙壁制作的。

从表面上看，这种主题的选择并不令人惊讶。在以上所有情况下，隐修者在一起用餐，同时大声朗读《新约》中的相关段落，因此他们与最著名的用餐场景作伴是很合适的。但是，在描绘用餐的画作前用餐的情况——这毕竟会让人想起庞贝的餐厅，里面装饰着餐厅主题的壁画，豪华的宴会空间则装饰着奥林匹斯山上宴会空间的图像[89]——说明了那次时常被回忆起的用餐及其各种理想化或神圣化的形式，与此刻的用餐之间存在着松弛的界限。画家在完成这些餐厅的委托时，对场景进行了几乎千篇一律的描绘，画中的人物被安置在一张狭长的餐桌旁，这无疑在很大程度上归因于（真实）房间里实际家具的摆放，这也使得两者的对应关系更加精确。耶稣和门徒们全部或大部分出现在餐桌的一侧，这既是让我们看到所有面孔的戏剧性要求，也让他们既彼此交流也与现实生活中的进食者进行对话。因此，经典的"最后的晚餐"几乎被当代日常的共餐实践所吞噬。当然，这也反映了耶稣最初训谕的神学观点："为的是记念我。"但能量是双向流动的。如果

---

[1] 1482 年～1525 年，文艺复兴时期佛罗伦萨画家。

[2] 1486 年～1530 年，意大利佛罗伦萨画家，活跃于文艺复兴繁盛时期，以壁画装饰、祭坛画、肖像画闻名。

[3] 1535 年～1607 年，佛罗伦萨矫饰主义晚期肖像画家。

图 5.30　老卢卡斯·克拉纳赫，维滕贝格祭坛画，
有路德在使徒中细节的《最后的晚餐》，1547 年。
圣母教堂，维滕贝格

修道院的午餐能呈现出"最后的晚餐"的一些荣耀，那么，《圣经》中
这一事件也可能会开始感觉有点像修道院中的供餐。

　　在新教传播广泛的北方国度有一个罔顾时间秩序的版本。[90] 老卢
卡斯·克拉纳赫为路德的故乡、宗教改革中心维滕贝格的教堂绘制的
祭坛画（图 5.30），显然在关于宗教图像的有效性和新教徒对圣事理
解的重要争论中发挥了作用。左边的图画是洗礼，右边的图画是忏
悔。这两幅画都坚定地定格在当前的时间，上面有改革者（分别是菲
利普·梅兰希通[1][Philipp Melanchthon]和约翰尼斯·布根哈根[2]
[Johannes Bugenhagen]）主持圣礼的画像。中央的画板使得时间安排
变得复杂。在一张圆桌上——其形状本身让人联想到中世纪时对这一

---

[1]　1497 年～ 1560 年，德国路德派改革家、新教改革的第一位系统神学家、路德宗教改革的
　　　知识分子领袖。
[2]　1485 年～ 1558 年，德国神学家和路德派牧师，在德国北部和斯堪的纳维亚组织路德教
　　　会，被称作"北方的第二使徒"。

场景的再现——耶稣与另外十二个人围坐在餐桌旁，其中包括人们熟悉的约翰紧靠在救主胸前的形象。一个坐着的门徒从餐桌转开，正在从别人手中接过一个圣餐杯子：这个门徒的面孔就是路德。事实上，桌子周围的所有"门徒"都是根据当时受敬重的新教人物画的，不管人们是否能在生活中认出他们，很明显的是，艺术家把所有的天赋都挥洒在他们个性化的相貌和衣着上。他们的对话互动充满活力，我们不得不，至少部分地，把他们从过去拉到现在。

当然，维滕贝格的祭坛画并不在一个专门用于就餐的空间，尽管它在当时肯定会让观众想起自家的餐桌，并由此将圣餐和更多世俗的饮食形式进行比较。但是，这些对于"最后的晚餐"穿越时空的再现中，画中使徒们的行为与画前之人的活动混合在一起，可以说它们部分是虔诚的，部分是颠覆的。只要这些是共餐的再现，它们就会让人深刻地体会到美好的基督徒生活离不开对基督生活的模仿，且任何与人共餐的行为都是在履行"为的是记念我"的训谕。但正如我们一再看到的那样，在进食的问题上存在一条边界线；在这种情况下，这里所涉及的问题与困扰 21 世纪所有不知道是否应该咀嚼圣饼的天主教徒的问题相同。与朋友们坐在桌前既可以是尘世的也可以是天堂的。但菜单呢？即使是修道士和新教徒也不会只靠吃饼和酒来维持生命。

解决这个问题的方法之一是在视觉传统中发展出一个故事版本，其中圣事的制定里根本不涉及进餐的时间。从很早开始，东方的基督教会就用一种被称为"使徒的圣餐"或"圣事的制定"的图像来覆盖这部分内容，有时将其紧密地进行组合；很久以后，在塞浦路斯的帕纳迪亚·波迪图教堂（Panadia Podithou），使徒们排着一条有序的队伍（图5.31）。在某些情况下，例如现存于敦巴顿橡树园[1]（Dumbarton Oaks）

---

[1]　位于华盛顿哥伦比亚特区市郊的联邦式建筑，建于 1920 年，现为敦巴顿橡树园图书馆和馆藏库。

图 5.31　使徒的圣餐，15 世纪。
圣尼奥菲托斯修道院教堂，帕福斯

的一个 6 世纪的圣餐盘（图 5.32），会强调圣餐分为两种，其中有分身
的基督站在祭坛上，一边递酒，一边递饼；为了强调这一点，在圣餐
仪式中有这两种不同的场景。在较晚的拜占庭的再现形式中，可能会
有"使徒的圣餐"和"最后的晚餐"的场景，而且描绘两个场景的作
品两者相距不远（图 5.33）。在东方，在再现圣餐的场景中，"使徒的
圣餐"最受欢迎。而在西方，类似场景直到 13 世纪才出现，仍然远不
如我们所知的"最后的晚餐"那么常见，不过西方也有引人注目的例

图 5.32 早期拜占庭时期，
有使徒的圣餐的餐盘，565 年～ 578 年。
拜占庭藏品，敦巴顿橡树园，华盛顿哥伦比亚特区

图 5.34 路加·西诺雷利，
《圣事的制定》(《使徒的圣餐》)，1512 年。
教区博物馆，科尔托纳

图 5.33 萨勒诺象牙板，
使徒的圣餐（上格），最后的晚餐（下格），
细节，11 ～ 12 世纪。
大教堂博物馆，萨勒诺

图 5.35 尤斯图斯·范·根特，
《使徒的圣餐》，1473 年～ 1474 年。
马尔凯国家美术馆（公爵宫），乌尔比诺

图 5.36　弗拉·安吉利科，
《使徒的圣餐》(《圣事的制定》)，
银柜门，约 1450 年。
圣马可修道院，佛罗伦萨

子，包括路加·西诺雷利[1]（Luca Signorelli）在科尔托纳创作的《圣事的制定》（*Institution of the Sacrament*）（图 5.34），它本身受到尤斯图斯·范·根特[2]（Justus van Ghent）为乌尔比诺的圣体教堂团体（Corpus Domini）制作的祭坛画（图 5.35）的影响。在西方艺术表现这一场景的版本中，许多——例如弗拉·安吉利科（Fra Angelico）在佛罗伦萨圣马可修道院（San Marco）的作品（图 5.36）[91]——都明确参照了"最后的晚餐"的餐桌，这证明如果旁边没有"最后的晚餐"做提醒，那么人们可能就不会意识到描绘使徒的圣餐场景有何含义。

　　另一个描绘大致相同的《圣经》材料的场景的存在，应该可以提醒我们，尽管我们可能认为达·芬奇和其他人的"最后的晚餐"的餐桌

---

[1]　约 1445 年～1523 年，意大利文艺复兴时期的画家，托斯卡纳地区的重要画家之一。

[2]　约 1410 年～约 1480 年，早期荷兰画家，曾在佛兰德斯接受训练并工作，后来移居意大利，为乌尔比诺公爵工作。

是经典，但它实际上相当引人注目地，更不用说是令人震惊地替代了在任何版本的基督教神学里都是中心主题的事物。无论基督坐在餐桌主位时做的是什么，都无关乎制定圣事，即进行一项他可能会说"为的是记念我"的神圣行动。从佛罗伦萨的那些食堂中的画作可以看出，这些画中"记念我"的事似乎是坐在餐桌前的行为。（一些作品中，耶稣**既**主持圣事，**又**坐在桌子的上首，就说明了这个问题。）因此，我们所知道的"最后的晚餐"，至少在图像上已经再现了一种对神学的劫持，将其带入共餐之中。

一方面，我们看到一个完全不符合《圣经》的场景，即使徒们在等待饼和酒；另一方面，一个在《新约》中多次叙述的场景省略了圣餐，只用隐喻暗示（正如我们所看到的，这可能是一个容易引发激烈争论的暗示）某种程度上晚餐就是圣餐。可以肯定的是，使徒列队有自身的依据——那就是教堂里向信徒分发面包和酒的实际做法。这两个场景都相当于一种模仿（*imitatio*），只是圣事的制定更符合字面意思：教徒们可以从他们的牧师那里接受基督的身体和血液，正如使徒们在基督那里做的那样，而且是在描述该场合的画面前，虽然其语境并不是吃饭。正如地下墓窟中显示的那样，西方教会的起源包括某种形式的罗马式宴会，所以，它更愿意以宴会为模式来举行圣事，而不是以基督一对一分配难以称为食物的物质为模式，这一点或许并非巧合。

当然，正如我们在第三章中所看到的，《希伯来圣经》和基督教的《圣经》中到处都有一些无疑可以被称为食物的物质，在"最后的晚餐"的背景下，它们可以帮助将《圣经》人物进餐正当化。我们可以看到，早在6世纪的《罗萨诺福音书》（*Codex Rossanensis*），晚至15世纪迪里克·鲍茨[1]（Dieric Bouts）的鲁汶圣事祭坛画中，"最后的晚餐"场景的边缘都涉及了《圣经》中的食物。在《罗萨诺福音书》

---

[1] 约1415年～1475年，早期尼德兰画家，首批展示使用单一消失点的北方画家之一。

图 5.37　最后的晚餐和圣事的制定，
出自《罗萨诺福音书》，6 世纪初。
大主教图书馆，罗萨诺

图 5.38　老迪里克·鲍茨，《最后的晚餐》，
有四个捐赠者，即圣餐兄弟会成员（中间）；亚伯拉罕和麦基洗德（左上）；
逾越节宴会（左下）；吗哪的收集（右上）；天使唤醒先知以利亚（右下）。
最后的晚餐祭坛，1464 年～ 1468 年。圣伯多禄教堂，鲁汶

图 5.39　洛伦佐·莫纳克，《最后的晚餐》，
来自佛罗伦萨圣加焦的祭坛画，1389 年～ 1390 年。
柏林画廊，柏林国家博物馆

（图 5.37）中，我们可以看到"圣事的制定"和"最后的晚餐"，在这些主题的周围，有《希伯来圣经》中的食物记载并按照饼和酒来划分。[92] 鲍茨的祭坛画（图 5.38）呈现了一个华丽的哥特版本的"最后的晚餐"，由四个较小的图像完美地框定了出来：亚伯拉罕和麦基洗德的会面，其中亚伯拉罕得到了饼和酒；逾越节的宴会；吗哪的收集；以利亚在沙漠中的场景，他从天使那里领受了——毫不奇怪——一块饼和一壶酒。[93] 这不仅仅体现了在《希伯来圣经》和《新约》之间的象征学。这是一种证明，即我们在努力寻找一种规则，让我们能将日常的营养摄入和味觉体验与对上帝的崇拜联系起来——这位上帝告诉我们要吃他的身体，喝他的血液。

　　当然，明确的规则并不存在，而且将"最后的晚餐"与"圣经"人物得到神给予的食品形式的帮助相关联，似乎不足以将圣餐和晚餐相提并论。然而，圣事场景本身内部有一个空间，在这里每个艺术家都不得不面对这个问题。那么，让我们观察这个空间——餐桌本身的空间——并进行思想实验，无须优先考虑艺术风格或流派或时期，只是观看几个世纪的艺术家都在努力解决的同一个问题："'最后的晚餐'吃什么？"

　　作为我们调查的起点，我们可以看看洛伦佐·莫纳克祭坛附饰画的一块面板（图 5.39），它是在约 1390 年为佛罗伦萨的圣卡特琳娜教堂（Santa Caterina）制作的，现存于柏林。[94] 这幅作品的构图是食堂风格的，不过它的出现早于之前讨论的这一类型的大型作品。不妨称之为柏拉图理想式的"最后的晚餐"，因为它最符合圣事的目的：桌上只有饼和酒，再加上一把非常朴实的小刀，估计是用来切饼的。那块饼甚至还散发着金色的圣洁光芒，有别于普通的面包。无独有偶，科西摩·罗赛利（Cosimo Rosselli）为西斯廷教堂（Sistine Chapel，1481年）画的《最后的晚餐》（图 5.40）中只有一个圣杯，而安德烈·德尔·萨托在佛罗伦萨圣萨尔维教堂（San Salvi，1527 年）创作的版本（图 5.28）里，除了饼和几个空盘子之外也没有任何其他东西。但是，

图 5.40　科西摩·罗赛利，
《最后的晚餐》，1481 年。
西斯廷教堂，梵蒂冈博物馆，
梵蒂冈城

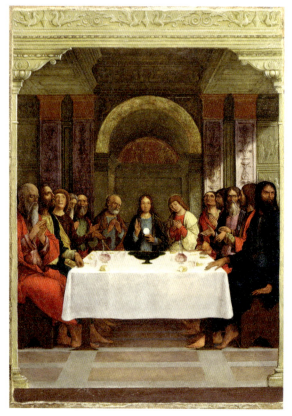

图 5.41　埃尔科莱·德·罗贝蒂，
《圣餐的制定》，
来自祭坛附饰画，约 15 世纪 90 年代。
国家美术馆，伦敦

图 5.42　丁托列托（雅各布·罗布斯蒂），
《最后的晚餐》，1594 年。
圣乔治马乔雷，威尼斯

即使是这种出于神学动机的构图方式，也有可能通往美食学：请看埃尔科莱·德·罗贝蒂（Ercole de' Roberti）在 15 世纪 90 年代创作的一块小幅镶板画（图 5.41），现藏于伦敦国家美术馆，它试图同时呈现"最后的晚餐"和"使徒的圣餐"。在这里，和洛伦佐·莫纳克的作品一样，除了饼和酒，什么都没有，尽管有耶稣的经典圣礼姿态，但圣餐材料处于类似晚宴的摆放位置。酒被装进了酒壶里，放在桌子的两边以方便饮用，饼被分放到了每个客人的面前。

　　事实上，对几百个"最后的晚餐"的调查显示，这种纯粹的圣事形式出奇地罕见。而且这不仅仅是时代风格的原因。的确，丁托列托[1]（Tintoretto）在 1594 年画了《最后的晚餐》（图 5.42），并在画

---

[1]　1518 年～1594 年，意大利文艺复兴时期伟大画家，与提香、委罗内塞并称威尼斯画派三杰。

图 5.43　马穆蒂尔圣典，9 世纪。
市立图书馆，欧坦

中的餐桌上摆满了各种食物，但我们也应该考虑安格诺洛·加迪画于
1390 年，现存于阿尔滕堡（也在第一章讨论过，图 1.5）的《最后的
晚餐》。虽然画风很简朴，有种乔托风格的感觉，但画面中的桌子上却
摆满了雅致的宴席用具。甚至在 9 世纪的马穆蒂尔圣典（Sacramentary
of Marmoutier）中，《最后的晚餐》插图里（图 5.43）餐桌上的一个
汤碗旁边也有（完全与圣事无关的）勺子，并有"主的晚餐"（CENA
DOMINI）的字样。

　　在中世纪晚期，王室大餐的概念也能激发艺术家对后台家庭场景
的想象，特别是在手稿传统或受该传统启发的作品中；因此，在阿西
西下教堂的彼得罗·洛伦泽蒂[1]（Pietro Lorenzetti）的作品（1320 年）
（图 5.44）中，在圆桌这一经典场景的隔壁，我们瞥见了厨房的劳动，
那里正在清洗盘子，剩饭则留给了猫和狗。[95] 与此相似的是《美男子

---

[1]　约 1280 年～1348 年，意大利画家，活跃于约 1306 年～1345 年之间，将自然主义引入锡
　　耶纳画派。

图 5.44 彼得罗·洛伦泽蒂，
《最后的晚餐》，1320 年。
下教堂，圣方济各，
阿西西，意大利

图 5.45 德累斯顿的祈祷书，
《最后的晚餐》，
背景中有基督为门徒洗脚，
还有一幅厨师正在准备晚餐的
圆图，出自《美男子腓力四世
的时日》，约 1495 年。
大英图书馆，伦敦

腓力四世的时日》（*Hours of Philip the Fair*）（图 5.45）一书中的一幅手稿插图，其中的中心画面显示耶稣和门徒坐在餐桌旁，桌上有一个空盘子，而在另一幅画中，四位厨师似乎正在准备把羊肉放到盘子上。[96]这些例子似乎告诉我们，虽然人们很难甚至不可能忘记"最后的晚餐"是有关于食物的晚餐，但这些食物的来源需要以某种方式和圣人所坐的场景分开。[97]

可以肯定的是，在某些方面，食物和神圣可能不需要以这种方式进行隔离。耶稣，在通用希腊语中是"耶稣，上帝之子，救世主"，缩写为 ΙΧΘΥΣ，是由鱼来象征的；而在尘世存在的层面上，如我们所看到的，他用鱼给众人供食。[98]另外，在《约翰福音》中，耶稣（由施洗约翰）被指定为上帝的羔羊，作为与"最后的晚餐"密切相关的逾越节庆典的一部分，引起作为节日牺牲的联想。因此，艺术家们有机会描绘两份菜单，无论从神学或从美食角度看，都完全适合他们希望我们在这个场合想象的盛宴。拉文纳的新圣阿波利奈尔教堂（Sant'Apollinare Nuovo）的 6 世纪马赛克（图 5.46）是"最后的晚餐"图像传统性形象的最早再现，其中有两条巨大的鱼放在围成半圆形的门徒面前的盘子里（另外在盘子的周围每隔一段距离有一小堆饼）。五个世纪后，萨勒诺象牙板画（Salerno Ivories）（图 5.33）中将一条有些大的鱼放在桌子上的焙盘里，周围环绕着类似中东面包的东西。桌上呈现羊肉的传统也在很早就开始了。卡普阿圣天使教堂（Sant'Angelo in Formis）的 11 世纪壁画（图 5.47）复制了拉文纳的马赛克。但我们在画里看到的不是盛在盘子里的鱼，而是焙盘里的羊肉；而圆形的饼还是沿着餐桌边摆了半圈。

如果圣餐和晚餐之间存在问题，那么餐桌上的这两个基督教符号是解决了问题还是激化了问题？从神学的角度来看，人们可能会说，这在逻辑上是成立的：耶稣是一条鱼，耶稣是一只羊；我们吃鱼吃羊；我们吃耶稣；因此，鱼和羊肉类似于辅助性的圣餐。从阐释学的角度来看，

图 5.46　早期基督教，最后的晚餐，
马赛克，细节，6 世纪。
新圣阿波利奈尔教堂，拉文纳

图 5.47　卡西诺山画家，
《最后的晚餐》，1080 年。
圣天使教堂，卡普阿

图 5.48 《最后的晚餐》，约 1150 年。山墙饰内三角面，西门，细节，圣朱利安教堂，圣朱利安德约尼兹村

我们正处于熟悉的隐喻和转喻领域。基督被隐喻为等同于这两种可食用的生物；但无论是圣餐还是饮食，因为有了进食行为，所以他就是这些生物，而我们和门徒一起，将这个多种形式的实体摄入我们的身体。

所有这些，甚至对中世纪和早期现代神学的宗教仪式来说都可能太抽象了。不那么抽象的是画家们的做法。艺术家将鱼和羊肉而不是丁骨牛排等放在"最后的晚餐"桌子上，是因为这两种食物由于自身具有所有的图像学属性在某种程度上是神圣的。然而，一旦它们出现在一个现实的场景中，或者在几个世纪以来可能算作现实主义的场景中，它们的所有食物特征都有可能会需要进行美食学方面的处理，从而将主题推向晚餐的方向。法国圣朱利安德约尼兹村（St-Julien-de-Jonzy）的一个 12 世纪的龛楣（图 5.48）上有一队使徒，每个人都在疯狂地切摆在自己面前的鱼。15 世纪初，在阿维尼翁小皇宫的《基督生活场景》（*Scenes from the Life of Christ*）（图 5.49）中，马里奥托·迪·纳多[1]（Mariotto di Nardo）将羊肉放在一个明显盛有炖肉汤的汤盘里。现存于里斯本的弗朗西斯科·亨里克斯（Francisco Henriques）的《最后的晚餐》（1508 年）（图 5.50），其中的羊肉被切成不同的部分，就像现在人们在一家不错的超市里看到的那样。另一方面，现陈列于博尔盖塞美术馆的雅格

[1] 活跃于 1394 年～ 1424 年之间，佛罗伦萨画家，画作属于佛罗伦萨哥特风格。

图 5.49 马里奥托·迪·纳多，
《基督生活场景：最后的晚餐》，15 世纪。
小皇宫博物馆，阿维尼翁

图 5.50 弗朗西斯科·亨里克斯，
《最后的晚餐》，1508 年。
国立古代美术馆，里斯本

图 5.51 雅格布·巴萨诺，
《最后的晚餐》，1546 年。
博尔盖塞博物馆，罗马

PANEM ANGELORVM MANDVCAVIT HOMO

图 5.52　丹尼尔·克雷斯皮，
《最后的晚餐》，1630 年。
布雷拉美术馆，米兰

图 5.53
图 5.52 的细节

布·巴萨诺[1]（Jacopo Bassano）的《最后的晚餐》（1546年）（图5.51），盘子里不过是一个被剥了皮的羊头，因为晚宴已经结束，头上所有能吃的东西都被吃掉了。现藏于米兰布雷拉美术馆的丹尼尔·克雷斯皮[2]（Daniele Crespi）的《最后的晚餐》（1630年）（图5.52、5.53），其宴会桌上只有传统的羊肉和鱼（加上其他一些非必需品，包括盐、蔬菜、面包卷和类似柚子的东西），但画作中，食物向前倾斜的展示令人垂涎，使它们彻底成为美食，堪比五星级餐饮。

关键在于展示。对于远在克雷斯皮之前的几代艺术家来说，"最后的晚餐"的餐桌，不管它还可能是什么，都同时是一张画布，他们可以在上面展示精湛的表现技巧。吉尔兰戴欧在诸圣教堂的《最后的晚餐》（1480年）（图5.25）中，满足了基督教会教规对饼和葡萄酒的要求，还提供了刀、酒壶和杯子等必需餐具，但他在桌子上撒上了各种奇特而醒目的樱桃。当然，它们是（真正的）托斯卡纳晚餐的最后点缀之一，而且，除了炫耀艺术技巧外，它们还传达出这是用餐的最后时刻，（未描绘的）真正的"圣事的制定"将于此时发生。一个世纪后，亚历山德罗·阿洛里在卡尔米内圣母大殿的桌面画布（1582年）（图5.29）上进行了精彩的阐述。画面中没有特别突出饼和酒，但是，亚麻桌布再次闪闪发光，此刻似乎是甜点时间，桌子上布满了大量精致逼真的水果。

多亏了最近的修复工作，我们能够看到现存最早的由女性艺术家普拉蒂利亚·内里[3]（Plautilla Nelli）署名创作的《最后的晚餐》，这又是一幅佛罗伦萨食堂画，位于新圣母大殿（约1570年）（图5.54）。[99]她选择了一顿饭中稍早的时刻，此时饼、酒和羊肉都已上桌，还有（据我所知是独一无二的）沙拉，显然是那些已闻名世界的托斯卡纳

---

[1]　约1510年～1592年，威尼斯派画家，以描绘田野乡景见长。

[2]　1598年～1630年，意大利画家和绘图员，16世纪20年代在米兰工作的最具原创性的艺术家之一。

[3]　1524年～1588年，自学成才的修女艺术家，佛罗伦萨第一位著名的文艺复兴女性画家。

图 5.54　普拉蒂利亚·内里，
《最后的晚餐》，1570 年。
新圣母大殿饭堂，佛罗伦萨

图 5.55　路易斯·特里斯坦，
《最后的晚餐》，约 1620 年。
普拉多美术馆，马德里

图5.56 达·芬奇,《最后的晚餐》,1498年。
圣玛利亚,米兰

图5.57 图5.56的细节

苦生菜中的一种。艺术家的工作又一次尽可能真实又令人垂涎地呈现上帝丰富的可食之物。最后一个例子来自另一国度,是路易斯·特里斯坦[1]（Luis Tristán）的《最后的晚餐》（普拉多美术馆,约1620年）（图5.55）,桌上食物种类繁多,除了羊肉和饼,还有瓜果、梨子,甚至还有刺菜蓟——清楚地揭示了提供所有这些食物的目的:耶稣和他门徒眼里的"最后的晚餐"对艺术家来说是静物画的练习,这又将我们拉回到本章开始时的模仿主题上。

在餐桌布置的大部分问题背后未透露名字的人物,当然是那幅最

[1] 1586年～1624年,西班牙画家。

伟大的《最后的晚餐》的作者，他也是最伟大的艺术家，能够精确地记录自然界的产物，无论是食物还是其他。[100] 在吉尔兰戴欧的樱桃和随后一个世纪出现在《最后的晚餐》餐桌上的各种食物之间，缺少的关键环节就是达·芬奇。他于 1498 年在米兰的圣玛利亚感恩教堂女修道院创作了他的杰作（图 5.56），从完成的那一刻起就广受赞誉。当然，在这个庞大领域中，我们的主题仅限于餐桌上的食物。不幸的是，这幅画命运多舛，先是艺术家自己选择的颜料十分糟糕，画面后来经历了褪色，之后还受到破坏和不当修复，餐桌上的食物遭受了巨大的损失——也许比想象的还要大，因为人们永远不会认为它们值得像故事中更重要的元素那样得到保护性的处理。我们现在看到的肯定是一张摆满的桌子（图 5.57），但我们不清楚摆在桌上的是鸡蛋还是面包卷，是鱼还是羊肉——事实上，我们也不清楚现在看到的是不是 1500 年的人们能看到的达·芬奇原作，还是一些善意的修复者以自己对食物的猜测进行修复后的作品：一切已不可考。

达·芬奇作品的同时期摹本，以及他们各种有争议的自称的权威，也没有提供确定性。有些作品，如 16 世纪初归属于乔瓦尼·皮耶特罗·比拉戈（Giovanni Pietro da Birago）的版画（图 5.58），增加了主菜（耶稣的盘子在所有其他版本中都是空的，在这里放了一尾大鱼），而其他作品，如达·芬奇的年轻助手马可·达·奥焦诺[1]（Marco d'Oggiono）的摹本（图 5.59），现存于埃库昂城堡的小教堂，维持了一种优雅有序的餐桌的感觉。[101] 歌德等早期观众经常注意到在达·芬奇的原作中，显然曾经有一个翻倒的盐瓶，它被意味深长地放在犹大伸手可及的范围内；后来又有一位观众称，菜单里显然有一盘烤鳗鱼配橙片，但我们并不清楚这是否属实。[102]

对于达·芬奇《最后的晚餐》中的晚餐吃什么的问题，现在的观

---

[1] 约 1470 年～约 1549 年，意大利文艺复兴画家，作为达·芬奇的学生临摹了其许多作品。

图 5.58　归于乔瓦尼·皮耶特罗·比拉戈，
《有一只小猎犬的最后的晚餐》（在莱昂纳多之后），约 1500 年。
大都会艺术博物馆，纽约

图 5.59　马可·达·奥焦诺，
仿照达·芬奇的《最后的晚餐》，1509 年。
国家文艺复兴博物馆，埃库昂城堡

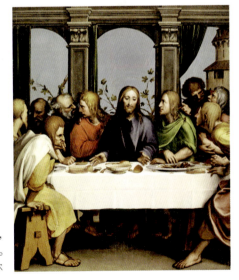

图 5.60　小汉斯·荷尔拜因，
《最后的晚餐》，约 1527 年。
艺术博物馆，巴塞尔

众能做出的贡献，并不取决于审视餐桌本身，而是取决于餐桌旁的中心人物。在早期的任意一幅《最后的晚餐》中，没有任何一位耶稣（之后也没有，除了那些明确模仿达·芬奇的作品，例如巴塞尔的汉斯·荷尔拜因[1]［Hans Holbein］的版本；图 5.60）[103]，与桌上食物的关系——或者说，与门徒或观众的关系——是以达·芬奇的方式呈现的。与众不同的是，达·芬奇的耶稣无论从哪方面看都没有关注门徒，也没有向画面之外凝视观众。他的手势拥抱并祝福的是食物，是自然界的产物，也是艺术家对自然界产物进行复制的练习。就像之前和之后的画家一样，在铺着亚麻桌布的餐桌上摆些什么毕竟是艺术家本人的意愿，即使在此处作品里呈现的食物的痕迹已经湮灭。

就像我们在本书中已经做到的，从桌上食物的角度解读"最后的晚餐"，取决于潜在的而非明确的意义。唯一正式具有意义的食物是饼和酒；其余的只是随着再现宴会的要求和吃与喝的普遍经验而出现的。然而，在"最后的晚餐"的故事中，有一处非圣事的食物不是潜在的，而是明确的。它始于《约翰福音》中一段奇怪的话：

> 耶稣……心里忧愁，就明说：我实实在在地告诉你们：你们中间有一个人要卖我了。门徒彼此对看，猜不透所说的是谁。有一个门徒，是耶稣所爱的，侧身挨近耶稣的怀里。西门彼得点头对他说：你告诉我们主是指着谁说的。那门徒便就势靠着耶稣的胸膛，问他说：主啊，是谁呢？耶稣回答说："我蘸一点饼（give a sop）给谁，就是谁。"耶稣就蘸了一点饼，递给加略人西门的儿子犹大。（《约翰福音》13:21-26，钦定本）

---

[1] 此处指小汉斯·荷尔拜因（Hans Holbein the Younger），约 1497 年~1543 年，德国北方文艺复兴时期画家，擅长油画、版画，其父老汉斯·荷尔拜因也是著名画家。

图 5.61　耶稣向犹大献上酒，斯图加特诗篇，fol. 53r，9 世纪。
符腾堡州立图书馆，斯图加特

　　这是整个故事中的高潮时刻。耶稣揭示了他将被出卖，而且他只用最少的掩饰就揭示了谁会出卖他。但是，为什么会蘸一点饼呢？原文的 τò ψωμίον 现在往往被翻译成 morsel（一小份），但我特意引用了钦定本《圣经》，以便使用这个老派的措辞，以尊重我们的英语表达"giving someone a sop"（给某人小恩小惠），意思是提供一种安慰性的赠品，而没有给予更大的慷慨。[104] 耶稣在这里履行了传统的仪式，即将一块饼在公用盘子里蘸一下，再把它递给一位受到优待的客人，这是表示对于该客人特别亲密的姿态。然而，在这种情况下，耶稣给犹大的一小块饼只是假装成特殊的恩惠，而事实上没有给出更大的爱和救赎的礼物。耶稣在给犹大小恩小惠。

　　还有一件食物，在这里占据了宣布救主即将面对死亡的关键位置。耶稣为他自己与食物有关的行为提供了部分解释，他引用了《诗篇》第 41 篇："连我知己的朋友，我所倚靠吃过我饭的，也用脚踢我。"现在门徒之间的聚餐是一个明确地将信任等同于分饼的场合，耶稣抓住了这个时机进行一种戏仿。不管耶稣这样突然进行食物上的决裂的动

图 5.62　最后的晚餐，
奥托二世皇帝的黄金装饰细节，约 1020 年。
巴拉丁礼拜堂，亚琛大教堂

图 5.63　最后的晚餐，
浮雕装饰的大理石瓦片，来自布道坛，13 世纪。
圣母升天圣殿，沃尔泰拉

机是什么，在视觉传统中，递蘸饼的姿态成为"最后的晚餐"中再现犹大时的一个基本形象。甚至可以说，在西方教会中，识破背叛行为的视觉题材比对圣餐本身的再现更重要，因此"最后的晚餐"超过了"使徒的圣餐"。而这种识破是通过蘸一点饼实现的。

　　无论是出于神学原因还是其他原因，整个西方中世纪的形象塑造都痴迷地转向了犹大，而犹大几乎总是在接受那份致命的小恩小惠。[105]在 9 世纪的斯图加特诗篇（图 5.61）中，《诗篇》第 41 篇关于吃了我的饭并背叛我的朋友的文字，实际上是用从"最后的晚餐"中分离出来的耶稣的图像来说明的，画面中耶稣拿着一个精致的圣杯，给犹大喂蘸饼（而在另一个别处出现的主题中，一只象征诅咒的黑鸟也在犹大的嘴边盘旋）。在亚琛大教堂 11 世纪的祭坛围屏（图 5.62）上，犹大在接过蘸饼时，一只脚已经踏出了门外，想必是要去背叛了（实际上，耶稣也对他说，要做的事应该快点做）。沃尔泰拉（Volterra）大教堂布道坛上的 13 世纪大理石装饰（图 5.63）将一个脸型瘦削的犹大（也许暗示了不同的种族或民族）孤零零放在餐桌下，他的身后是一条

　　　　　饥饿的眼睛：吃喝以及罗马至文艺复兴时期的欧洲文化

图 5.64　豪梅·塞拉,《最后的晚餐》,14 世纪。
西西里大区美术馆,巴勒莫

凶恶的蛇;当耶稣将蘸饼递给他时,桌布的折叠部分被拉开,显露出了一个明显类似领受圣餐的姿势。

　　其他描绘这一幕的作品很不符合宗教经典,它们剔除了耶稣在这一过程中的任何参与,而让犹大从圣桌上取食;他显然不满足于区区一块蘸饼。在圣天使教堂 11 世纪末的壁画(图 5.47)中,当其他门徒正襟危坐于早期"最后的晚餐"中常见的半圆形桌子周围时,犹大伸出长臂抓取一些刀工精良的羊肉。类似的还有巴勒莫的豪梅·塞拉[1]

---

[1]　? ～ 1405 年之后,加泰罗尼亚画家,绘画风格受锡耶纳画派影响很深。

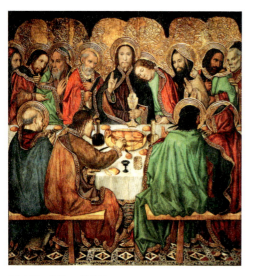

图 5.65　豪梅·胡盖特，
《最后的晚餐》(Sant Sopar)，
圣奥古斯丁祭坛画的细节，约 1462 年～ 1475 年。
加泰罗尼亚国家艺术博物馆，巴塞罗那

图 5.66　凡尔登的尼古拉斯，
《最后的晚餐》，出自凡尔登祭坛，始于 1181 年。
修道院藏品，克洛斯特新堡

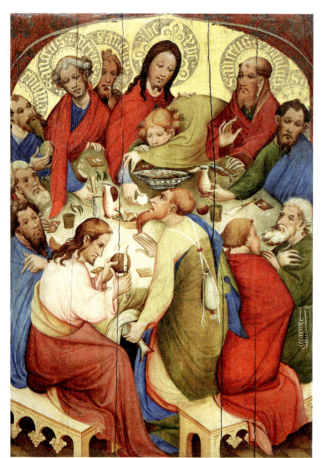

图 5.67　康拉德·冯·索斯特，
《最后的晚餐》，1403 年。
合唱团，新教城市教堂，巴德维尔敦根

（Jaume Serra）创作的 14 世纪祭坛附饰画（图 5.64），我们看到一个长着鹰钩鼻子的犹大把手放在羊肉碗里。而巴塞罗那的豪梅·胡盖特[1]（Jaume Huguet）创作的《最后的晚餐》中，当所有带着光环的门徒都表现出虔诚的态度时，被放在显眼位置的犹大却在不紧不慢地扒拉逾越节羊肉。甚至还有人用食物对犹大进行进一步贬低：有一个编造的寓言讲的是他在前世偷了一条鱼；在克洛斯特新堡（Klosterneuburg）祭坛上的 12 世纪珐琅和黄金装饰（图 5.66）以及康拉德·冯·索斯特[2]（Conrad von Soest）15 世纪初在巴德维尔敦根（Bad Wildungen）的祭坛画（图 5.67）中，犹大在接受蘸饼的时候，藏匿着他那条来路不正的鱼，其形状与他装着不义之财的钱袋没有什么区别。

　　这里有大量的神学意义，可以追溯到的理念（例如，在奥古斯丁关于圣路加的文章中）如下：犹大确实接受了圣餐，但以某种方式亵渎了圣餐或以其他人吞下救赎的方式吞下了诅咒。[106]（毕竟蘸饼在圣餐的很多版本中都被称为面包浸酒礼。）然而，看到犹大吃蘸饼，或犹大把手放在羊肉盘子里，或犹大在背后藏匿偷来的鱼，这些视觉效果都是在暗示——毕竟，这些都是用餐的场景——他只是为了食物而在那里，因此他的在场是圣餐奇迹的对立面，圣餐从本质上（或最原教旨主义的意义上）是否认食物的食物性的。当信徒们思考这些图像时，他们可以在天堂的食物、同基督教生活的联系只是小恩小惠的食物，甚至是在偷窃的食物之间进行选择。或者，他们也可以做出达·芬奇的选择。从美食学的角度来说，他笔下的犹大没有做什么明显更险恶的动作，只是打翻了一个盐瓶。虽然这一动作背后可能有大量的道德寓意，但在他的《最后的晚餐》中，桌上的食物并不是救赎的反面；相反，食物在接受耶稣的祝福。

---

[1]　1412 年～ 1492 年，加泰罗尼亚画家。
[2]　约 1370 年～ 1422 年，西伐利亚最重要的艺术家，以所谓的国际哥特式柔和风格作画。

图 5.68　保罗·委罗内塞（保罗·卡利亚里），
《利未家的宴会》，1573 年。
威尼斯美术学院画廊，威尼斯

图 5.69　保罗·委罗内塞（保罗·卡利亚里），《基督在法利赛人西门家》，1555 年～ 1556 年。萨包达美术馆，都灵

5

　　碰巧的是，文艺复兴艺术的公共事务中最具戏剧性的一幕，恰恰取决于我们在本书中考虑的与食物有关的问题。为了说明"最后的晚餐"变成晚宴会带来怎样的危险，让我们看看宗教裁判所对艺术家委罗内塞进行的著名审讯，当时他为威尼斯圣乔凡尼保罗大教堂的食堂画了一幅巨大的宴席画，这幅画现存于威尼斯美术学院画廊（图5.68）。[107] 自审讯的文件在 19 世纪被发现以来，学者们进行了各种分析，研究宗教裁判所关注此事的原因（据我们所知，这是画家被带走接受这类审讯的唯一案例）；解读艺术家的回答，以判别他是装傻还是真傻；关注艺术家或宗教裁判所对确定这幅画的具体主题所给予的重

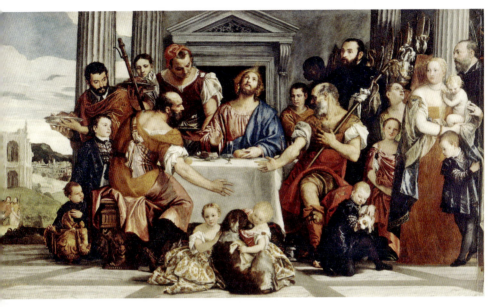

图 5.70　保罗·委罗内塞（保罗·卡利亚里），《以马忤斯的朝圣者》，1560 年。
卢浮宫博物馆，巴黎

视，以及如果这幅作品要被理解为"最后的晚餐"而非耶稣可能参加的其他宴会，怎样才能算得上得体。

　　毋庸置疑的是，委罗内塞接受委托画了一幅《最后的晚餐》，而且，从故事的结局来看，人们普遍认为，他将这幅画重新命名为《利未家的宴会》，这样就无须进行实际的修改，以免激怒宗教裁判所。由此可见，如果改个名字就能让艺术家摆脱宗教裁判所的制裁，那么"最后的晚餐"就是特别的。从审讯中可以看出，在绘画中再现出来时，"最后的晚餐"的独特性恰恰在于摒弃类似于普通晚餐的各种标志。

　　事实上，委罗内塞是这个问题的完美判例。在创作这幅作品时（1573 年）他已经声名大噪，成为了巨大宏伟的宗教节日画的头号大师，这一点从以下他的创作经历就可以看出来：

图 5.71　保罗·委罗内塞（保罗·卡利亚里），
《迦拿的婚礼》，1562 年～ 1563 年。
卢浮宫博物馆，巴黎

图 5.72　保罗·委罗内塞（保罗·卡利亚里），
《西门家的盛宴》，1570 年。
布雷拉美术馆，米兰

图 5.73 保罗·委罗内塞（保罗·卡利亚里），
《法利赛人西门家的晚餐》，1570 年。
凡尔赛宫和特里亚农宫，凡尔赛宫

图 5.74 保罗·委罗内塞（保罗·卡利亚里），
《迦拿的婚礼》，约 1571 年。
历代大师画廊，德累斯顿美术馆，德累斯顿

图 5.75 保罗·委罗内塞（保罗·卡利亚里），
《圣格雷戈里的晚餐》，1572 年。
贝里科山教堂，维琴察

《基督在法利赛人西门家》，1555 年—1556 年，为维罗纳圣纳扎罗和圣赛苏教堂的本笃会食堂所画，现藏于都灵（图 5.69）

《以马忤斯的朝圣者》，1560 年，赞助人不详，现藏于卢浮宫（图 5.70）

《迦拿的婚礼》，1562 年—1563 年，为威尼斯圣乔治马焦雷女修道院食堂而作，现藏于卢浮宫（图 5.71）

《西门家的盛宴》，1570 年，为威尼斯圣塞巴斯蒂安修道院创作，现藏于布雷拉（图 5.72）

《法利赛人西门家的晚餐》，1570 年，为威尼斯圣衣会士的食堂所作，现藏于凡尔赛宫（图 5.73）

《迦拿的婚礼》，约 1571 年，为库西那家族所作，现藏于德累斯顿（图 5.74）

《圣格雷戈里的晚餐》，1572 年，为维琴察贝里科山圣所而作，现仍存于当地（图 5.75）[108]

图 5.76　保罗·委罗内塞（保罗·卡利亚里），
《最后的晚餐》，1585 年。
布雷拉博物馆，米兰

还有后来的一件作品，即为威尼斯的圣索菲亚教堂创作的《最后的晚餐》——这幅画的名称没有受到质疑——现藏于布雷拉（图 5.76）。（事实上，这幅画的图像相当古怪甚至神秘，而且比其他宴会画都要简朴得多；也许宗教裁判所确实让艺术家对上帝产生了敬畏。）仅仅从画家接受和完成委托的频率来看，我们无法掌握全部作品的演绎程度；我们还必须想象这种量级的作品的巨大面积。委罗内塞几乎以一己之力（虽然有丁托列托的帮助），彻底改变了托斯卡纳人和达·芬奇实践中的食堂绘画概念，改变了几个人稀疏地坐在长桌边的简洁结构，使得房间里任何教士用餐的现实生活场景都不可能与墙上描绘的宴会相似。

　　虽然《利未家的宴会》是所有这些作品中最大的一幅，但之前的每一幅画也都很庞大，画面上都有宏伟的建筑和几十个与故事无关的人物。又比如《以马忤斯的朝圣者》，这个故事只需要三个食客和一块饼，却被渲染成有二十来个围观者外加一只小猎犬。这件事的寓意在于，圣乔凡尼保罗大教堂委托创作这幅有问题的《最后的晚餐》的时候知道会得到什么，委罗内塞也知道他在做什么——当然并不奇怪的是，在接受审讯时他对自己画的一些人物的记忆是模糊的。[109]

审判官则把从前种种都搬了出来，就委罗内塞过去的作品向他提问，得到的答案都是模糊的或回避的。虽然审判官问及"其他吃饭的人"并暗示他指的只是"最后的晚餐"主题的作品，因为在他心中要与圣乔凡尼保罗大教堂那幅画进行对比，但事实上委罗内塞已经展示了他自己对这个主题的不确定感，因为他谈及了为圣乔治马焦雷女修道院创作的《迦拿的婚礼》（图 5.71，现藏于卢浮宫），这时审判官很快纠正了他。事实上，艺术家自己提供的作品清单中没有任何一幅画可以被正当地称为《最后的晚餐》。（可能是委罗内塞的一种策略？）审判官很快就明确表示，他致力于保护的特殊神学属性的价值就蕴含在这个特殊主题中，而不是在任何一幅餐桌边有耶稣的旧画中。

显然，所有这些宴会的特征，再加上实际的圣事在画面中占据的空间如此之小，都体现出本应是故事中心的圣事受到的威胁，特别是它还被埋没在一种迥然不同的炫耀性消费的环境中。无论委罗内塞怎样表现得既困惑又真诚，都是在挑衅他的提问者，因为他坚持自己创造的场景根本的属性是食物，而对圣事无动于衷；比如说：

> 审判官：你所说的画是什么？
>
> 委罗内塞：这幅画表现的是耶稣基督与门徒在西门家的最后晚餐。
>
> 审判官：画在哪里？
>
> 委罗内塞：在圣乔凡尼保罗大教堂修士们的食堂里……
>
> 审判官：你画了多少个〔人物〕？他们都在做什么？
>
> 委罗内塞：首先是旅店老板西门；然后，在他下面是一个切肉的侍从，我想他是为了消遣而来，看看餐桌上的服务怎么样。（图 5.77）[110]

图 5.77　图 5.68 的细节，
右侧（旅馆老板、切肉侍从）

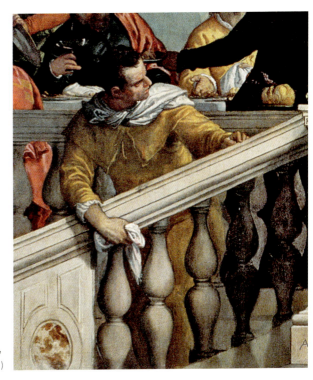

图 5.78　图 5.68 的细节，
左侧（流鼻血的仆人）

图 5.79　图 5.68 的细节
（穿着德国风服饰的士兵）

从一开始，当艺术家向审判官宣称事件发生在法利赛人西门的家里时，他就犯了双重错误，因为《圣经》没有指明"最后的晚餐"的地点，而且耶稣在西门家里吃饭时明显没有受到好款待。[111] 这些都不重要，因为根据委罗内塞提供的答案，他画中的西门并不是一个富有的法利赛人，而是旅店的老板，而且他身边还有一个在餐桌上为大家切肉的人，一个意大利文艺复兴时期独特的美食家形象。一位巴托洛梅奥·斯卡皮和克里斯托佛罗·梅西斯布戈式的美食礼仪大师，也就是确保餐桌上一切顺利的人（他是一个身穿优雅的绿色斗篷，姿态做作的领班式人物）。但是切肉人不能解决所有问题：

审判官：在你为圣乔凡尼保罗大教堂画的这幅《晚餐》中，鼻子在流血的那个人有什么含义？（图 5.78）

委罗内塞：他是一个仆人，因为某种意外而流鼻血。[112]

这种情况在威尼斯的盛大宴会上可能很常见，但在任何一本福音书中都没提到过。在"最后的晚餐"中，人们最不愿意看到的就是与主题无关的血迹。

图 5.80　图 5.68 的细节，
中间（圣彼得"切肉"）

图 5.81　图 5.68 的细节
（男人"用叉子剔牙"）

情况更糟了。审判官继续询问一些额外的人物，其中有两个士兵，他说他们的着装是德国式样的（图5.79），别的不说，这可能会触发对路德宗教改革后果的争论。委罗内塞回应说，这种聚会的主人是富人，肯定会雇用保安。所有这些都只是前奏，后续还有关于这些神圣人物本身更严重的问题：

> 审判官：在我们的主的餐桌上的人有谁？
>
> 委罗内塞：十二个使徒。
>
> 审判官：第一个人，也就是圣彼得在做什么？（图5.80）
>
> 委罗内塞：他在切羊肉，好把它递到桌子的另一边。
>
> 审判官：接下来的人在做什么？
>
> 委罗内塞：他拿着一个盘子，准备从圣彼得那儿接过东西。
>
> 审判官：告诉我们第三个人在做什么。
>
> 委罗内塞：他在用叉子剔牙。（图5.81）[113]

这就是问题的核心，也是基督教正统观念和文艺复兴繁盛时期宏大风格的绘画之间出现鸿沟的时刻。审判官期望看到的是圣事，委罗内塞——要么天真、要么假装天真——再次描述餐桌上最乏味，甚至是有点儿令人讨厌的细节来进行回答。这种回答的作用，就像任何伟大的喜剧误会的时刻（不论有意无意，它都是出高雅喜剧）[114]，因为两个对立的意识在他们水火不容的各自理解中都是完全合理的。审判官想看的是圣事，他失望了；如果委罗内塞只看到了晚餐，那是因为"最后的晚餐"的整个历史，特别是在其视觉再现中，并没有包括圣餐，至少没有包括字面意义上的圣餐。如果几口晚餐是对圣餐中饼和酒或是对它们应当转变为基督的身体和血液的比喻或转喻，那么委罗内塞实际上是在说："我没有看到。"而且，按照视觉艺术家的逻辑，"如果没看到，我就不画"。

委罗内塞的辩解把我们一路带回到"xenia"、"静物"和"模仿"，是为了维护画家作为可见的（而不是不可见的）世界里最高主宰的权威。虽然委罗内塞肯定不是达·芬奇或米开朗基罗那样的人文主义艺术家，但他已经吸收了贺拉斯对想象力虚构的伟大辩解。这在《诗艺》开篇中就出现了，并且从一开始就给视觉艺术家和诗人提供了许可："诗人和画家在尝试任何事物时都有同等的权利。"[115] 或者按照委罗内塞的说法，"我们画家使用与诗人和疯子相同的许可"[116]（从而给拥有这种自由的人增加了另一个群体，正如人们在莎士比亚《仲夏夜之梦》中读到的名句）。他主张真实可见的世界的权威性，主张他有义务为那个世界提供点缀，维护他自己的智慧："我用适当的、我的智慧（*intelletto*）能掌握的想法来绘画。"[117]

这个崇高的术语"intelletto"表明委罗内塞希望将自己纳入米开朗基罗的遗产中，后者在一首 16 世纪晚期广为传播的诗里，将自己的艺术天才（这里指的是雕塑）固定在了这个向内的空间里：

> 最好的艺术家也无法想象的东西
> 却有可能存在于一块石头里
> 它周围尽是多余的东西。
> 只有手才能释放它，
> 因为它有智慧作为指导。[118]

既然米开朗基罗可以在西斯廷教堂的《最后的审判》里加入这么多的裸体，委罗内塞用与之类似的艺术许可来为自己辩护也不足为奇。然而，这种说法对审判官没有任何作用。他很理智地回答说，裸体是经历最后的审判的人物的自然状态（这并没有阻止梵蒂冈当局就在此时将他们涂上颜料），[119] 但是《圣经》中"最后的晚餐"里却没有委罗内塞那种没有约束的热闹细节。但米开朗基罗的辩护的潜台词是，天才拥有不可剥夺的权利，而这种主张被证明是难以抑制的。关于《最后的晚餐》，一位艺术家在文艺复兴后期的这一时刻正在运用他的智慧，揭露出从基督教肇始就一直困扰着它的圣事与饮食的问题。

　　回顾这些热闹的宴会场景，它们洋溢着欢乐气氛，桌子上摆满了艺术家们能想象到的一切最好的食物和饮料，我们似乎又一次不可避免地要提到《未清扫的地板》。尽管没有任何前现代艺术家、神学家或观察者能够建立起这样的联系，但我们很难不注意到价值体系之间的对比，在古典时代晚期，宴会已经到达了除了渣滓什么都没有留下的阶段，而文艺复兴繁盛时期的基督教中，宴会无比丰富，也预示着一场没有尽头的天堂盛宴。然而，这两个场景的共同点是，无论这场宴会尚未到来还是已经结束，如果没有明确无误的吃与喝的迹象，对今生或来世的描述都是不完整的。

注　释

引　言

1. 引自 *The Norton Shakespeare*, ed. S. Greenblatt et al. (New York, 1997)。
2. 段义孚，"Pleasures of the Proximate Senses: Eating, Taste, and Culture," in *The Taste Culture Reader*, ed. C. Korsmeyer (London, 2016)。

第一章　从食物角度解读

1. 关于古代餐饮的学术研究质量非凡。我引用它是为了说明当前的主题，但其影响贯穿了本书的大部分内容。（我在这里强调的是希腊；关于罗马的优秀学术研究见第二章注释6。）如 Andrew Dalby, *Siren Feasts: A History of Food and Gastronomy in Greece* (London and New York, 1996) 及 *Food in the Ancient World from A to Z* (London and New York, 2003)。同样令人瞩目的 John M. Wilkins 及其多位合著者的作品如 John M. Wilkins and Shaun Hill, *Food in the Ancient World* (Malden, MA, 2006)，及 John Wilkins, David Harvey, and Mike Dobson, *Food in Antiquity* (Exeter, UK, 1995)。两部特别重要的理论著作是 François Lissarague, *The Aesthetics of the Greek Banquet: Images of Wine and Ritual* (Princeton, NJ, 1990) 及 Marcel Detienne and Jean-Pierre Vernant, *The Cuisine of Sacrifice among the Greeks* (Chicago, 1989)。具体到《会饮篇》，见 O. Murray, ed., *Sympotika: A Symposium on the Symposion* (Oxford, 1990)，及同一作者的 *The Symposion: Drinking Greek Style* (Oxford, 2018); 还有 Massimo Vetta, "The Culture of the Symposium," in *Food: A Culinary History*, ed. A. Sonnenfeld (New York, 1999), 96–105。
2. Plato, *Symposium* 176A, 英译本 A. Nehamas and P. Woodruff (Indianapolis, 1989)。
3. Plutarch, *Moralia*, "Table Talk" 6.686c, 英译本 P. A. Clement and H. B. Hoffleit, Loeb

Classical Library (Cambridge, MA, 1969)："回忆过去的饮食乐趣是一种不光彩的快乐，就像昨日的香水或残留的烹调气味一样虚无。另一方面，哲学探究和讨论的主题不仅对那些回忆它们的人来说永远存在，也带来了新鲜的快乐，还为那些没参加的人提供了同样的盛宴，是通过口头的报告来分享的。"

4. 英文全文参见 Immanuel Kant, *Anthropology from a Pragmatic Point of View*, 英译本 Robert B. Louden (Cambridge, UK, 2006)。

5. Kant, *Anthropology*, 136. 相关主题见 Miles Rind, "What Is Claimed in a Kantian Judgment of Taste?" *Journal of the History of Philosophy* 38 (2000): 63–85, 特别是结论部分："对康德来说，审美判断之所以值得'超验的审视'……是因为它们结合并普遍同意了对主观的、非概念的、非认知的，或者用他的话说是'审美的'特性的要求。"Rind 把这称为审美的"特殊"用法，他继续举出一个（想必会）令人惊讶的事实："对康德来说，'加那利酒是令人满意的'和'玫瑰花是美丽的'一样，都是'审美'判断的一个好例子。"另见 Paul Guyer, *Kant and the Claims of Taste*, 2nd ed.(Cambridge, UK, 1997), 及 "Hunger Is the Best Science: The Aesthetics of Food," in *The Philosophy of Food*, ed. D. M. Kaplan (Berkeley and Los Angeles, 2012), 52–68。关于康德和葡萄酒，见 Rachel Cristy, "Does Wine Have a Place in Kant's Theory of Taste?" *Journal of the American Philosophical Association 2* (2016): 36–54。康德对 *Kanariensekt* 的讨论（所有英译本都没有指出它是一种起泡酒）见于《判断力批判》第 15 章，这里他区分了美丽的（*das Schöne*）和令人愉悦的（*das Angenehme*）。关于康德喜爱加那利起泡酒引发的哲学问题及其在论述中的位置相对清晰的说明，见 *Stanford Encyclopedia of Philosophy*, s.v. "Aesthetic Judgment"。

6. 关于口味的问题，有很多有趣的历史和哲学作品。特别是 Carolyn Korsmeyer, *Making Sense of Taste* (Ithaca, 1999)，及 Denise Gigante, *Taste: A Literary History* (New Haven, 2005)。另见 Nicola Perullo, *Taste as Experience: The Philosophy and Aesthetics of Food* (New York, 2016)，Carolyn Korsmeyer, ed., *The Taste Culture Reader* (Oxford, 2005) 中也有一系列非常有趣的文章。

7. 引自 Leon Battista Alberti, *On Painting* 2.40, 英译本 C. Grayson (London, 1991)。

8. 见 Francesca Schironi, "The Reception of Ancient Drama in Renaissance Italy," in *A Handbook to the Reception of Greek Drama*, ed. B. van Zyl Smit（Wiley online, 2016），133-153。

9. 关于 *historia*（历史画）一词如何延伸到修辞、文学和历史等领域，参见 Anthony Grafton, "Historia and Istoria: Alberti's Terminology in Context,"

I Tatti Studies in the Italian Renaissance 8 (1999): 37-68。关于阿尔伯蒂的创作问题，见 Jack M. Greenstein, "On Alberti's 'Sign': Vision and Composition in Quattrocento Painting," *Art Bulletin* 79 (1997): 669-98。

10. 关于瓦罗湮没无闻的海量作品的历史和范围，见 G. L. Hendrickson, "The Provenance of Jerome's Catalogue of Varro's Works," *Classical Philology* 3 (1911): 334-343。

11. 引自 Aulus Gellius, *Attic Nights*, vol. 2, 英译本 J. C. Rolfe, Loeb Classical Library (Cambridge, MA, 1927)。关于文艺复兴时期对奥卢斯·格利乌斯的接受情况，见 Hans Baron, "Aulus Gellius in the Renaissance and a Manuscript from the School of Guarino," *Studies in Philology* (48): 107-25。

12. 关于卧躺餐席的更多信息，见本书第 2 章。

13. 见 Jack Greenstein 的作品，包括 "On Alberti's 'Sign': Vision and Composition in Quattrocento Painting," *Art Bulletin* 79 (1997): 669–98。

14. 引自 Giorgio Vasari, *Lives of the Painters, Sculptors, and Architects,* 英译本 Gaston duC. de Vere (New York, 1996)。意大利语引用源于 *Le opere di Giorgio Vasari con nuove annotazioni e commenti di Gaetano Milanesi* (Florence, 1878–85)。

15. 2010 年一个名为 *I Grandi bronzi del battistero Rustici e Leonardo* 的展览（见 "The Great Rustici Emerges from the Shadows," *New York Times*, 13 Dec. 2010）对鲁斯蒂奇作品的重新发现掀起了一阵短暂的热潮。

16. 关于布歇的画作，见 Colin Bailey et al., *The Age of Watteau, Chardin, and Fragonard* (New Haven, 2003), and John David Farmer, "A New Painting by François Boucher," *Bulletin of the Art Institute of Chicago* 68 (1974): 16-20。这幅画有两个版本。这里是椭圆形的，藏于芝加哥艺术学院；还有一个长方形的版本（现在多认为创作于芝加哥画作之后），在随行人物上有一些其他的变化，是 1747 年瑞典皇家建筑师委托的，现收藏于斯德哥尔摩国家博物馆。关于与法瓦特和"游园雅宴"（*fêtes galantes*）的关系，见 Melissa Hyde, "Confounding Conventions: Gender Ambiguity and François Boucher's Painted Pastorals," *Eighteenth Century Studies* 30 (1996): 25-57。

17. 这个标题——正确的写法是 *Pensent-ils au raisin*? 但是经常被以单数形式来引用 (*Pense-t-il, is he* thinking...)，还有人会把 *pensent* 拼错成 *pensant*，或者画蛇添足地使用 *raisin* 的复数形式，这在英语中是必要的，但在法语中不是——首次出现在 Jacques Philippe Le Bas 制作的当代绘画雕刻中；那里的版式是长方形的（见前注），与画作的位置左右颠倒。虽然标题的问题与布歇的最初构思并不完全相关，不过，这幅画和它的附属作《竖笛手》(*Le joueur de flageolet*) 的灵感来自法瓦特的田园娱乐作品 *Les vendanges de Tempé*，其中就绘制了类似的活动。

18. 见拙著 *Unearthing the Past: Archaeology and Aesthetics in the Making of Renaissance Culture* (New Haven, 1999)。

19. 这封信首次发表在 Carlo Fea, *Miscellanea filologica, critica e antiquaria* (Rome, 1790), 1.329，由笔者翻译。

20. 我是在已故的 F.W.Kent 对 *Unearthing the Past* 的善意评论中第一次知道这一译法的（*Renaissance Quarterly* 55［2002］: 689-690），这一点纠正了我。应该指出的是，这封信的英文引文倾向于将 Sangallo 的短语 "ci tornammo a desinare" 中的 *desinare* 译为"画"。然而这里我们似乎搞错了。进行全面搜索后，我找不到任何历史上的意大利语词典认为 *desinare* 是 *disegnare* 的一种形式。相反，它总是和吃东西有关，这在我看来，Sangallo 肯定是指午餐，而不是指绘制技艺。在那篇 RQ 评论中，一个有趣甚至不可思议的细节是，在纠正了我对 *desinare* 的看法后，作者和蔼地说，这本书"让这个读者渴求更多"。他似乎想到我该写一本类似的关于建筑的书（用他的话说，"还有一个值得伦纳德·巴坎来写的宏大主题"）。我没有写建筑学的著作，但我希望本书能满足 Kent 教授的一些渴求。

21. 必须指出，文艺复兴时期罗马的另一个关于古代艺术的伟大发现——尼禄的黄金屋——的叙述，也涉及饮食，且同样有一些文本上的模糊。1500 年左右，一位名叫 Prospettivo Milanese 的人对罗马废墟进行了生动且诗意的描述，告诉我们，画家们蜂拥在"石窟"（房子被错误地认为是建在地下的，因此绘画是"grotteschi"，也就是我们所说的 *grotesque*[1]）里，"Andian per terra con nostre ventresche / con pane con presutto poma e vino / per esser piu bizarri alle grottesche"。（"我们在地上爬行，带着我们的香肠、面包、意大利熏火腿、水果和酒，为了在 *grotteschi* 中更加诡异。"）奇怪的是，这里也有一些不确定的翻译，即他们是在匍匐前进（*ventre*）还是吃一种被称为 *ventresca* 的香肠。而意大利熏火腿、水果和葡萄酒则是没有疑问的。在废墟中野餐使他们"在 *grotteschi* 中更加怪异"的说法并不容易解读；也许它是指在崇高的古代绘画遗迹中进行如此平民化的野餐的违和感。Prospettivo Milanese 的文本见 Gilberto Govi, *Antiquarie prospettiche romane composte per Prospettivo Milanese dipintore*, http://www.

---

［1］ 字面意思是奇异怪诞的，词源是 grotto，即石窟，来自 16 世纪在罗马废墟洞穴发现的奇怪的壁画。

franuvolo.it/sito/doc/Leonardo-in/154.pdf。

22. 见 I. A. Richards, *The Philosophy of Rhetoric* (New York, 1936), 95–112。另见 I. A. Richards and C. K. Ogden, *The Meaning of Meaning* (New York, 1947), 212–42。

23. Pliny, *Natural History* 35.65. 我还在 *Unearthing the Past*, 87–88, 以及 *Mute Poetry, Speaking Pictures* (Princeton, NJ, 2012), 158–159 讨论了这个著名的故事。本书的第 5 章将再次谈及这个问题。

24. 关于柏拉图《理想国》，见第 10 卷。关于这个复杂的、被广泛讨论的话题，见 Stephen Halliwell 的杰作，*The Aesthetics of Mimesis: Ancient Texts and Modern Problems* (Princeton, NJ, 2002)。

25. Stephen Nichols, "Seeing Food: An Anthropology of Ekphrasis, and Still Life in Classical and Medieval Examples," *Modern Language Notes* 106 (1991): 818–51. 这是我非常受益的一篇精彩文章。

26. 关于 *historia*（历史画）和 *history*，见本章注 9。参见 Charles Dempsey, "*Historia and Anachronism in Renaissance Art*," *Art Bulletin* 87 (2005): 416-21 中为这两个术语消除歧义而产生的激烈争论。关于孤独的问题，我引用了（像以往一样，带着爱与尊敬）我的导师（*Doktorvater*），Thomas M. Greene, *The Light in Troy: Imitation and Discovery in Renaissance Literature* (New Haven, CT, 1982) 尤其是第一章 "Historical Solitude" 的内容。

27. Varro, *On the Latin Language,* vol. 2, 英译本 Roland G. Kent, Loeb Classical Library (Cambridge, MA, 1938), 9.4: "因为我们看到名词和动词类似的词尾变化得到了普遍的使用，而且我们把其他用法与这种用法进行比较，如果有任何错误，我们就借助这种用法进行纠正。因为如果那些布置餐厅的人放置的三张沙发中有一个不同大小的沙发，或者放好的沙发中有一张太靠前，或不够靠前，我们也要根据一般的习惯和其他餐厅的类似之处来进行纠正；同样，如果在说话时，有人在说话时词尾屈折变化出现了不规则的形式，我们就应该根据其他类似词语的模式来纠正错误。"

28. 关于卧躺餐席的更多内容，见本书第二章，关于"最后的晚餐"，见本书第五章。

29. 关于 Taddeo 和 Agnolo 的职业生涯的基本概述，见 Andrew Ladis, *Taddeo Gaddi: Critical Review and Catalogue Raisonné* (Columbia, MO, 1982), and Bruce Cole, *Agnolo Gaddi* (Oxford, 1977)。

30. 这句话本身在任何古典文献中都找不到逐字记录。然而，这句话经常被说成来自普鲁塔克《恺撒传》（17.5）中的一个逸事。在米兰的一次宴会上，当恺撒被送上用没药而不是橄榄油腌制的芦笋时，他毫无怨言地吃下了这种（显然是令人厌恶的）混合物，并告诉下属，抱怨食物做得不好比生产这种食物更没有礼貌。如果这就是人们所说的"品味无可争辩"的起源，那么很明显，这里涉及的品味本质上是关于饮食的。

31. 这个问题在 Steven Lowenstam, "Aristophanes' Hiccups," *Greek, Roman and Byzantine Studies* 27 (1986): 43–56 中得到了郑重对待。应该指出的是，Lowenstam 认为打嗝是暴饮暴食而非饮酒过度的表现。

32. 与"品味无可争辩"不同的是，这句话有显著的古典血统。它是老普林尼对过度饮酒的谴责的一部分。对于男人们的极端饮酒行为，普林尼宣称："于是，贪婪的眼睛为已婚妇女开价，他们沉重的目光将其出卖给她的丈夫；接着内心的秘密被公布于众：有些人明确了他们的遗嘱条款，有些人泄露了致命的事实，并且不对那些会通过喉咙的裂缝回到他们身边的话保守秘密，有多少人因此而丧命！俗话说，酒后吐真言［*volgoque veritas iam attributa vino est*］。" Pliny, *Natural History* 14.142, 英译本 H. Rackham, Loeb Classical Library (Cambridge, MA, 1942)。与我们对这句话的使用明显矛盾的是，普林尼似乎在谈论醉酒的人意外地揭示出应该被隐藏的真理。这句话出现在伊拉斯谟的《格言集》（*Adagia*）第 354 篇，其中的意思是，酒能让饮酒者的真实性格显露出来；据说亚西比德曾经说过："'酒和孩子都能说出真相'——酒自己就能做到！"（Plato, *Symposium* 271E）

33. 有人已经写出这样一本书了，而且写得非常好：Mark Kurlansky, *Salt: A World History* (Penguin, 2003)。

34. 关于这些大量研究课题的简要参考书目：关于高雅和通俗文化，经典的论述有 Raymond Williams, *The Sociology of Culture* (New York, 1982)，及 Herbert J. Gans, *Popular Culture and High Culture*, rev. ed. (New York, 1999)。核心和边缘的概念始于对世界经济的研究，特别是 Immanuel Wallerstein, *The Modern World System: Capitalist Agriculture and the Origins of the European World-Economy in the Sixteenth Century* (New York, 1974)。另见 Edward Shils, *Center and Periphery: Essays in Macrosociology* (Chicago, 1975)。在人文领域，见 Gian-Paolo Biasin, "The Periphery of Literature," *Modern Language Notes* 111 (1996): 976–989。关于压抑的复现（Return of the Repressed）经典的表述之一是弗洛伊德 1915 年的论 "Repression," *Standard Edition* 14: 141–58。另见 Ken Gemes, "Freud and Nietzsche on Sublimation," *Journal of Nietzsche Studies* 38 (2009): 38-59。事实上，所有这些论述在本书中并没有以有条不紊的缜密形式出现。就高雅和通俗文化而言，本书中几乎所有的东西都绝对属于"高雅"的范畴，反而是吃与喝

可能代表了高级文化中的一个"通俗"方面。至于"核心"和"边缘",我认为这个结构是在模拟吃与喝在被认为是更崇高的人类事业中的地位。而"压抑的复现"与压抑的具体细节关系不大,而是一组被边缘化的特定身体活动坚持要获取关注。直接与吃、喝有关的人类学和社会学代表作包括 Jack Goody, *Cuisine and Class: A Study in Comparative Sociology* (Cambridge,UK, 1982); Sidney Mintz, *Tasting Food, Tasting Freedom: Excursions into Eating, Culture and the Past* (Boston, 1996); 及 Mary Douglas, *Purity and Danger* (London, 1966)。

35. 经典论著包括 : Stephen Orgel, *The Illusion of Power: Political Theater in the English Renaissance* (Berkeley and Los Angeles, 1975),以 及 Roy Strong, *Art and Power: Renaissance Festivals 1450–1650* (Berkeley and Los Angeles, 1973),不过这两部作品都没有把重点放在吃与喝上。关于 Catherine de Médicis,除了 Strong 之外,还见于 R. J. Knecht, *Catherine de Medici* (London and New York, 1998)。

36. 关于 *Alltagsgeschichte* 的实践,见 Fernand Braudel 的作品,特别是 *Civilization and Capitalism, 15th–18th Centuries*。第一卷 , *The Structures of Everyday Life* (Berkeley and Los Angeles, 1992),帮助掀起了一场饮食历史化的革命,不仅用以前的历史学家没有采用的方式展示材料数据,而且更多从方法论的意义上认为 : 从对小麦、大米和玉米的研究中,从对特定食物喜好的培养中,从餐桌消费的阶级行为里,可以写出真正的、有分量的历史。正是由于这种历史写作,Carlo Ginzburg 可以选择一个普通的磨坊主作为其名作 *The Cheese and the Worms* (London, 1980) 的主题。最近,有学者将这种活动理论化,认为它是包括历史学家本身在内的社会结构的一部分,见 Alfred Ludtke, *The History of Everyday Life: Reconstructing Historical Experiences* (Princeton, NJ, 1995)。

37. 参见 Carolyn Stevens, "History of Women and Work: A Bibliography," *Feminist Teacher* 7 (1993): 49–61 中很有帮助的列举。当然在过去的 25 年里,此领域有了很大的发展。将前现代的妇女与食物联系起来的经典作品是 Caroline Bynum, *Holy Feast and Holy Fast: The Religious Significance of Food to Medieval Women* (Berkeley and Los Angeles, 1988)。

关于更适合当代世界的方法, Carole M. Counihan, *The Anthropology of Food and Body: Gender, Meaning, and Power* (New York and London, 1999); 同 一 作 者 与 Steven L. Kaplan 合作编辑了一本 *Food and Gender: Identity and Power* (London and New York, 1998)。另一本集子, Stephanie Lynn Budin and Jean MacIntosh Turfa, eds., *Women in Antiquity: Real Women across the Ancient World* (London and New York, 2016) 虽然不以食物为重点,但对早期的性别角色提供了重要的观察。

38. 见本书第三章。

39. 见本书第四章。

40. 不要把该短剧与更著名的"死鹦鹉"短剧相混淆，参见以下网站：Another Bleedin' Monty Python Website, Monty Python Scripts, "The News for Parrots / The News for Gibbons," http://montypython.50webs.com/scripts/Series_2/51.htm。

41. 见 Edward Skidelsky, *Ernst Cassirer: The Last Philosopher of Culture* (Princeton, NJ, 2011), 尤其是第 5 章, "The Philosophy of Symbolic Forms"。

42. 见瓦尔堡研究所和康奈尔大学图书馆之间的优秀联合项目，该项目帮助 Mnemosyne 项目重获新生。参见他们的联合网站，"Mnemosyne: Meanderings through Aby Warburg's Atlas," https://warburg.library.cornell.edu/。随着本书的出版，已经有一场展览和一本出版物致力于再现瓦尔堡的项目。*Aby Warburg: Bilderatlas Mnemosyne*, ed. R. Ohrt and A. Heil (Berlin, 2020).

43. 关于这个问题的开拓性工作见 Rensselaer Lee, *Ut Pictura Poesis: The Humanistic Theory of Painting* (New York, 1967)。这个话题几乎贯穿了我所写的一切作品。我在 *Mute Poetry, Speaking Pictures* (Princeton, NJ, 2013) 中直接提到了这一话题，其中包括该主题的广泛书目。

44. 关于这种关系见 Katherine Golsan, "The Beholder as Flâneur: Structures of Perception in Baudelaire and Manet," *French Forum* 21 (1996): 165–186。我对这一材料的思考很大程度上归功于 Alexander Nehamas (*Only a Promise of Happiness: The Place of Beauty in a World of Art*〔Princeton, NJ, 2007〕) 以及 Michael Fried (*Manet's Modernism: The Face of Painting in the 1860s*〔Chicago, 1998〕)。

45. 该图以及更多相关解释，见 Erwin Panofsky, *Studies in Iconology: Humanistic Themes in the Art of the Renaissance* (New York, 1972), 3–17; 以及 Panofsky, *Meaning in the Visual Arts* (Garden City, NY, 1955), 26–54。

46. 见 Paul Ricoeur, *Hermeneutics and the Human Sciences* (Cambridge, UK, 1981), 特别是 "What Is a Text: Explanation and Understanding," 145–160。

47. Pliny, *Natural History* 36.60, 英译本 D. E. Eichholtz, Loeb Classical Library (Cambridge, MA, 1962), 10:145。

48. 关于这部宏伟的作品，有待进行伟大的学术研究与阐释。同时请见以下这些有帮助的作品：Bartolomeo Nogara, *I Mosaici antichi conservati nei palazzi pontifici del Vaticano e del Laterano* (Milan, 1910) 3–5; K. E. Werner, *Die Sammlung antiker Mosaiken in den Vatikanischen Museen* (Vatican City, 1998), 260–275; E. Moormann, "La Bellezza dell' immondezza", 参见 *Sordes urbis*, ed. X. Dupré Raventós and J.-A. Remolà (Rome,

2000), 83–91; 以及 Paolo Liverani and Giandomenico Spinola, *Vaticano: I Mosaici antichi* (Vatican City, 2002), 30–35, 104–106。

49. Pliny, *Natural History* 35.25. 我在一些已出版的作品里进行过复述，见 *Unearthing the Past*, 81–82; see also *Mute Poetry*, 35–36, 90–91。

50. 见 J. J. Pollitt, *Art in the Hellenistic Age* (Cambridge, UK, 1986), 127–149 中 "Rococo, Realism, and the Exotic" 一章；另见 John Onians, *Art and Thought in the Hellenistic Age* (London, 1979), 17–52。

51. 见本书第五章中关于 *xenia* 和静物的讨论。

52. 在列举了桑特拉在餐桌上要求的东西（"三份野猪杂碎，四份腰肉，两只野兔的腰腿肉和带肩肉前腿肉"）以及他偷偷放进餐巾的东西之后，有趣的是，他跑回家把自己锁在房间里，然后，就在读者以为他会大快朵颐的时候，我们被告知 Santra "第二天把它卖了"。Martial, *Epigrams*, 英译本 D. R. Shackleton Bailey, Loeb Classical Library (Cambridge, MA, 1993), 2:89。

53. *Institutio oratoriae* 8.3, 英译本 D. A. Russell, Loeb Classical Library (Cambridge, MA, 2002), 126:379。这段话来自于西塞罗 *Pro quinto gallio* 的演说片段。

54. 当然是指 Johan Huizinga, *Homo Ludens* (London, 1949)，特别是 chap. 10, "Play-Forms in Art"。

55. 见马提亚尔作品的各处，例如 *Epigrams* 11.77: "*Vacerra* 把所有的时间都花在厕所里，整天坐着。他不想拉屎，他想吃晚饭，" 对此，Loeb 的注释是："他希望遇到一些熟人并得到邀请"（480:65）。关于这些问题，见 Matthew Britten, "Don't Get the Wrong End of the Stick: Lifting the Lid on Roman Toilet Behavior," *Reinvention* 7, no. 1 (2014), https://warwick.ac.uk/fac/cross_fac/iatl/reinvention/issues/volume7issue1/britten/#Note1。

56. 另见本书第二章中关于罗马宴会秩序问题的讨论。

第二章　罗马的饮食

1. 在《自然史》第 35 卷（谈绘画）中，罗马的主要特点就是艺术的发展受到皇帝资助，但当普林尼在 35.34 中宣布他 "现在将尽可能简要地介绍一下杰出的绘画艺术家" 时，列出的都是希腊人。与第 36 卷中的雕塑相似：作品位于罗马并与罗马帝国的历史交织在一起，但它们是由希腊人创作的。见 Francesco de Angelis, "Pliny the Elder and the Identity of Roman Art," *Res: Anthropology and Aesthetics* 53/54 (2008): 79–92; 以及 Valérie Naas, "L'art grec dans l'*Histoire*

Naturelle de Pline l'Ancien," *Histoire de l'Art* 35/36 (1996): 15–26。

2. "我相信有人将铸造出充满生机的铜像，造得比我们高明，有人将用大理石雕出宛如真人的头像，有人在法庭上将比我们更加雄辩，有人将用指针绘制出天体的运行图，并预言星宿的升降。但是，罗马人，你记住，你应当用你的权威统治万国，这将是你的专长，你应当确立和平的秩序，对臣服的人要宽大，对傲慢的人，通过战争征服他们。" Virgil, *Aeneid* 6.847–853, 英译本 H. R. Fairclough, Loeb Classical Library (Cambridge, MA, 1967).

3. 关于西塞罗的两项来自学术界最近与稍早期的声明："谈论西塞罗和希腊哲学就是谈论西塞罗和哲学，就是这样。对西塞罗时代的罗马人来说，哲学是希腊的东西，没有其他的哲学。"引自 Gisela Striker, "Cicero and Greek Philosophy," *Harvard Studies in Classical Philology* 97 (1995): 53–61；以及"如果古代艺术史家绝对依赖西塞罗提供的信息，他的古代绘画史将呈现以下名字：Apelles, Aglaophon, Polygnotus, Zeuxis, Timanthes ...",引自 Grant Showerman, "Cicero's Appreciation of Greek Art," *American Journal of Philology* 25 (1904): 306-314。

4. 关于农业，见 Alan Bowman and Andrew Wilson, *The Roman Agricultural Economy: Organization and Production* (Oxford, 2013)。关于葡萄和葡萄酒，见 Stuart J. Fleming, *Vinum: The Story of Roman Wine* (Glen Mills, PA, 2001), 及 André Tchernia, *Le vin de l'Italie romaine* (Rome, 1986)。另见下文注释 6。

5. Walter Benjamin 在 *Über den Begriff der Geschichte* 一书中有一句经常被引用（引用得太过频繁了？）的话："没有一段文明的记录不同时也是野蛮的记录。"（"Es ist niemals ein Dokument der Kultur, ohne zugleich ein solches der Barbarei zu sein."）

6. 对这一主题的出色介绍见于 JeanLouis Flandrin and Massimo Montanari, eds., *Food: A Culinary History from Antiquity to the Present* (New York, 1999); Paul Freedman, ed., *Food: The History of Taste*, (Berkeley and Los Angeles, 2007); 以及 John Wilkins and Robin Nadeau, eds., *A Companion to Food in the Ancient World* (Malden, MA, 2015)。关于罗马人生产和食用的特定食品的研究，见 Patrick Faas, *Around the Roman Table* (Chicago, 2005), 及 I. G. Giacosa, *A Taste of Ancient Rome* (Chicago, 1994)。有两本书为本书所追求的这类工作设立了最高标准。Katherine M. D. Dunbabin, *The Roman Banquet: Images of Conviviality* (Cambridge, UK, 2003), 及 Emily Gowers, *The Loaded Table: Representations of Food in Roman Literature* (Oxford, 1993)。John H. D'Arms 的文章也同样具有启发性，遗憾的是这些文章还没

有汇编成书；见本章注释45。"Roman Dining," special issue, *American Journal of Philology* 124, no. 3 (Autumn 2003) 中有一些有价值的文章，其中一些在下面进行了引用。

7. 本章标题源于此。可以把它想象成"雅典人好哲学，佛罗伦萨人爱绘画，罗马人喜欢吃吃喝喝"。

8. Martial, *Epigrams* 4.44, 英译本 D. R. Shackleton Bailey, Loeb Classical Library (Cambridge, MA, 1993)。关于对这一灾难的其他诗意的回应，见 Martial, *Book 4: A Commentary*, ed. R. M. Soldevila (Leiden, 2017), 327。关于马提亚尔对失落的城市的改编，见 L. and P. Watson, *Martial: Selected Epigrams* (Cambridge, UK, 2003), 332–334。

9. "至于庞贝的葡萄酒，它们最上层的改进要用十年为单位衡量，而且它们并没有从积存的年代中获益。"(Pliny the Elder, *Natural History* 14.70, 英译本 H. R. Rackham, Loeb Classical Library［Cambridge MA, 1945］) 普林尼从中推导出一个挑战和吸引现代葡萄酒鉴赏家的非凡原则："如果我没有弄错的话，这些例子说明重要的是土地和土壤，而不是葡萄，继续长篇大论地列举种类是多余的，因为同一种葡萄在不同地方有不同的价值。"这句话是普林尼在长篇列举品种的过程中得出的结论。这种矛盾的进一步证据是他对维吉尔（在他看来）列举的葡萄酒太少的质疑。

10. 见 "Trade Routes and Commercial Products of Roman Pompeii," Campus Pompei, 29 Sept.2015,http://www.campuspompei.it/2015/09/29/trade-routes-and-commercial-products-of-roman-pompeii/。在更远的地方如西班牙，也发现了带有庞贝铭文的双耳细颈瓶，尽管它们可能是伪造的，这表明庞贝葡萄酒的声誉足以令人制作山寨版。

11. 见 Miko Flohr and Andrew Wilson, *The Economy of Pompeii*(Oxford, 2017), esp. 23–52。

12. 关于 garum 见本章后续的讨论。

13. 见 Paul Roberts, *Life and Death in Pompeii and Herculaneum* (Oxford, 2013), 该书与大英博物馆的庞贝大展同期，224-245；另见 Steven J. R. Ellis, "The Pompeian Bar: Archaeology and the Role of Food and Drink Outlets in an Ancient Community," *Food and History* 2 (2004): 41–58。

14. 参考文献为 *Corpus Inscriptionum Latinarum*, 参见 "CIL Open Access," iDAIimages/ Arachne, German Archaeological Institute (DAI) 及 Archaeological Institute of Univ. of Cologne, https://arachne.uni-koeln.de/drupal/?q=en/node/291。

15. 关于铭文，见 Alison E. Cooley and M.G.L. Cooley, *Pompeii and Herculaneum: A Sourcebook* (London and New York), 2004。

16. 关于热食店历史学的出色总结，见 Ellis, "The Pompeiian Bar"。

17. 关于卧躺餐席和家庭建筑的其他方面，见 Andrew Wallace-Hadrill, *Houses and Society in Pompeii and Herculaneum* (Princeton, 1994)。其他观点，见 Bettina Bergmann, "The Roman House as Memory Theater: The House of the Tragic Poet in Pompeii," *Art Bulletin* 76 (1994): 225–256; John Stephenson, "Dining as Spectacle in Late Roman Houses," *Bulletin of the Institute of Classical Studies* 59 (2016): 54–71; 及 David Frederick, "Grasping the Pangolin: Sensuous Ambiguity in Roman Dining, *Arethusa* 36 (2003), 309–343.Katherine Dunbabin, *Roman Banquet* 在这里是不可或缺的。另见她的"Triclinium and Stibadium," in *Dining in a Classical Context*, ed. W. J. Slater (Ann Arbor, 1991), 121–148。关于庞贝中可以确定为卧躺餐席的房间清单，见 Dunbabin, *Roman Banquet*, 219n39。

18. Roberts, *Life and Death in Pompeii and Herculaneum*, the catalogue for the British Museum exhibition;Cooley and Cooley, *Pompeii and Herculaneum: A Sourcebook* 中对城市进行了总体描述。前者的重点在饮食问题上。

19. 背景信息见 Joan Burton, "Women's Commensality in the Ancient Greek World," *Greece and Rome* 45 (1998): 143–165, 及 Matthew B. Roller, *Dining Posture in Ancient Rome* (Princeton, NJ, 2006), esp. chap. 2, "Dining Women: Posture, Sex, and Status"。

20. Fritz Saxl, "Continuity and Variation in the Meaning of Images," in *The Heritage of Images* (Harmondsworth, 1970), 13–26.

21. 对这一类型更为全面的理解，见 Caitlin E. Barrett, "Recontextualizing Nilotic Scenes: Interactive Landscapes in the Garden of the Casa dell'Efebo, Pompeii," *American Journal of Archaeology* 121 (2017): 293–332。

22. Cicero, *De Senectute* 45, 英译本 W. A. Falconer, Loeb Classical Library (Cambridge, MA, 1923)。

23. 见本书第一章注释 3。

24. 关于 *mensa delphica*，见 Roger B. Ulrich, *Roman Woodworking* (New Haven, CT, 2008), 225-227。

25. 见 Werner Hilgers, *Lateinische Gefässnamen* (Düsseldorf, 1969), 15。

26. 关于这个卓越的纪念碑最全面的描述，见 Stephan T.A.M. Mols and Eric M. Moorman, "Ex parvo crevit: Per una lettura iconografica della Tomba di Vestorius

Priscus," *Rivista di Studi Pompeiani* 6 (1993–94): 15–52。

27. 见 Laura Casalis and Antonio Scarfoglio, *Gli argenti di Boscoreale* (Milan, 1988); 另见 the splendid work of Ann L. Kuttner, *Dynasty and Empire in the Age of Augustus: The Case of the Boscoreale Cups* (Berkeley and Los Angeles, 1995)。

28. 我承认我的调查不是很科学，我对 Roberts, *Life and Death in Pompeii and Herculaneum* 中的所有物品进行了统计：325 件物品中有 119 件（即 37%）与饮食有关。

29. 假设在从厨房运送到餐厅的过程中，这个物品只起到保温的作用，我们可以得出结论，它的艺术装饰几乎没有被人看到的时候，至少是没被那些重要人士看到。

30. Columella, *On Agriculture*, 英译本 H. B. Ash, Loeb Classical Library (Cambridge MA, 1941), book 1, preface, 其中叙述了一些替代性的职业，这些职业（不幸的是）都是优先于农耕的。

31. Pliny, *Natural History* 18.6–24.

32. 关于这些学派之间的（非饮食）哲学问题的大致理解，见 A. A. Long, *Hellenistic Philosophy: Stoics, Epicureans, Sceptics* (London, 1986), 及 R. W. Sharples, *Stoics, Epicureans, Sceptics: An Introduction to Hellenistic Philosophy* (London, 1996)。

33. 早在 16 世纪，*epicure* 一词虽然一般与伊壁鸠鲁和快乐的概念有关，但已经开始关注具体的美食快乐；例如，《牛津英语词典》中最早的引文就是关于美食的，来自 Thomas Becon, *A Fruitfull Treatise of Fasting*（！）。"他在餐桌上如此大腹便便流着汗，吃了那么多美味的肉和酒，如果阿佩利斯[1]带着笔，就有机会画出伊壁鸠鲁本人。"

34. Athenaeus, *The Learned Banqueters,* Loeb Classical Library, 英译本 D. Olson (Cambridge, MA, 2007), 280a。本书第四章对阿特纳奥斯进行了大量讨论。

35. *Enchiridion* 15, in O. A. Johnson and A. Reath, *Ethics: Selections from Classical and Contemporary Writers* (Boston, 2004).

36. 关于这些最全面的描述来自 "*Sic erimus cuncti* . . . The Skeleton in Graeco-Roman Art," *Jahrbuch des deutschen archäologischen Instituts* 101 (1986): 185–255, esp. 224–230。我从中获益匪浅。又见 Bernard Frischer, *The Sculpted Word: Epicureanism and Philosophical Recruitment in Ancient Greece* (Berkeley and Los Angeles, 1982), 特别是第 2 章（"From Theory to Practice: Quantitative and Qualitative Problems of

---

［1］ 古希腊画家。

Epicurean Images")。

37. William Michael Short, "'Transmission' Accomplished: Latin's Alimentary Metaphors of Communication," *American Journal of Philology* 134 (2013): 247–275.

38. 参考 Quintilian, *The Orator's Education*, 英译本 Donald A. Russell, Loeb Classical Library (Cambridge, MA, 1922)。

39. 关于这些动物活动与阅读的关系，见本书第五章中对弗朗西斯·培根爵士关于不同种类书籍的讨论。

40. Virgil, *Georgics*, 2.89–108, 英译本 H. R. Fairclough, Loeb Classical Library (Cambridge, MA, 1916).

41. 关于数量，见 Ovid, *Ars amatoria* 1.57（英译本 G. P. Goold, J. H. Mozley, Loeb Classical Library［Cambridge, MA, 1979］），列举了罗马的众多美女，"就像……米西姆纳的葡萄串一样多"。关于质量问题，Galen 在 *Method of Medicine* 833K 中指出米西姆纳（以及它在莱斯博斯岛上的邻居）葡萄酒的特点是不能和海水一起喝，在古代人的饮酒习惯中，这是一个明显的赞誉。

42. Pliny, *Natural History* 14.1. 葡萄和葡萄酒的目录几乎占据了第 14 卷的全部内容。具体引用的段落可在文中找到。

43. 有关葡萄酒口味和内容区别的技术和理论问题，见拙作 "Time, Space, and Burgundy," *Yale Review* 92 (2004): 109–121。

44. 我指的是所谓的沃尔夫假说（或萨丕尔 - 沃尔夫假说），认为语言决定思想，而不是相反。关于假说有一个很好的介绍，见 Chris Soyer, "The Linguistic Relativity Hypothesis," in the *Stanford Encyclopedia of Philosophy Archive*, Summer 2015 ed., https://plato.stanford.edu/archives/sum2015/entries/relativism/supplement2.html。

45. John H. D'Arms 的工作在这个领域是不可或缺的。"Control, Companionship and Clientela: Some Social Functions of the Roman Communal Meal," *Echos du Monde Classique* 28 (1984): 327–348; "The Roman *Convivium* and the Idea of Equality," in *Sympotika: A Symposium on the Symposion*, ed., O. Murray (Oxford, 1990), 308–320; "Performing Culture: Roman Spectacle and the Banquets of the Powerful," in B. Bergmann and C. Kondoleon, eds., *The Art of Ancient Spectacle* (New Haven, 1999). 又见 John F. Donahue, "Toward a Typology of Roman Public Feasting," in "Roman Dining," special issue, *American Journal of Philology 124* (2003): 423–441; 及 Florence Dupont, "The Grammar of Roman Dining," in *Food: A Culinary History*, ed. Flandrin and Montanari: 113–127。更宏大的社会学理论见 Jack Goody, *Cooking,*

Cuisine and Class (Cambridge, UK, 1996), 及 Claude Grignon, "Commensality and Social Morphology: An Essay of Typology," in *Food, Drink, and Identity: Cooking, Eating, and Drinking in Europe since the Middle Ages*, ed. P. Scholliers (Oxford, 2001)。

46. Plutarch, *Life of Julius Caesar* 55.

47. Statius, *Silvae* 4.2.45–65, 英 译 本 D. R. Shackleton Bailey, Loeb Classical Library (Cambridge, MA, 2015)。斯塔提乌斯对皇帝感激之情的每一句话都值得一读，特别是 Shackleton Bailey 夸张华丽的译文。"如今恺撒首次让我在他的神圣宴会上获得了新的喜悦，让我抵达了他帝王的餐桌，我该用什么里拉琴来欢庆我被回应的祈祷，我该用什么来感谢？即使士麦那[1]（Smyrna）和曼托瓦都把神圣的桂冠戴在我幸福的头上，我也寻不到合适的言辞。仿佛我正与朱庇特共沐星河，喝着伊利昂[2]人递来的不朽之酒。我身后的岁月是贫瘠的。这是我人生的第一天，我生命的开端。"见 Jean-Michel Hulls 对这一场景敏锐的细读分析 "Lowering One's Standards—On Statius," *Classical Quarterly* 57 (2007): 198–206。

48. 关于这个迷人的人物，资料来源是 Suetonius, *Lives of the Caesars*。特里乌斯的宴饮活动的一例："他每天的宴会有三场或四场，即早餐、午餐、晚餐和酒宴；他很容易对所有宴会都公平对待，毕竟他有呕吐的习惯。此外，他同一天被不同的人邀请参加饭局，任何一个饭局的材料都不会少于 40 万塞斯特斯[3]。最臭名昭著的是他的兄弟为庆祝皇帝抵达罗马而举办的晚宴，据说在这次晚宴上有两千条最精美的鱼和七千只鸟。他自己献礼的一个盘子甚至使之黯然失色，由于尺寸巨大，他称之为"密涅瓦之盾，城市的守卫"。Suetonius, *Lives of the Caesars*, Vitellius 7.13, 英 译 本 J. C. Rolfe, Loeb Classical Library (Cambridge, MA, 1914)。

49. Plutarch, *Lives*, Lucullus 40, 英译本 B. Perrin, Loeb Classical Library (Cambridge, MA, 1914). 在叙述了一系列盛大宴会后，普鲁塔克讲了一个著名的逸事。"有一次他独自用餐，面前只有一道简单的食物，他生气地召来了准备餐食的仆人。仆人说他以为没有客人，主人并不想吃很贵重的菜肴。'你说什么？'主人说，'难道你不知道今天卢库卢斯和卢库卢斯一起吃饭吗？'"(40.2) 关于单独一人进食的精彩论述见 Susanna Morton Braund, "The Solitary Feast: A

---

［1］ 今伊兹密尔，土耳其西部港口城市。
［2］ 特洛伊城在希腊语中的名字。
［3］ 古罗马货币。

Contradiction in Terms?" *Bulletin of the Institute of Classical Studies* 41 (1996): 37–52。

50. Pliny, *Natural History* 8.78. 关于普林尼对无节制的焦虑的问题，见精彩文章 Andrew WallaceHadrill, "Pliny the Elder and Man's Unnatural History," *Greece and Rome* 37 (1990): 80–96。

51. 资料来源是 Livy, *History of Rome* 24.16, 英译本 F. G. Moore, Loeb Classical Library (Cambridge, MA, 1943)。见 Andrew Feldherr, *Spectacle and Society in Livy's History* (Berkeley and Los Angeles, 1998), 第 32–34 页中的细致分析。

52. Pliny the Younger, *Panegyricus* 49, 英译本 B. Radice, Loeb Classical Library (Cambridge, MA, 1969)。

53. Plutarch, *Moralia*, "Table Talk" 1.616, 英译本 P. A. Clement and H. B. Hoffleit, Loeb Classical Library (Cambridge, MA, 1969)。

54. 这方面的主要来源是 Macrobius, *Saturnalia* 3.13 和 Sallust, *Histories* 2.59。

55. Macrobius, *Saturnalia* 3.13.9, 英译本 R. A. Kaster, Loeb Classical Library（Cambridge, MA, 2011）。

56. 见 Suetonius, *Lives of the Caesars*, Augustus 70。

57. 关于罗盘草，见 Yvonne Gönster, "The Silphion Plant in Cyrenaica: An Indicator for Intercultural Relationships?" in E. Kistler et al., eds., *Sanctuaries and the Power of Consumption* (Wiesbaden, 2015); Henry Koerper and A. L. Kolls, "The Silphium Motif Adorning Ancient Libyan Coins: Marketing a Medicinal Plant," *Economic Botany* 53 (1999): 133–143（比它的标题或期刊标题揭示的面更广）；及 Andrew Dalby, *Dangerous Tastes: The Story of Spices* (Berkeley and Los Angeles, 1999), 17–19。关于图 2.14 中收集的商品是否是罗盘草的重大问题，见 Chalmers M. Gemmill, "Silphium," *Bulletin of the History of Medicine* 40 (1966): 295–313。

58. Theophrastus, *Enquiry into Plants* 6.3.

59. Plautus, *Rudens* 6.30–33.

60. 见 Apicius, 1.10: "Ut unciam laseris toto tempore utaris"（Apicius 知道罗盘草的另一个名字是 *laser*）。

61. 关于鱼酱主题的两本有用的书——总体上都是比较技术性的，与文化关联不大——Michel Ponsich and Miguel Tarradell, *Garum et industries antiques de salaison dans la Méditerranée occidentale* (Paris, 1965), 及 Robert I. Curtis, *Garum and Salsamenta: Production and Commerce in Materia Medica* (Leiden, 1991)。更具人文倾向的讨论见 Robert I. Curtis, "In Defense of Garum," *Classical Journal* 78 (1983): 232–240，最好的资料来源仍然是普林尼。他最全面的描述见 *Natural History* 31.43–44；另见

9.67 和 30.25 关于其医疗用途的材料，以及 9.31 关于美食家阿皮基乌斯使用它做鲻鱼调味汁的记录。

62. 关于这一点的争论，见 "The Garum Debate: Was There a Kosher Roman Delicacy at Pompeii?" *Bible History Daily*, 25 Jan. 2012, Biblical Archaeology Society, https://www.biblicalarchaeology.org/daily/archaeology-today/biblical-archaeology-topics/the-garum-debate。普林尼确实特别提到了与鱼酱有关的犹太人（31.44），但很明显的是他没有厘清事实，因为他认为犹太人只食用没有鱼鳞的鱼做的鱼酱；实际情况则相反。（使得问题更为有趣的是，他把犹太人使用鱼酱的情况与性禁欲饮用者的情况混在一起。见本章中提到的马提亚尔的《隽语》11.27，其中在鱼酱和性禁欲之间建立了不同的联系。）

63. 见 Robert I. Curtis, "Umami and the Foods of Classical Antiquity," *American Journal of Clinical Nutrition* 90 (2009): 712S-718S，该论文很正确地将鱼酱放入世界范围内归类。摩德纳[1]（Modena）的传统香醋与鱼无关，但它被认为具有明确的鲜味特性。似乎高浓度的食物（如番茄酱）都有这种"第五种味道"[2]。

64. 见 T.J.Leary 编著并做出精彩评论的 *Martial Book 13: The Xenia* (London, 2016)。

65. Pliny, *Natural History* 12.13. 关于胡椒的历史，见 Dalby, *Dangerous Tastes*, 88–94, 及 J. Innes Miller, *The Spice Trade of the Roman Empire* (Oxford, 1969), 80–83。

66. 参考资料见 Jacques André, ed., *Apicius: L'art culinaire* (Paris, 2002), 阿皮基乌斯极好的法语和拉丁语版本，植物索引没有列出胡椒的页码，只是说各处可见。

67. 关于最广泛意义上的罗马讽刺，见 Michael Coffey, *Roman Satire* (London, 1976); Niall Rudd, Themes in *Roman Satire* (London, 1986); 及 Susanna Morton Braund, *The Roman Satirists and Their Masks* (Bristol, 1996)。此外还有一些优秀的论文，特别是 Emily Gowers, Victoria Rimell, John Henderson 的文章，被收录在 *The Cambridge Companion to Roman Satire*, ed. K. Freudenburg (Cambridge, UK, 2006)。

68. 文本参考的是 Lucilius, *Remains of Old Latin*, 英译本 E. H. Warmington, Loeb Classical Library (Cambridge, MA, 2014)。

69. 关于《萨蒂利孔》见 Patrick Walsh, *The Roman Novel* (Cambridge, UK, 1970), 及 Edward Courtney, *A Companion to Petronius* (Oxford, 2002)。

70. 关于贺拉斯的讽刺诗，见 Niall Rudd, *The Satires of Horace: A Study* (Cambridge, UK, 1966) and Edward Courtney, "The Two Books of Satires," in *Brill's Companion*

———————

[1] 意大利北部城市，曾是总主教驻地。

[2] 指鲜味。

to Horace, ed., HansChristian Günther (Leiden, 2013)。关于尤维纳利斯，参见 Susanna Morton Braund, *Roman Verse Satire* (Oxford, 1992) 及其编著并评论的 *Satires: Book 1* (Cambridge, UK, 1996)。关于这些主题，Gowers, *Loaded Table* (见本章注释 6) 依然是不可或缺的指南。

71. 关于罗马餐的规范形式的文本，见本章注释 45。

72. 关于讽刺和 *satura* (一种香肠)之间可能的联系，存在历史悠久的辩论。见 J. W. Jolliffe, "Satyre:Satura:ΣΑΤΥΡΟΣ: A Study in Confusion," *Bibliothèque d'Humanisme et Renaissance* 18 (1956): 84–95 以及 Gowers, *Loaded Table*, 110-115。对它们之间关系这一棘手问题的最佳答案是，很可能没有词源学上的联系，但讽刺文学作家很早就认为有这种联系。这可能更好。

73. Pliny the Younger, *Epistles* 2.6. 这封信记录了正在进行这次谈话的晚宴的主人如何在桌子上摆放三种不同的酒，不是让客人自己选择，而是用来区分客人的等级。相比之下，普林尼解释了他自己吃饭时践行的平等主义，甚至把自由民^[1]也囊括在内，并吹嘘说他省钱，"因为我的自由民不喝我喝的那种酒，但我喝他们的"。

74. 关于这首特殊的诗，连同 Braund, *Roman Satirists*，见 Mark Morford, "Juvenal's Fifth Satire," *American Journal of Philology* 98 (1977): 219–245; 及 J. Adamietz, "Untersuchungen zu Juvenal," *Hermes Einzelschrift* 26 (1972), 78–116，关于饮食的简单和矫饰的不同描述另见 Juvenal's Satire 11。莎士比亚似乎已经听闻了这种菜肴不同的做法：当泰门举办看似是和解但其实是复仇的宴会时，他一开始就向即将被羞辱的客人保证："你们的饮食全部都是一样的。" *Timon of Athens* 3.5.67.

75. Persius, prologue, *Juvenal and Persius*, 英译本 S. M. Braund (Cambridge, UK, 2004)。

76. 见 Deena Berg 对这一主题的出色梳理，特别是关于《讽刺诗集》2.2 中的奥菲勒斯，见 Deena Berg, "The Mystery Gourmet of Horace *Satires* 2," *Classical Journal* 91 (1995): 141–151。《洛布古典丛书》对 2.4 的介绍是对美食表示不屑的传统声音："在奥古斯都时代的罗马，饮食似乎占据了它在希腊阿提卡中喜剧和新喜剧泛滥的堕落时代的位置，当时，正如马哈菲所说，'它不仅仅是一个行当，而是一种天赋，一种特殊的艺术，一个高级哲学的流派。'这种对这一主题的错误重视被贺拉斯捎带着讽刺了……" H. R. Fairclough, *Horace, Satires,*

---

［1］ 被解放的奴隶。

Epistles and Ars Poetica, Loeb Classical Library (Cambridge, MA, 1929), 183. "堕落"？ "错误重视"？ 在我的书里可不是这样。

77. 见 Lowell Edmunds, "The Latin Invitation-Poem: What Is It? Where Did It Come From?" *American Journal of Philology* 103 (1982): 184–188。

78. Catullus, *Carmina* 13, 英译本 F. W. Cornish, Loeb Classical Library (Cambridge, MA, 1913)。

79. 在罗马文学对简易饮食的描述中，应该提到维吉尔（或伪维吉尔）令人难以忘怀的"Moretum"，一个普通的独居农民准备了自己的早餐。他磨碎并筛选谷物，"然后直接在一张光滑的桌子上铺好，倒上温水，把混合物包成块状，翻来覆去，直到它们在手和液体的作用下变硬并黏在一起，他还不时在上面撒上盐。接着他把揉好的面团举起来，张开手掌将其摊成圆形，并把圆平均分成四份扇形。然后放进炉子里……用瓦片盖住，在上面堆火"。Virgil, *Minor Poems*, 英译本 H. R. Fairclough, Loeb Classical Library (Cambridge, MA, 1969)。

80. Horace, *Odes and Epodes*, 英译本 C. E. Bennett, Loeb Classical Library (London, 1934).

81. 对于还没有到退休年龄的读者来说：在20世纪70年代末，伟大的演员奥逊·威尔斯出现在保罗梅森葡萄酒（在专家眼中并非特级葡萄园）的广告中，他说："我们不会出售任何没到陈年时间的葡萄酒。"

82. 见 *Dio's Roman History*, 英译本 Earnest Cary, Loeb Classical Library (Cambridge, MA, 1914), Epitome of Book 67, 9。

83. 关于这部作品和其他类似的作品，见 Dunbabin, "*Sic erimus cuncti . . .* The Skeleton in Graeco-Roman Art"（见本章注释 36）。

84. 见 Petronius, *Satyricon* 71–72。

85. 这个主题不可或缺的是 Lauren Hackworth Petersen, "The Baker, His Tomb, His Wife, and Her Breadbasket: The Monument of Eurysaces in Rome," *Art Bulletin* 85 (2003): 230–257。更详尽的文献资料（尽管不是通过历史分析），见 Paola Ciancio Rossetto, *Il Sepolcro del fornaio Marco Virgilio Eurisace a Porta Maggiore* (Rome, 1973)。更为广泛的文化层面的最新研究见 Nathaniel B. Jones, "Exemplarity and Encyclopedism at the Tomb of Eurysaces," *Classical Antiquity* 37 (2018): 63–107。

86. 见 Nicholas Purcell, "Tomb and Suburb," in H. von Hesberg and P. Zanker, eds., *Römische Grabstrassen* (Munich, 1957): 155–182。

87. *De officiis* 1.62. 西塞罗说他的资料来源是 Terence (*Eunuch*, line 256)，但原文并不像西塞罗表现出的那样，对这些职业进行贬低。

88. 见一篇非常有启发的文章Jaś Elsner, ed., *Art and Rhetoric in Roman Culture* (Cambridge, UK, 2014), 尤其是第三部分, "The Funerary"。

89. 事实证明，Eurysaces 并不是唯一用这种方式进行纪念的罗马面包师。见 Andrew Wilson and Katia Schörle, "A Baker's Funerary Relief from Rome," *Papers of the British School at Rome* 77 (2009): 101–123, 更多用石灰华材料再现烘烤过程的微缩模型，现在就位于塞蒂米尼亚诺门大街的罗莫洛餐厅（合适！）。

90. 关于奥古斯都的事迹展示与和平祭坛之间的关系，见 Suna Güven, "Displaying the Res Gestae of Augustus: A Monument of Imperial Image for All Author(s)," *Journal of the Society of Architectural Historians* 57 (1998), 30–45。

91. 关于揉面机，见 Ciancio Rossetto, *Il Sepolcro del fornaio*, 33–34, and Nicholas Monteix, "Contextualizing the Operational Sequence: Pompeian Bakeries as a Case Study," in A. Wilson and M. Flohr, eds., *Urban Craftsmen and Traders in the Roman World* (Oxford, 2016), 153–180。

92. 见 Dunbabin, *The Roman Banquet* (本章注释 6), 第 4 章, "Drinking in the Tomb," 及 J. P. Alcock, "The Funerary Meal in the Cult of the Dead in Classical Roman Religion," in *The Meal: Proceedings of the Oxford Symposium on Food and Cookery* 2001(Totnes, UK, 2002), 31–41。

93. 关于这一传统主题的广泛传播，见 C. M. Draycott and M. Stamatopoulou, eds., *Dining and Death: Interdisciplinary Perspectives on the "Funerary Banquet" in Ancient Art, Burial and Belief* (Leuven, Belgium, 2016), 及 Poul Pedersen, "The Totenmahl Tradition in Classical Asia Minor and the Maussolleion at Halikarnassos," in E. Mortensen, B. Poulsen, eds., *Cityscapes and Monuments of Western Asia Minor* (London, 2017)。

94. Saxl, "Continuity and Variation"（见本章注释 20）。

95. 关于 Flavius Agricola，见 Dunbabin, *The Roman Banquet*, 103–104, H. Wrede, "Klinenprobleme," *Archäologische Anzeige* 96 (1981): 86–131, 以及 Michael Koortbojian, "Mimesis or Phantasia? Two Representational Modes in Roman Commemorative Art," *Classical Antiquity* 24 (2005): 285–306。

96. *Tibur mihi patria, Agricola sum vocitatus, Flavius idem, ego sum discumbens ut me videtis, sic et aput superos annis quibus fata dedere animulam colui, nec defuit umqua(m) Lyaeus.... Amici, qui legitis, moneo, miscete Lyaeum et potate procul redimiti tempora flore et venereos coitus formosis ne*

denegate puellis: cetera post obitum terra consumit et ignis.

97. 关于该主题见 Roller, *Dining Posture*, 42-45（本章注释 19）；及 Dunbabin, *The Roman Banquet*, 第 4 章。

98. 即"最严重的惩罚，最坚决地逐出教会，以及教皇可怕的威胁"。

第三章 食读《圣经》

1. 从历史和神学的角度来看，关于马利亚生平这段插曲的颇具水准的著作是 Sister Mary Jerome Kishpaugh, O.P., *The Feast of the Presentation of the Virgin Mary in the Temple: An Historical and Literary Study* (Washington, DC, 1941)， 及 D. R. Cartlidge and J. K. Elliott, *Art and the Christian Apocrypha* (London and New York, 2001), 21–46。

2. 见 the Protoevangelium of James, 第 7、8 章及 the Infancy Gospel of Matthew, 第 4 章。后者似乎为这一主题的传统视觉再现打下了基础。"当［马利亚］被领到圣殿的门前时，她迅速地走上十五级台阶，根本没有回头看，也没有像孩子们习惯的那样去寻找父母。于是，她的父母焦急地寻找孩子，两人都很吃惊，直到发现她已经在圣殿里，而圣殿的祭司们自己也感到奇怪。" The Gospel of Pseudo-Matthew, Gnostic Society Library, http://gnosis.org/library/psudomat.htm.

3. Kathryn Ann Smith, *Art, Identity, and Devotion in Fourteenth-Century England* (London, 2003), 256–60. From Jacobus de Voragine, *Golden Legend*: "围绕着圣殿有 15 个台阶，与 15 首上行之诗相对应。"

4. 威尼斯艺术家创作的这个主题的画作，除了提香的作品，还有现存于德累斯顿的一幅西玛·达·科内利亚诺作品、存于威尼斯的 Madonna dell'Orto 教堂的一幅丁托列托作品、现藏于米兰布雷拉美术馆的一幅卡尔帕乔（Carpaccio）作品，以及威尼斯 Pia Casa delle Zitelle 博物馆的一幅莱安德罗·巴萨诺（Leandro Bassano）作品。

5. 大卫·罗桑在这个问题上的权威著作是 "Titian's Presentation of the Virgin in the Temple and the Scuola della Carità," *Art Bulletin* 58 (1976): 55–84。另见 Harold Wethey, *The Paintings of Titian*, vol. 1: *The Religious Paintings* (London, 1969), cat. 87, 及 William Hood, "The Narrative Mode in Titian's 'Presentation of the Virgin,'" *Memoirs of the American Academy in Rome* 35 (1980): 125–162。

6. 更多关于《最后的晚餐》和不合时宜的多余细节，特别是委罗内塞作品中的细节，见本书第五章。关于画作不合时宜主题的最近权威学术著作见 Alexander Nagel and Christopher Wood, *The Anachronic Renaissance* (New York, 2010)。

7. 见 Erwin Panofsky, *Problems in Titian* (New York, 1969), 37-40。值得注意的是，在艺术史的前图像学时代，卖蛋的老妇人引起了观众的狂热反应，因为她代表了自然主义表现的胜利，例如："non si può esprimere, quanto sia naturale［大意为'无法形容有多么自然'］"（Ridolfi）和"più naturale, che si fosse viva［大意为'更自然的是她是活生生的'］"（Zanetti，两者均引自 Rosand, "Titian's Presentation of the Virgin"，他称老妇人"比图中任何其他个体激发了更多评论"）。Rosand 还引用了约翰·罗斯金（John Ruskin）的反对意见："'著名'的老妇人和她的鸡蛋篮子填补了一个空白角落的阴沉丑陋和粗俗，就像匆忙中在德鲁里巷里涂抹在侧幕上一样。"Francis Haskell 的 "Explaining Titian's Egg Seller," *New York Review of Books*, 2 July 1970 里对 19 世纪及以后人们对提香的各种回应，老妇人被看作标志着复杂的图像学阅读的局限。Haskell 认为提香卖蛋者的来源是卡尔帕乔的 *Arrival of the English Ambassadors*（恰好位于威尼斯美术学院画廊），其中确实有一个坐着的老人形象，其姿势与提香的形象完全相同，不过没有卖东西。对来源的搜索的争议也概括了两代不同的艺术史学。

8. 关于大会堂（Scuola Grande）在解散和重建为佛罗伦萨美术学院（Accademia delle Belle Arti）之前的原始功能，见 Brian Pullan, *Rich and Poor in Renaissance Venice* (Cambridge, MA, 1971), 33–193。

9. 歪读已经成为一个艺术术语，几乎可以用来表示任何可能被认为是静态实体的不稳定，且不一定与性有关。当然，最初的来源是辱骂（一般是男性）同性恋者的词汇酷儿 "queer"，随后成为了一个反对"异性恋规范"的术语。目前使用该术语的书目（在亚马逊搜索结果达 19 页之多，在 JStor 上检索显示的结果也有 17 页）有很多，证明它能有效表明差异性。

10. 和许多与《圣经》有关的主题一样，关于食物的学术研究也往往与学者自己的信仰相关。如 Nathan MacDonald, *What Did the Israelites Eat? Diet in Biblical Times* (Grand Rapids, MI, 2008)，该书本身就很有价值，参考书目也极佳，以及 Oded Borowski, *Daily Life in Biblical Times* (Atlanta, 2003)。见 N. MacDonald, L. S. Rehmann, and K. Ehrensperger, eds., *Decisive Meals: Table Politics in Biblical Literature* (London, 2012) 中的论文。Flandrin and Montanari, eds., *Food: A Culinary History*（见本书第二章注释 6): Edda Brasciani, "Food and Culture in Ancient Egypt"，及 Jean Soler,

饥饿的眼睛：吃喝以及罗马至文艺复兴时期的欧洲文化

"Biblical Reasons: The Diet of the Ancient Hebrews" 这两篇文章也非常有用。Jean Soler 的另一篇文章 "The Semiotics of Food in the Bible" in C. Counihan and P. Van Esterik, *Food and Culture: A Reader* (New York and London, 1997), 55–66。除非另作说明，所有《圣经》翻译均采用新钦定本，英语版在线可查：https://www.biblestudytools.com/nkjv/。

11. 关于该主题，见 Dean R. Ulrich, *From Famine to Fullness: The Gospel According to Ruth* (Phillipsburg, NJ, 2007)。

12. 主要文本见《出埃及记》16 章和《民数记》11 章。

13. 关于吗哪，见 Paweł RytelAndrianik, *Manna: Bread from Heaven* (New York, 2017) 的详细描述。

14. *Webster's Revised Unabridged Dictionary* 谈到 *bdellium* 一词："《圣经》中提到的一种不明物质……有多种说法，可能是一种树胶、一种宝石，也可能是在阿拉伯发现的一种琥珀。"

15. 关于比喻研究的出色介绍，见 Klyne R. Snodgrass, *Stories with Intent: A Comprehensive Guide to the Parables* (Grand Rapids, MI, 2008)。

16. 关于符号的术语及其广泛的适用性最终可以追溯到 Fernand de Saussure, *Course in General Linguistics* (Chicago, 1986)。想获取不错的入门知识，见 Daniel Chandler, *Semiotics: The Basics* (New York, 2002)。

17. 这是一个复杂而棘手的问题，即使是那些看似无偏袒的学者也会有一些私心。"Jesus and Torah," in André LaCocque, *Jesus the Central Jew* (Atlanta, 2015), 71–130. 这篇文章本身和参考资料都很有用。关于《新约·保罗书信》，见 David Rudolph, *Paul the Jew* (Minneapolis, 2016), 151-181。

18. 见本书第五章。该问题与圣餐仪式有关。

19. 《马可福音》7:15-21 和《马太福音》15:11-20 用很相似的方式引用了耶稣在这个问题上的发言。只有《马可福音》中出现了关于所有食物是洁净的明确说法。（更确切地说："各样的食物，都是洁净的。"）对这一问题清晰而博学的讨论，见 Lawrence M. Wills, "Negotiating the Jewish Heritage of Early Christianity," 及 M. Aymer et al., *The Gospels and Acts: Fortress Commentary on the Bible Study Edition* (Minneapolis, 2016), 41–44。

20. 见 Andrew S. Jacobs, *Christ Circumcised: A Study in Early Christian History and Difference* (Philadelphia, 2012), 41-71。

21. 见 D. W. H. Arnold and P. Bright, *De doctrina Christiana: A Classic of Western Culture* (Notre Dame, 1995) 的文章，尤其是 David Dawson, R. A. Markus, 和 Roland J.

Teske 的文章。

22. 希腊文 ἐκρατοῦντο 或 *held fast*，似乎是这里的独特用法；围绕这段话的争论与门徒未能认出耶稣时，上帝如何进行了干预有关。

23. 关于这个问题的经典论述见 Stephen J. Greenblatt, *Hamlet in Purgatory* (Princeton, NJ, 2013)。

24. 乌提耶沃这个主题的现存版本至少有三个，分别在柏林、洛杉矶和圣彼得堡，都非常相似，都包括相当数量的食物，主要是水果，但不限于葡萄，所以这儿不仅仅是为了说明醉酒。见 A. Lowenthal, "Lot and His Daughters as Moral Dilemma," in *The Age of Rembrandt: Studies in Seventeenth Century Dutch Painting*, ed. R. Fleischer and S. S. Munshower (State College, PA, 1988), 12–28。乌提耶沃的作品是迄今为止最富食物内涵的。对这一主题的处理范围几乎没有超过酒杯和葡萄，但可以参考阿姆斯特丹皇家博物馆的亨德里克·戈尔奇乌斯（Hendrik Goltzius）和布鲁塞尔的扬·马西斯（Jan Massys）二人的作品，他们都加了一点水果和面包。

25. 关于诸神的盛宴，最著名的是华盛顿哥伦比亚特区美国国家美术馆的乔瓦尼·贝利尼（Giovanni Bellin）和提香的作品（按现在的分类），它是 1514 年为阿方索一世·德斯特的石膏室制作的，在那里它与提香和多索·多西（Dosso Dossi）的其他纵酒狂欢的场景放在一起。这个空间并不是用来吃饭的地方，而且这个诸神的"盛宴"与其说是盛宴，不如说是一幅有一些水果和酒具的全家福，这可能不是巧合。关于奥林匹斯诸神坐在宴会桌前的盛宴，见本书第四章。至于克利奥帕特拉，普林尼的这段话是他对无节制进行的攻击。他的兴趣不在于宴会本身，而在于心血来潮地毁掉一件极其珍贵的珠宝。这个故事在 17 和 18 世纪阿尔卑斯山南北的绘画作品中有着广泛的影响。关于珍珠是否真的能溶于醋的问题，曾有过热烈的讨论。见 B. L. Ullman, "Cleopatra's Pearls," *The Classical Journal* 52 (1957): 193–201, 及 Prudence J. Jones, "Cleopatra's Cocktail," *The Classical World* 103 (2010): 207–220。特别是 Jones 作品的注释 26 里有艺术品的例子清单。我们将在本书第四章中回到另一个异教徒的宴会——丘比特和普赛克的婚宴。

26.《圣经》文本见《马太福音》14:6-12 和《马可福音》6:14-29；简要提及的是《路加福音》9:9。《金色传说》中的版本在叙述方面甚至更为广泛。Jacobus de Voragine, *The Golden Legend: Readings on the Saints*, 英译本 *William Granger Ryan* (Princeton, NJ, 2012), 518–526。关于绘画传统的出色描述，见 Jane C. Long, "Dangerous Women: Observations on the Feast of Herod in Florentine Art of the

Early Renaissance," *Renaissance Quarterly* 66 (2013): 1153–1205。

27. 轻率的承诺在阿尔奈 – 汤普森分类法[1]的民间故事主题索引中被列为 M223；它是乔叟的最爱，在"The Franklin's Tale"和"The Wife of Bath's Tale"中都出现过。

28. 引自 Evelyn Welch, "Public Magnificence and Private Display: Giovanni Pontano's De Splendore (1498) and the Domestic Arts," *Design History* 15 (2002): 211–221。

29. 与我截然不同的有趣解读，见 Barbara Baert, *Revising Salome's Dance in Medieval and Modern Iconology* (Leuven, Belgium, 2016)。

30. 关于文艺复兴时期视觉艺术中叙事的同时性、连续叙述以及文本叙事转移到绘画空间的问题，见 Lew Andrews, *Story and Space in Renaissance Art: The Rebirth of Continuous Narrative* (Cambridge, UK, 1998)。希律王的宴席故事是 Andrews 最有趣的例子之一（82-83）。

31. 在希律王的宴席上，我们并不总是能够确定客人面部表情的情感含义。在多纳泰罗的锡耶纳洗礼堂浮雕中，恐怖是显而易见的。又如苏格兰国立美术馆的彼得·保罗·鲁本斯的作品，盘子里的头颅似乎受到了画面里众人微笑的欢迎。

32. 这幅画有几个版本。法兰克福 Städelsches Kunstinstitut 的版本有说明（见图 3.18）。位于康涅狄格州哈特福德的沃兹沃思博物馆的版本、德累斯顿美术馆由小卢卡斯·克拉纳赫创作的版本都没有表现出提供甜点的人和观众之间相同的眼神交流。

33. 这段话引用的是《圣经》标准译本修订版，其中术语的具体内容比新钦定本的更清楚。关于马利亚和马大，见 Giles Constable, *Three Studies in Medieval Religious and Social Thought: The Interpretation of Mary and Martha; the Ideal of the Imitation of Christ; the Orders of Society* (Cambridge, UK, 1995) 中有用的注释集。不同的神学论证见 David Grumett, "Action and/or Contemplation? Allegory and Liturgy in the Reception of Luke 10:38–42," *Scottish Journal of Theology* 59 (2006): 125–139。

34. Augustine, Sermon 54, in *Nicene and Post-Nicene Fathers, First Series*, vol. 6, 英译本 R. G. MacMullen (Buffalo, 1888)。奥古斯丁的布道 53 条也深入探讨了"一"和"多"的奥秘。

---

[1] 简称 AT 分类法，主要用来给童话和民间故事分类，该分类法先由芬兰学者阿尔奈提出，后被美国学者汤普森改进，故以二人之名命名；主要包括五大类，即动物故事、普通民间故事、笑话、程式故事和未分类故事。

35. Petrarch, *De vita solitaria* 2.9.

36. 该文本的一些版本，相关的形容词用斜体字进行了标注：

    Greek NT: Μαριὰμ γὰρ τὴν ἀγαθὴν μερίδα *ἐξελέξατο*

    Latin Vulgate: Maria *optimam* partem elegit

    Wycliffe NT: Mary hath chosen the *best* part

    King James: Mary hath chosen that *good* part

    New International Version: Mary has chosen what is *better*

    New American Standard Bible: Mary has chosen the *good* part

    English Standard Version: Mary has chosen the *good* portion

    Today's New International Version: Mary has chosen what is *better*

    Luther: Maria hat das *gute* Teil erwählt

    Diodati: Maria ha scelta la *buona* parte

    La Nuova Diodati: Maria ha scelto la parte *migliore*

    Louis Segond: Marie a choisi la *bonne* part

    La Bible du semeur: Marie a choisi la *meilleure* part

37. 见 Christopher Heuer, *The City Rehearsed: Object, Architecture, and Print in the Worlds of Hans Vredeman de Vries* (New York, 2009), 30。

38. 见 A. Pigler, *Barockthemen* (Budapest, 1956), 318-321。

39. Augustine, Sermon 179. 见 *Sermons on the Liturgical Seasons, The Fathers of the Church*, vol. 38, 英译本 Sister Mary Francis Muldowney (Washington, 1959), 350。

40. Saint Teresa of Avila, *The Interior Castle*, 引自 Grumett, "Action and/or Contemplation?" 133。

41. 关于艺术史再现这一时刻的宝贵指南是 Larry Silver, *Peasant Scenes and Landscapes: The Rise of Pictorial Genres in the Antwerp Art Market* (Philadelphia, 2006)。另见 Elizabeth Honig, *Painting and the Market in Early Modern Antwerp* (New Haven, 1999); Claudia Goldstein, *Pieter Bruegel and the Culture of the Modern Dinner Party* (London, 2016); Reindert Falkenburg, "Matters of Taste: Pieter Aertsen's Market Scenes, Eating Habits, and Pictorial Rhetoric in the Sixteenth Century," in *The Object as Subject*, ed. A. W. Lowenthal, (Princeton, NJ, 1996), 13–28; 及 I. Baatsen, B. Blondé, and J. DeGroot, "The Kitchen between Representation and Everyday Experience: The Case of Sixteenth-Century Antwerp," *Netherlands Yearbook for the History of Art* 64 (2014), 162–185。关于意大利菜市场艺术的一个类似案例，见 Sheila McTighe, "Foods and the Body in Italian Genre Paintings, about 1580: Campi,

Passarotti, Carracci," *Art Bulletin* 86 (2004): 301–323。

42. 关于静物的主题，见本书第五章，在概念和时间上都与这些作品密切相关。

43. 画家们"描绘了马利亚和马大接待我们的主吃晚饭，主与马利亚交谈，约翰作为一个青年与马大在一个角落里秘密交谈，而彼得则喝干了一罐酒。或者还是在宴会上，马大站在约翰身后，一只手搭在他的肩膀上，而另一只手似乎在做着嘲笑基督的手势，［后者］对此则一无所知"。Erasmus, *Christiani Matrimonii Institutio*, 引自 Keith Moxey, "Erasmus and the Iconography of Pieter Aertsen's 'Christ in the House of Martha and Mary' in the Boymans-van Beunigen Museum," *Journal of the Warburg and Courtauld Institutes* 34 (1971): 336。又见 Erwin Panofsky, "Erasmus and the Visual Arts," *Journal of the Warburg and Courtauld Institutes* 32 (1969): 200–227, 及 Daniela Hammer-Tugendhat, "Disturbances in the Art of the Early Modern Netherlands and the Formation of the Subject in Pieter Aertsen's 'Christ at the House of Martha and Mary'," *American Imago* 57 (2000): 387–402。

44. 见 Panofsky, "Erasmus and the Visual Arts"。"伊拉斯谟坚持对神圣和世俗进行明确区分，迫使他同意路德和特伦托会议在他那个时代的一个基本艺术问题上的观点：以神话人物的身份再现《圣经》和《圣徒传》中的圣人，是否是被允许的甚至是可取的？路德和特伦托会议都严厉反对这种融合。路德称这是一种滥用；特伦托会议将'对奥维德《变形记》所有寓言式或据引申义解释的［即基督教化］的评论或转述放在索引中'，却没有对原作中不加修饰的异教产生异议。"（212）对我们来说，这一论点最有趣的方面是，无论是伊拉斯谟还是特伦托会议，在早期现代的神学观点中，都将《福音书》叙事的本土化——在这里它被放进了厨房中——等同于神话叙事的本土化，后者在具有古典主义倾向的北方绘画中是惯例。

45. 见 Charlotte Houghton 的权威著作 "This Was Tomorrow: Pieter Aertsen's *Meat Stall* as Contemporary Art," *Art Bulletin* 86 (2004): 277–300。另见 Kenneth M. Craig, "Pieter Aertsen and 'The Meat Stall,'" *Oud Holland* 96 (1982), 1–15。

46. 见 Keith Moxey 非常有价值的方法论和史学著作，"The 'Humanist' Market Scenes of Joachim Beuckelaer: Moralizing Exempla or 'Slices of Life'", *Koninklijk Museum voor Schone Kunsten Antwerpen Jaarboek* (1976): 109–187; 及同一作者的 "Interpreting Pieter Aertsen: The Problem of 'Hidden Symbolism'", *Netherlands Yearbook for History of Art* 40 (1989): 29–39。

47. 关于委拉斯凯兹的这些方面，见 Tanya J. Tiffany, "Visualizing Devotion in 'Early

Modern Seville: Velázquez''Christ in the House of Martha and Mary'", *Sixteenth Century Journal* 36 (2005): 433–453; Emily Umberger, "Velázquez and Naturalism I; Interpreting 'Los Borrachos'", *RES Anthropology and Aesthetics* 24 (1993), 21–43; 及 Antonio Domínguez Ortiz, Alfonso E. Pérez Sánchez, and Julián Gállego, *Velázquez* (New York, 1989)。

48. 见 Vicente Carducho, *Un diálogo de la pintura* (Alicante, 2012), pt. 7, fol. 112； 见 Gállego, "Velázquez," in Ortiz et al., *Velázquez*, 58。

49. 见 Gállego, "Velázquez," 60 ："她用右手从上了釉的陶碗中取出油，用的是木勺，这样蛋白就不会粘住；左手准备在容器的边缘打另一个鸡蛋，容器放在一个火炉上。"

50. 关于这些空间问题，见 John R. Searle, "'Las Meninas'and the Paradoxes of Pictorial Representation, " *Critical Inquiry* 6 (1980): 477-488。

51. 关于酵母，见《马太福音》13:33 和《路加福音》13:20–21；关于芥子，见《马可福音》4:30–32、《马太福音》13:31–32 及《路加福音》13:18–19；关于无花果树，见《马可福音》13:28–32、《马太福音》24:32–36 和《路加福音》21:29–33。

52. 想要了解具体情况，可以在柏林国家博物馆的网站上看到包括 Gemäldegalerie 在内的柏林所有国家博物馆的完整馆藏目录，https://www.smb.museum/forschung/online-kataloge-datenbanken.html。

53. 关于这一类型的背景，见 Karl Schade, *Andachtsbild: Die Geschichte eines kunsthistorischen Begriffs* (Weimar, 1996)， 及 Erwin Panofsky, *Imago Pietatis: Ein Beitrag zur Typengeschichte des Schmerzensmannes und der Maria Mediatrix* (Leipzig, 1927)。

54. 除了上面提到的 Moxey 的作品（注释46），参见象征解读的操作和围绕此过程的辩论，如 Peter Hecht, "The Debate on Symbol and Meaning in Dutch Seventeenth-Century Art: An Appeal to Common Sense," *Simiolus* 16 (1986): 173–187; Reindert L. Falkenburg, *The Fruit of Devotion: Mysticism and the Imagery of Love in Flemish Paintings of the Virgin and Child* (1450–1550) (Amsterdam and Philadelphia, 1994); 及 Mirella Levi-d'Ancona, *The Garden of the Renaissance: Botanical Symbolism in Italian Painting* (Florence, 1977)。这些问题将在本书第五章再次出现。该章明确关注象征与现实的问题。

55. 见 *Hall's Dictionary of Signs and Symbols in Art* (New York, 1974), 249, 及 Patricia Langley, "Why a Pomegranate?" *British Medical Journal* 321 (2000): 1153–1154。参见 F. Muthmann's *Der Granatapfel: Symbol des Lebens in der Alten Welt in Journal of Hellenic Studies* 104 (1984): 268–269。Lucilla Burn 指出，正如 Muthmann 的书名所示，

石榴可能是生命的象征，但它也是死亡的符号。正是这种非此即彼的符号，让我的想法发生了转变：有时石榴就只是一个石榴。

第四章　晚餐争论

1. 罗素的文章是 "Logical Positivism," *Revue Internationale de Philosophie* 4 (1950): 3–19，雅各布森的文章则在 *Translation Studies Reader*, ed. Lawrence Venuti (New York, 2000)。看起来，在讨论什么是真实的时候，奶酪很早就是重要的哲学客体 (the philosophical it object) 了。再比如 Everett W. Hall, "The Extra-Linguistic Reference of Language," *Mind 52* (1943): 230–246："如果你在观察冰盒时说，'这里没有奶酪'，那么你就必须对观察到的每件东西做出判断，'这不是奶酪'。"还有 Morris Lazerowitz, "The Existence of Universals," *Mind 55* (1946): 1–24："一个人在听到'请把奶酪递给我'的要求时表现恰当，知道如何用类似的语言来表达自己的愿望，甚至可以详细谈论不同奶酪之间的区别，但可能不知道奶酪的抽象概念，不过我们可以说他知道'奶酪'在语言中的正确用法。"

2. 引自 *The Rhetoric of Morality and Philosophy: Plato's* Gorgias *and* Phaedrus，英译本 Seth Benardete (Chicago, 1991)。见 James H. Nichols Jr., Plato Gorgias (Ithaca, 1998) 中非常有用的介绍和注释。在 Gabriela Roxana Carone, "Rhetoric in the 'Gorgias'", *Canadian Journal of Philosophy* 35(2005): 221-241 中可见关于修辞问题特别有提示性的说明。

3. 见 Richard Parry, "Episteme and Techne," *Stanford Encyclopedia of Philosophy* (online, 2014) 中关于 techne 主题清晰且有价值的介绍；另见 F.I.G. Rawlins 在 *Philosophy and Phenomenological Research* 10 (1950):389-397 中的一篇同标题文章。

4. 我在其他地方就柏拉图《理想国》中提出的诗歌和绘画之间的相似关系讨论过这种苏格拉底程序。见拙作 *Mute Poetry*（第 1 章，注释 23），30–44。

5. 见 Priscilla Parkhurst Ferguson, "Writing out of the Kitchen: Carême and the Invention of French Cuisine," *Gastronomica* 3 (2003): 40-51，关于系统化的更大问题，见同一作者的 "A Cultural Field in the Making," *American Journal of Sociology* 104 (1998): 597-641。

6. Julia Child、Simone Beck 和 Louisette Bertholle 的第一版（我仍然拥有并还用着它，它已经蘸上了酱汁，在我看来这是一种荣耀）于 1961 年由 Knopf 出版。关于茱莉亚·查尔德的出版现象，可以在 Megan J. Elias, *Food on the Page: Cookbooks and American Culture* (Philadelphia, 2017), 107–144 中找到很好的说明。

7. 见 Alison K. Ventura 和 John Worobey, "Early Influences on the Development of Food Preferences," *Current Biology* 23 (2013): 401-408，以及 Nicola Perullo, *Taste as Experience: The Philosophy and Aesthetics of Food* (New York, 2016), 27–52。

8. 关于弗洛伊德，见 "Three Essays on Sexuality," *Standard Edition* 7: 173–206。关于拉康和母乳喂养见 John O'Neill, "Merleau-Ponty and Lacan on Infant Self and Other," *Synthese* 66 (1986): 201–217。

9. 见始于 *Gorgias* 464c 的论述。

10. 就那"一个人"而言，可以参阅 Donato Giannotti 在 *Concerning the Days That Dante Spent in Hell and Purgatory* 中谈到的米开朗基罗的情况，在该对话中，艺术家收到了曾进行过学术讨论的和蔼可亲的朋友的午饭邀请。但他拒绝了邀请，并解释说："每当我看到一个有某种天赋的人，表现出某种天才的活力，知道如何比别人更巧妙地说或做事，我就不得不爱上那个人，我把自己交给他，这样我就不再属于我，而完全属于他。因此，如果我和你们一起吃午饭——你们都是如此有天赋有魅力的人——除了你们三个已经从我这儿得到的之外，每个参加午餐的人都会偷走我的一部分。因此为了让自己振作起来，我将完全迷失方向迷失自己，以至于很多天我都会不知道自己生活在什么世界里。"见拙作 "Dante, Michelangelo, and What We Talk about When We Talk about Poetry," in R. Hentschell and K. Lavezzo, eds., *Laureations: Essays in Memory of Richard Helgerson* (Newark, DE, 2012)。

11. 引用自 Athenaeus, *The Learned Banqueters*, 英译本 S. Douglas Olson, Loeb Classical Library (Cambridge, MA, 2006)；具体引文按该版本的书号和节号引用。这是一个优秀而生动的译本；当然，由于是洛不布系列丛书的一本，它并不包括该文本所需的大量注释。Luciano Canfora and Christian Jacob, *I Deipnosofisti* (Rome, 2001) 已经解决了这一缺憾（至少对讲意大利语的人来说）；我非常感谢该版本的大量注释。至于关于这本书的学术研究，人们可以从 D. Braund and J. Wilkins, eds., *Athenaeus and His World* (Exeter, UK, 2000) 中的文章以及 Christian Jacob 出色的简介性作品 *The Web of Athenaeus* (Washington, DC, 2013) 中了解到很多东西，不过值得注意的是，在这两个文本（尤其是 Christian Jacob 的文本）中，《欢宴的诡辩家》讲的都是食物，但这并不像看起来那么恰当地发挥着核心作用。对该作品的两个有趣的解读见 John Paulas, "How to Read Athenaeus' *Deipnosophists*," *American Journal of Philology* 133 (2012): 403–439, 及 Robert J. Gorman and Vanessa B. Gorman, *Corrupting Luxury in Ancient Greek Literature* (Ann Arbor, 2014), 146–239。

12. 关于这一叙事学特征，见 William A. Johnson, "Frame and Philosophical Idea in Plato," *American Journal of Philology* 119 (1998): 577–598，及 Stephen Halliwell, "The Theory and Practice of Narrative in Plato," in *Narratology and Interpretation*, ed. J. Grethlein and A. Rengakos (Berlin, 2009), 15–42, https://core.ac.uk/download/pdf/9821978.pdf。

13. Plato, *Symposium* 175B.

14. 见第一章，注释 3。

15. 见 Geoffrey Arnott, "Athenaeus and the Epitome: Texts, Manuscripts and Early Editions," in Braund and Wilkins, *Athenaeus and His World*, 41–52。

16. 关于作为"延异"的 *différance*，见 Jacques Derrida, *Margins of Philosophy* (Chicago, 1982)。

17. Athenaeus, *The Learned Banqueters* 14.658e–662e. 我们将在本章中再次了解到这一系列技能，届时我们将谈到阿特纳奥斯在文艺复兴时期的两个读者米歇尔·蒙田和本·琼森。

18. 据我所知，还没有人评论过奥尔森有趣的用词。但可以看看 Stephen E. Kidd, *Nonsense and Meaning in Ancient Greek Comedy* (Cambridge, UK, 2014), 20，其中对 ἀλαζονεία 与 Harry Frankfurt 在 *On Bullshit* (Princeton, NJ, 2005) 中不朽的理念进行了关联。

19. Athenaeus, 14.658e. 关于这道菜，没有其他现存的参考资料；它在烹饪中只出现过一次。见 Andrew Dalby, *Food in the Ancient World from A to Z* (London and New York, 2003), 226。

20. 《欢宴的诡辩家》在古典时代以后的历史并非一片空白，但似乎相当稀少。1556 年 Natalis Comes 将这部作品译成拉丁文。17 世纪 Sir Thomas Browne 写了一篇题为 "From a Reading of Athenaeus" 的短文；Ben Jonson 拥有一本带有他签名和注释的《欢宴的诡辩家》，该书在 2006 年的拍卖中以 5775 美元的价格售出；在伊拉斯谟和蒙田（本章中进行了讨论）身上也有该作品的明显痕迹。

21. 关于文本如何通过 Athenaeus 留存下来，见 Heinz-Günther Nesselrath, "Later Greek Comedy in Later Antiquity" in M. Fontaine 及 A. C. Scafuro, eds., *The Oxford Handbook of Greek and Roman Comedy* (Oxford, 2014), 667–679。

22. 见 Ruth Scodel, "Tragic Sacrifice and Menandrian Cooking," in *Theater and Society in the Classical World* (Ann Arbor, 1993), 161–176; quote on p. 161。另见全面细致的作品 John Willkins, *The Boastful Chef: The Discourse of Food in Ancient Greek Comedy*

(Oxford, 2000)。

23. 关于作为仪式屠宰者 / 牺牲者或 "*mageiros*" 的厨师，见 Scodel, "Tragic Sacrifice," 162, and A. A. Benton, "The Classical Cook," *Sewanee Review* 2 (1894): 413–424。

24. 引自 "Of the Vanity of Words," in *The Complete Essays of Montaigne*, 英译本 Donald Frame (Stanford, CA, 1958): 221–223。

25. 这段话出现在 Ben Jonson, *The Staple of News*, ed. Anthony Parr (Manchester, UK, 1988), 4.2.18–37, 又见 Jonson, *Neptune's Triumph* 61–79, in *Selected Masques*, ed. Stephen Orgel (New Haven, CT, 1970)。关于这里透露出的 Jonson 和 Jones 之间的关系，见 D. J. Gordon, "Poet and Architect: The Intellectual Setting of the Quarrel between Ben Jonson and Inigo Jones," *Journal of the Warburg and Courtauld Institutes* 12 (1949): 152–178。另见本章后面 Sperone Speroni 的一篇类似但不那么讽刺的颂词。

26. 引自 Erasmus, *On Copia of Words and Ideas*, 英译本 Donald B. King and H. David Rix (Milwaukee, 1999) 。

27. 见 Anthony Grafton, "Petronius and Neo-Latin Satire: The Reception of the Cena Trimalchionis," *Journal of the Warburg and Courtauld Institutes* 53 (1990): 237–249。

28. 英文引自 François Rabelais, *Gargantua and Pantagruel*, 英译本 M. A. Screech (London, 2006)。法文引自 Rabelais, *Oeuvres complètes*, ed. M. Huchon (Paris, 1994)。本文中的后续引文用特定的部数——*P, G, 3P, 4P*——表示，后面是 Screech 版本中的章节和页码。关于拉伯雷的食物问题，不可或缺的著作是 Michel Jeanneret, *A Feast of Words: Banquets and Table Talk in the Renaissance*, 英译本 J. Whiteley and E. Hughes (Cambridge, MA, 1991) 以及同一作者的 "Quand la Fable se met à Table: Nourriture et structure narrative dans *Le Quart Livre*", *Poetique* 13 (1983): 163–180。另见 Elise-Noël McMahon, "Gargantua, Pantagruel and Renaissance Cooking Tracts: Texts for Consumption," *Neophilologus* 76 (1992): 186–197; Thomas Parker, *Tasting French Terroir* (Berkeley and Los Angeles, 2015), 13–36; 及 Timothy Tomasik, "Fishes, Fowl, and *La Fleur de toute cuysine*: Gaster and Gastronomy in Rabelais's *Quart Livre*," in *Renaissance Food from Rabelais to Shakespeare*, ed. J. Fitzpatrick (London and New York, 2010), 25–54。

29. 第五部在拉伯雷死后 11 年才出版，也有人认为这不是他本人写的。一个世纪前对这个问题的总结见 A. Tilley, "The Fifth Book of Rabelais," *Modern Language Review* 22 (1927): 409–420。最近普遍认为它就是拉伯雷本人写的，但对于准确的文本有很多争论。参见下面的注释，巴赫金似乎认为第四部是拉伯雷自己创作的最后部分。

30. 见 Mikhail Bakhtin, *Rabelais and His World* (Bloomington, IN, 1984)。在引用了第四部第 67 章后，他写道："这是第四部最后一句话，是拉伯雷亲手写的整本书的最后一句话。在这里，我们发现排泄物的十二个同义词，从最粗俗的到最科学的。最后，排泄被描述成一棵树[1]，一种罕见的、令人愉快的东西。咆哮完了就是请喝酒，在拉伯雷的意象中，这意味着与真理的交流。"（175）

31. 在这方面，见 Bakhtin, *Rabelais and His World*，关于后拉伯雷文化："在新的官方文化中，普遍存在一种趋势，趋向于存在的稳定和完整，趋向于单一的意义、单一的严肃语气。怪诞的矛盾性不再被接受。高尚的古典主义摆脱了怪诞的笑声传统。"（101）

32. 见 Screech 英译本，831。另见 Max Gauna, *The Rabelaisian Mythologies* (Madison, NJ, 1996), 245-252。

33. 《腓立比书》3:19。

34. 这种叙述可以追溯到伊索和圣保罗，再到莎士比亚的《科利奥兰纳斯》等，A. D. Harvey, *Body Politic: Political Metaphor and Political Violence* (Cambridge, UK, 2007) 对此进行了讨论。

35. 一个非常有用的早期烹饪书籍列表及在线文本的链接，见 Martha Carlin, "Medieval Culinary Texts (500–1500)," Univ. of Wisconsin–Milwaukee website, https://sites.uwm.edu/carlin/medieval-culinary-texts-500-1500/。另见 Henry Notaker, *A History of Cookbooks* (Berkeley and Los Angeles, 2017), 7–46，及稍偏但很有提示性的 Wendy Wall, *Recipes for Thought: Knowledge and Taste in the Early Modern Kitchen* (Philadelphia, 2015)。由于本书会略去古典时代和早期现代之间的时期，Christina Normore, *A Feast for the Eyes: Art, Performance and the Late Medieval Banquet* (Chicago, 2015) 特别值得注意。

36. 关于 Platina，见 Bruno Laurioux, *Gastronomie, humanisme et société à Rome au milieu du XVe siècle: Autour du De honesta voluptate de Platina* (Florence, 2006)，及 Mary Ella Milham, *Platina On Right Pleasure and Good Health* (Tempe, AZ, 1998)，后者有着很多注释的双语言版本；对 Platina 作品的引用是 Milham 版本的。另见 Laurioux, "Athénée, Apicius et Platina: Gourmands et gourmets de l'Antiquité

---

[1] 藏红花。

sous le regard des humanistes romains du XVe siècle," in *Pratiques et discours alimentaires en Méditerranée de l'Antiquité à la Renaissance* (Paris, 2008)。

37. 见 Mary Ella Milham, "The Latin Editions of Platina's 'De honesta voluptate'", *Gutenberg-Jahrbuch* 52 (1977): 57–63；同一作者的 "The Vernacular Translations of Platina's 'De honesta voluptate'", *Gutenberg Jahrbuch* 54 (1979): 87-91，以及 "Five French Platinas", *Library* 1.2 (1979): 164-166。

38. 阿皮基乌斯的拉丁语和法语权威版本是 *Apicius: L'art culinaire*（Paris，2002）。同样有用的是 Christopher Grocock 和 Sally Granger, *Apicius: A Critical Edition*（Totmes UK，2006）。参见 Bruno Laurioux 的作品，"Cuisiner à l'antique: Apicius au moyen âge," *Médiévales* 24 (1994): 17-38，以及 Mary Ella Milham, "Apicius in the Northern Renaissance," *Bibliothèque d'Humanisme et Renaissance* 32 (1970): 433-443。

39. 关于区分名为阿皮基乌斯（或后世冠以阿皮基乌斯之名）的各人，见 Dalby, *Food in the Ancient World*, 16–18，另见 Sally Grainger, "The Myth of Apicius," *Gastronomica* 7 (2007): 71–77。

40. 关于阿皮基乌斯的文本历史，见上文引用的 Jacques André 版本的介绍（注释 38）。

41. 见 Anne Willan and Mark Cherniavsky, *The Cookbook Library: Four Centuries of the Cooks, Writers, and Recipes That Made the Modern Cook* (Berkeley and Los Angeles, 2012), 6–7 中关于这个食谱的讨论。

42. 关于文艺复兴时期重新发现古典时代并与之抗衡的主题，有海量的文献，从 Jacob Burckhardt's "Revival of Antiquity," in *The Civilization of the Renaissance in Italy* (London, 1995; first published in German in 1860) 到 Robert Weiss, *The Renaissance Discovery of Classical Antiquity* (New York, 1969)。更近期的作品中也有拙作 *Unearthing the Past*（见第 1 章，注释 18）。

43. 见 *Oxford Latin Dictionary*，其中 gula 的定义从 "喉咙" 开始，然后是 "食欲中枢" 和 "味觉中枢"。

44. 见 Michael Symons, "Epicurus, the Foodies' Philosopher", in *Food and Philosophy: Eat, Think, and Be Merry*, ed. F. Allhoff and D. Monroe (Malden, MA, 2007), 20。

45. 普拉蒂纳显然对这些类型的借鉴感到自豪，并以某种炫耀的方式写了出来；正如他在其献词引言中所说："我写作的关于食物的文章，模仿了优秀的加图、最博学的瓦罗还有科鲁迈拉、C. 马提乌斯和凯利乌斯·阿皮基乌斯。"Milham (103) 中可以看到普拉蒂纳希望将自己与庞波尼奥－莱托的人文主义关怀联系起来。

46. 关于马蒂诺大师的职业生涯和食谱作品，见 Nancy Harmon Jenkins, "Two Ways of Looking at Maestro Martino," *Gastronomica* 7 (2007): 97–103。

47. 见 *Ars poetica*，48-69。贺拉斯将文字比作叶子，会经历生老病死，这在接受古典知识时成为一个非常重要的套路。关于这一点，见 Basil Dufallo, "Words Born and Made: Horace's Defense of Neologisms and the Cultural Poetics of Latin," *Arethusa* 38 (2005): 89-101。

48. 忒柔斯、普洛克涅和菲洛墨拉的故事，及其对强奸、谋杀和食人的叙述见 Ovid, *Metamorphoses* 6.401–674。

49. 关于普拉蒂纳朋友圈的解码和描述，见 Milham, 81-91 中尤为宝贵的资料，另见 Mario Cosenza, Biographical and *Bibliographical Dictionary of the Italian Humanists and of the World of Classical Scholarship in Italy, 1300–1800,* 6 vols. (Boston, 1962–1967)。

50. 关于这一事件，见 Milham, 9–31。另见 Richard J. Palermino, "The Roman Academy, the Catacombs and the Conspiracy of 1468", *Archivum Historiae Pontificiae 18* (1980): 117–155 的详尽叙述。

51. 引自 Milham, 15–16。这封信的时间是否在普拉蒂纳两次被监禁之间是有争议的。

52. 关于这一历史变革时刻，见 Anthony F. D'Elia, *A Sudden Terror: The Plot to Murder the Pope in Renaissance Rome* (Cambridge, MA, 2009)。

53. 庞波尼奥·莱托和卡利马科斯（旧称 Filippo Buonaccorsi）之间的愤怒交流与对共谋和 / 或背叛的相互指责有关。见 Michael Tworek, "Filippo Buonaccorsi", *Repertorium Pomponianum*, http://www.repertoriumpomponianum. it/pomponiani/buonaccorsi_filippo.htm 的材料。

54. 在这里我想的与其说是那些真正描写苏格拉底最后日子的对话（如《斐多篇》和《申辩篇》），不如说是在他死后写的《斐德罗篇》和《会饮篇》等作品，在这些作品中他依然现身说法，几乎就像他还活着一样——尽管在"几乎"的问题上还大有文章。

55. 关于这些历史进展，见 Ken Albala, *Eating Right in the Renaissance* (Berkeley and Los Angeles, 2002) 和 *The Banquet: Dining in the Great Courts of Renaissance Europe* (Urbana, 2007)。另见 Alberto Cappati and Massimo Montanari, *Italian Cuisine: A Cultural History* (New York, 2003)，参见 Scappi 非常有帮助的参考材料（见下一注释）。

56. 带有注释的优秀英语版为 Terence Scully, *The Opera of Bartolomeo Scappi* (Toronto, 2008)。另见 Deborah L. Krohn, *Food and Knowledge in Renaissance Italy: Bartolomeo Scappi's*

Paper Kitchens (London and New York, 2015)。

57. 见 *La vita e le opere di Sperone Speroni* (Empoli, Italy, 1920)。此处我进行了翻译。

58. 引领对话的是 Stephen Greenblatt 获奖的 *The Swerve: How the World Became Modern* (New York, 2012)。该书将发现卢克莱修手稿的引人入胜的故事与历史论证结合在一起，论证的内容一方面是重新发现以前受到强烈谴责的伊壁鸠鲁学说，另一方面是从中世纪到现代的同名 "转向"。关于这一现象的其他重要描述，其他关于该现象的重要论述见 Alison Brown, "Lucretius and the Epicureans in the Social and Political Context of Renaissance Florence," *I Tatti Studies in the Renaissance* 9 (2001): 11–62; Gerard Passannante, *The Lucretian Renaissance: Philology and the Afterlife of Tradition* (Chicago, 2011); 及 Ada Palmer, *Reading Lucretius in the Renaissance* (Cambridge, MA, 2014)。

59. 拉丁语和英语的文本，见 Lorenzo Valla, *On Pleasure: De Voluptate*, 英译本 A. K. Hieatt and Maristella Lorch (New York, 1979)。

60. 关于该文本的发展，见 Maristella de Panizza Lorch, "*Voluptas, Molle Quoddam et Non Invidiosum Nomen*: Lorenzo Valla's Defense of Voluptas in the Preface to His *De Voluptate*," in *Philosophy and Humanism: Essays in Honor of Paul Oskar Kristeller*, ed. E. P. Mahoney (Leiden, 1976), 214–228。

61. 见 Charles Trinkaus 在 *Annali d'Italianistica* 5 (1987): 278–280 中关于 Lorch 的 "*Voluptas . . .*"（引自前注）的有趣评论，他指出，多年来 Lorch 已经不再全心全意地接受早期作品，转而更严肃地思考后期不那么正统的作品。

62. 关于古罗马的伊壁鸠鲁主义对这一问题的讨论，见本书第二章。

63. 关于该主题见 Notaker, *A History of Cookbooks*, 201–212。

64. 见 Wolfgang Liebenwein, "Honesta Voluptas: Zur Archäologie des Genießens" in *Hülle und Fülle*: Festschrift für Tilmann Buddensieg (Alfter, Germany, 1993), 337–356 的权威解读。在更具体的饮食方面，参见 Ken Albala, *Eating Right in the Renaissance* (Berkeley and Los Angeles, 2002) 的基础研究。

65. 所有对《对话录》的引用都来自 *The Colloquies of Erasmus*, 英译本 Craig R. Thompson (Toronto, 1997)。

66. 蓬波尼乌斯在西塞罗的 *De finibus*（5.1）中把伊壁鸠鲁喜欢的课堂空间置于一个花园；即使在那段话中，蓬波尼乌斯承认自己是伊壁鸠鲁的门徒时，似乎也有些尴尬。

67. 《餐桌谈话》和《阿提卡之夜》都在 the *Apophthegmata* 和 the *Adages* 中被引用了几十次。关于伊拉斯谟与奥卢斯·格利乌斯和普鲁塔克的关系，见 Egbertus

van Gulik, *Erasmus and His Books*, 英译本 J. G. Grayson (Toronto, 2019), 339, 380。

68. 见 Deno J. Geanakoplos, "Erasmus and the Aldine Academy of Venice," *Greek, Roman, and Byzantine Studies* 3 (1960): 107-134。

69. 阿尔丁版的《欢宴的诡辩家》出版于 1514 年。伊拉斯谟的注释本位于牛津大学博德利图书馆。在多伦多版的《格言集》中，有 500 多处对阿特纳奥斯的引用。

70. 见"世俗之宴",注释 16(多伦多版),关于伊拉斯谟对波恩葡萄酒的大量描述："他没了它就无法生存；大多数食物他都不能吃，其他的酒他都不能喝；如果晚年没了波恩酒，他觉得健康马上就会受到威胁。"

71. 参见 J. C. Olin, J. D. Smart, and R. E. McNally, *Luther, Erasmus, and the Reformation: A CatholicProtestant Reappraisal* (New York, 1969) 中的文章。

72. 见本书第三章的讨论。

73. 见 "Usefulness of the Colloquies," *Colloquies* (Toronto ed.), 1095–1097 内容简介的部分。

74. 需要注意的是，这里的 "Erasmius" 并不是一个打印错误，而是作者在 1518 年版和 1522 年版之间所做的修改。因此，这个声音不仅脱离了作者，还被分给了他的教子 Erasmius Froben。

75. 关于斋戒和不食用动物肉之间关系的历史和神学，见 *Catholic Encyclopedia*, s.v. fast, abstinence。

76. 见 *Colloquies*, 713，以及关于伊拉斯谟作为厄洛斯身份的说明。

77. 这里篇幅最长是 "A Fish Diet." *Colloquies*, 675–762。

78. "A Fish Diet," *Colloquies*, 715–717.

79. 关于阿尔伯蒂、历史画和卧躺餐席，见本书第一章。

80. 关于王公贵族饮食的书目见本章注释 55。

81. 关于查理五世的访问，见 William Eisler, "The Impact of the Emperor Charles V upon the Italian Visual Culture 1529–1533," *Arte Lombarda* N.S. 65 (1983): 93–110。

82. 见 Giacinto Romano, ed., *Cronaca del soggiorno di Carlo V in Italia* (Milan, 1892)。

83. 关于得特宫的建筑和绘画都有大量的文献资料。关于我们最关心的爱神与普赛克大厅 (Sala di Amore e Psiche)，见 Frederick Hartt, "Gonzaga Symbols in the Palazzo del Te," *Journal of the Warburg and Courtauld Institutes* 13 (1950) : 151–188; Egon Verheyen, *The Palazzo del Te in Mantua: Images of Love and Politics* (Baltimore, MD, 1977); Maria F. Maurer, "A Love that Burns: Eroticism, Torment, and Identity at

the Palazzo Te," *Renaissance Studies* 30 (2015): 370–388。关于得特宫视觉风格的更广泛的论述，见 Sally Hickson, "More than Meets the Eye: Giulio Romano, Federico II Gonzaga and the Triumph of Trompe-l'oeil at the Palazzo del Te in Mantua," in *Disguise, Deception, Trompe-l'oeil: Interdisciplinary Perspectives*, ed. L. BoldtIrons, C. Federici, and E. Virgulti (New York, 2009), 41–60。关于贡扎加家族的宴会服务，见 Valerie Taylor, "Banquet Plate and Renaissance Culture: A Day in the Life," *Renaissance Studies* 19 (2005): 621–633。

84. 关于这种对比的早期拉丁语起源，见 R. J. Baker, "'Well Begun, Half Done': 'Otium' at Catullus 51 and Ennius 'Iphigenia,'" *Mnemosyne* 42 (1989): 492–497。参见 Brian Vickers, "Leisure and Idleness in the Renaissance: The Ambivalence of Otium," *Renaissance Studies* 4 (1990), no. 1: 1–37 and no. 2: 107–154，这篇文章分两部分，对该主题进行了详解。

85. 关于西塞罗几部作品中的引用，见 Arina Bragova, "The Concept *cum dignitate otium* in Cicero's Writings," *Studia Antiqua et Archaeologica* 22 (2016): 45–49。

86. 引自 Ariosto, *Orlando Furioso* 7.40, ed. E. Sanguineti (Milan, 1974); 译文引自 William Stuart Rose (Washington, 1907)。

87. Machiavelli, *Istorie fiorentine* 5.1., ed. P. Carli (Florence, 1927); 译文引自 *History of Florence and the Affairs of Italy*, 英译本 H. Rennert (Washington, 1901), 204。

88. 参见 M. C. O'Brien, *Apuleius' Debt to Plato in the* Metamorphoses (New York, 2002); Carl Schlam, "Platonica in the *Metamorphoses* of Apuleius," *TAPA* 101 (1970): 477-487；以及 Walter Englert, "Only Halfway to Happiness: A Platonic Reading of Apuleius' *Golden Ass*," in *Philosophy and the Roman Novel*, ed. M. P. Futre Pinheiro and S. Montiglio (Groningen, 2015), 81–92。关于视觉传统，除了上面注释 83 中提到的作品，阿普列乌斯原作及文艺复兴时期对此的刻画，有用的背景资料可见 Luisa Vertova, "Cupid and Psyche in Renaissance Painting before Raphael," *Journal of the Warburg and Courtauld Institutes* 42 (1979): 104–121。

89. 这里所说的原作见于 Apuleius, *The Golden Ass*, 4–6 卷。

90. 见 Eisler, "Impact of the Emperor Charles V," 讲述查尔斯五世的逗留。

91. 关于法内仙纳的装饰，见 John Shearman, "Die Loggia der Psyche in der Villa Farnesina und die Probleme der letzten Phase von Raffaels graphischem Stil," *Jahrbuch der Kunsthistorischen Sammlungen zu Wien* 24 (1964): 59–100，及 Hubertus Günther, "Amor und Psyche. Raffaels Freskenzyklus in der Gartenloggia der Villa des Agostino Chigi und die Fabel von Amor und Psyche in der Malerei der

italienischen Renaissance," *Artibus et Historiae* 22 (2001): 149–166。值得注意的是朱利奥·罗马诺并不是这两个丘比特和普赛克宴会空间之间唯一的共同之处。费德里戈·贡扎加的母亲伊莎贝拉·埃斯特是伟大的女赞助人和古董爱好者，在经济和艺术上阿戈斯蒂诺·基吉有往来。关于这一点，见 Roberto Bartallini, "Due episodi del mecenatismo di Agostino Chigi e le antichità della Farnesina," *Prospettiva* 67 (1992): 17–38。

92. 关于这个了不起的人物，见 Ingrid Rowland, "Render unto Caesar the Things Which are Caesar's: Humanism and the Arts in the Patronage of Agostino Chigi," *Renaissance Quarterly* 39 (1986): 673–730 中的权威论述。

93. 这段逸事的最初来源难以找到，参见 Ludwig Pastor, *The History of the Popes from the Close of the Middle Ages* (London, 1908), 8:117。

94. Hartt, "Gonzaga Symbols."

95. 比较 *Hypnerotomachia Poliphili* 中的宴会情节，其中对每道菜的上桌和撤下都给予了同样的关注。见 Francesco Colonna, *The Strife of Love in a Dream*, 英译本 Joscelyn Godwin (London, 1999), 106-110。

96. 引自 James R. Lindow, *The Renaissance Palace in Florence: Magnificence and Splendour in Fifteenth-Century Florence* (London, 2007), 140。原文见 Giovanni Pontano, *I Libri delle virtù sociali*, ed. F. Tateo (Rome, 1999), 232。对蓬塔诺的出色论述，见 Evelyn Welch, "Public Magnificence and Private Display: Giovanni Pontano's *De splendore* (1498) and the Domestic Arts," *Journal of Design History* 15 (2002): 211–221。

97. 见本书第一章。

98. 想了解这些植物学问题，以下著作是不可或缺的：Giulia Caneva, *Il Mondo di Cerere nella Loggia di Psiche* (Rome, 1992)。另见 Jules Janick, "Fruits and Nuts of the Villa Farnesina," *Arnoldia* 70 (2012): 20–27。

99. Giorgio Vasari, *Lives of the Painters, Sculptors, and Architects*, 英译本 Gaston duC. deVere (New York, 1996), 2:493。

100. 见 J. Janick and G. Caneva, "The First Images of Maize in Europe," *Maydica* 50 (2005): 71–80。

101. 这个问题太宽泛，恕本书不做处理。关于该问题早有说服力强且有先见之明的观点，见 E. H. Carr, *What Is History?* (Cambridge, UK, 1961), 144: "今天，我们才第一次有可能想象一个由各民族组成的完整世界——这些民族在最充分的意义上进入了历史，不再是殖民管理者或人类学家的关注对象，而是历史学家的关注对象。"显然，年鉴学派、微观历史、马克思主义史学及本书所尝试的这种文化史，都对此做出了回应。在本书吃是普遍的，这一点可以说最接近包容性。

102. 关于黑死病及其与艺术的关系，难以超越的描述仍然是 Millard Meiss, *Painting in Florence and Siena after the Black Death* (Princeton, NJ, 1951)，关于 16 世纪英格兰的数据，见 W. G. Hoskins, "Harvest Fluctuations and English Economic History, 1480–1619," *Agricultural History Review* 12 (1964): 28–46。另见 Guido Alani, *Calamities and the Economy in Renaissance Italy* (Basingstoke, UK, 2013)。关于这种联系在史学上有所记载的伟大创新，见 Piero Camporesi, *Bread of Dreams: Food and Fantasy in Early Modern Europe* (Chicago, 1996)。

103. 见《十日谈》第一天的导言，其中对佛罗伦萨的瘟疫进行了生动的描述。十人离开城市，开始他们优雅的生活和故事计划之后，作者经常提到为他们的夜宴设桌，但几乎没谈到上了什么菜。

104. 见 Herman Pleij, *Dreaming of Cockaigne: Medieval Fantasies of the Perfect Life* (New York, 1997) 这一权威论著。

105. 引自 Pleij 对荷兰韵文的翻译。见他的 *Dreaming of Cockaigne*, 34。

106. 见 Ross H. Frank, "An Interpretation of Land of Cockaigne (1567) by Pieter Bruegel the Elder," *Sixteenth Century Journal* 22 (1991), 299-329。

107. 从食物角度解读哥伦布（以及相关文献）是一种生动而多样的体验。引自 *The Four Voyages of Christopher Columbus*, 英译本 J. M. Cohen (New York, 1969)。

108. 关于香料，见 Andrew Dalby, *Dangerous Tastes: The Story of Spices* (Berkeley and Los Angeles, 1999)，及 "Christopher Columbus, Gonzalo Pizarro, and the Search for Cinnamon," *Gastronomica* 1 (2001): 40–49。

109. 关于这一过程，参见 Aaron M. Shatzman, *The Old World, the New World, and the Creation of the Modern World* (London and New York, 2013)，特别是第 3 章，"Spain Ascendant: Conquest and Colonization"。

110. 见 Robert Applebaum and John Wood Sweet, eds., *Envisioning an English Empire: Jamestown and the Making of the North Atlantic World* (Philadelphia, 2005)，参见 Applebaum, "Hunger in Early Virginia: Indians and English Facing Off over Excess, Want, and Need." 及 Michael A. Lacombe, "'A continuall and dayly Table for Gentlemen of fashion': Humanism, Food and Authority at Jamestown, 1607–1609," *American Historical Review* 115 (2010): 669–687, 另见 Mary C. Fuller, *Voyages in Print: English Travel to America 1576–1624* (Cambridge, UK, 1995), 85–140。与此关联紧密的

另一主题，见 Rachel B. Herrman, "The 'tragicall history': Cannibalism and Abundance in Colonial Jamestown," *William and Mary Quarterly* 68 (2011): 47–74。

111. 见 Louis B. Wright, ed., *A Voyage to Virginia in 1609* (Charlottesville, 1964), 及 William Strachey, Gent., *The Historie of Travaile into Virginia Britannia* (London, 1899; repr., Cambridge, UK, 2015)。另见 Alden T. Vaughan, "William Strachey's 'True Repertory' and Shakespeare: A Closer Look at the Evidence," *Shakespeare Quarterly* 59 (2008): 245–273。

112. 引自 Philip L. Barbour, ed., *The Jamestown Voyages under the First Charter, 1606–1609* (London, 1969), 2:225。

113. 关于这个有趣的人有两部相当不同的传记。S. G. Culliford, *William Strachey 1572–1621*(Charlottesville, VA, 1965) 内容涵盖了他的一生，而 Hobson Woodward, *A Brave Vessel: The True Tale of the Castaways Who Rescued Jamestown and Inspired Shakespeare's* The Tempest (New York, 2009) 集中介绍了戏剧和詹姆斯敦的冒险。

114. 引自 L. B. Wright, ed., *A Voyage to Virginia in 1609* (Charlottesville, 2013)。

115. 斯特拉奇文件的年代和莎士比亚戏剧的创作年代仍然有不确定之处。关于这一点，见 Tom Reedy, "Dating William Strachey's 'A True Repertory of the Wracke and Redemption of Sir Thomas Gates': A Comparative Textual Study," *Review of English Studies* 61 (2010): 529–552。

116. 引用的是 *The Tempest*, ed. Stephen Orgel, Oxford Shakespeare (Oxford, 1987)。

117. 见 *The Tempest*, ed. Orgel 中的注释。

118. 见 Peter C. Mancall, *Deadly Medicine: Indians and Alcohol in Early America* (Ithaca, 1995)。

119.《麦克白》2.3.27–30："它也会挑起淫欲，可是喝醉了酒的人，干起这种事情来是一点不中用的。酒喝多了心里头就会琢磨那点邪念了：先挑逗它，再打击它；闹得它上了火，又兜头一盆冷水；弄得它挺又挺不起来，趴又趴不下去。"

120. 见 Kenji Go, "Montaigne's 'Cannibals' and 'The Tempest' Revisited," *Studies in Philology* 109 (2012): 455–473。关于蒙田、莎士比亚和译者 John Florio 之间更广泛的关系问题，见 Stephen Greenblatt 和 Peter Platt 合著的 *Shakespeare's Montaigne: The Florio Translation of the Essays* (New York, 2014) 一书中做的介绍。

121. 见 Virgil, Aeneid, 3.219–257，关于《埃涅阿斯》和《暴风雨》之间的关系，有一篇杰出的批评文献。见 Donna B. Hamilton, *Virgil and* The Tempest: *The Politics of Imitation* (Columbus, OH, 1990); Heather James, *Shakespeare's Troy* (Cambridge, UK, 1997), 189–220; 及 David Scott WilsonNakamura, "Virgilian

Models of Colonization in Shakespeare's *Tempest*," ELH 70 (2003): 709–737。

122. 关于莎士比亚与古代戏剧规则之间复杂关系的经典陈述来于 Herder。见 Johann Gottfried Herder, "Shakespeare," in *Selected Writings on Aesthetics* (Princeton, 2006), 291-307。《错误的喜剧》是莎士比亚模仿古典戏剧最忠实的尝试，其中也有类似的时间一致性，这对该闹剧剧情的展开至关重要。

第五章　模仿、隐喻和具身化

1. 参见 Salima Ikram, "A Re-Analysis of Part of Prince Amenemhat Q's Eternal Menu," *Journal of the American Research Center in Egypt* 48 (2012): 119–135。

2. 见 Melinda Hartwig et al., *The Tomb Chapel of Menna (TT69): The Art, Culture, and Science of Painting in an Egyptian Tomb* (Cairo and New York, 2013)。

3. Vitruvius, *Ten Books on Architecture*, 英译本 Ingrid D. Rowland (Cambridge, UK, 1999), 82–83。

4. 关于 *xenia*，见 Jean-Michel Croisille, *Natures mortes dans la Rome antique* (Paris, 2015); Bernadette Cabouret, "Xenia ou cadeaux alimentaires dans l'Antiquité tardive," in *Dieu(x) et hommes* (Rouen, 2005), 369–388; 以及题为 *Xenia: Recherches franco-tunisienne sur la mosaïque de l'Afrique antique* (Rome, 1990) 的文集。我在这一问题的上思考尤其受到 Norman Bryson, *Looking at the Overlooked: Four Essays on Still-Life Painting* (London, 1990), 17–58 的影响。

5. 在像本书这样的作品里，值得指出的是，《奥德赛》很可能是有史以来最痴迷于食物和美酒的文学作品，到遥远的地方旅行并由朋友或陌生人接待的场合，是该诗的核心活动（就像 xenia 一样），这就把吃饭定位为可能最为核心的人类活动。特勒马科斯到达内斯特的宫廷，阿尔基诺奥斯接待奥德修斯，奥德修斯被他忠实的猪倌欧迈俄斯接回家，特勒马科斯回到伊萨卡的家：每一次都有详细的吃饭记录，有时还包括了如何进行备餐的具体信息（参见 14.79-90 的烤羊肉食谱）。但这不仅仅是在航行中。最被讨厌的求婚者被憎恨的是他们在奥德修斯的宫殿里大肆取用的食物和酒。而且，也许最有趣的是，关于独眼巨人的整个情节都是围绕着奶酪和酒展开的：独眼巨人虽然在饮食上原始到了直接吃人的地步，但却是一个专业的烤肉师和酿酒师，奥德修斯和他的手下偷了他精选的食物；至于酒，根据人们认为的野蛮人的伟大传统——独眼巨人也不习惯喝酒，酒的后果对他来说是灾难性的。

6. 见注释细致的版本 *The Xenia Book 13*, ed., T. J. Leary (London, 2001)。另见 Sarah Blake, "Martial's Natural History: The 'Xenia' and 'Apophoreta' and Pliny's Encyclopedia," *Arethusa* 44 (2011): 353–377, 及 Sarah Culpepper Stroup, "Invaluable Collections: The Illusion of Poetic Presence in Martial's *Xenia* and *Apophoreta*" in R. R. Nauta, H-J. van Dam, and J.J.L. Smolenaars, eds., *Flavian Poetry* (Leiden, 2006), 315–328。

7. 马提亚尔的《隽语》第 14 卷，即 *Apophoreta*，也与宴会密切相关；内容讲述了宴会上的礼物（不一定是食物）。

8. 关于更多例子，见 Croisille, *Natures mortes*；另见 Katherine Dunbabin, *Mosaics of the Greek and Roman World* (Cambridge, UK, 1999)。

9. 关于这些风格上的问题，见 Bryson, *Looking at the Overlooked*；另见 Stephon Bann, *The True Vine: Visual Representation and the Western Tradition* (Cambridge, UK, 1989)。参见 Bann and Bryson by Lesley Stevenson, "Fruits of Illusion," *Oxford Art Journal* 16 (1993): 81–85 中具有启发性的言论。

10. 关于想象力，除了 Bann, *The True Vine, and Bryson, Looking at the Overlooked*, 还可以阅读 Michael Squire 的论著，包括 "Ecphrasis: Visual and Verbal Interactions in Ancient Greek and Latin Literature," *Oxford Handbooks Online* http://www.oxfordhandbooks.com/view/10.1093/oxfordhb/9780199935390.001.0001/oxfordhb-9780199935390-e-58。另见 Simon Goldhill, "The Naive and the Knowing Eye: Ecphrasis and the Culture of Viewing in the Hellenistic World," in *Art and Text in Ancient Greek Culture*, ed. S. Goldhill and R. Osborne (Cambridge, UK, 1994), 197–222, 及 Norman Bryson, "Philostratus and the Imaginary Museum," in the same volume, 255–282。

11. 引自 Philostratus the Elder et al., *Imagines*, 英译本 Arthur Fairbanks, Loeb Classical Library (Cambridge, MA, 1931)。

12. 关于这段逸事见 Pliny, *Natural History*, 35.65。

13. 见拙作 "Praxiteles' *Aphrodite* and the Love of Art," in *The Forms of Renaissance Thought*, ed. L. Barkan, S. Keilen, and B. Cormack (London, 2008)。

14. 关于该类型的两篇优秀综述见 Norbert Schneider, *Still Life Painting in the Early Modern Period* (Cologne, 2003), 及 Sybille Ebert-Schifferer, *Still Life: A History* (New York, 1999)。

15. 该案是 1964 年 *Jacobellis v. Ohio* 案中关于色情制品的判决，涉案对象是路易·马勒（Louis Malle）的电影《情人们》（*Les Amants*），大法官斯图尔特用了我看到它就知道的说法，宣称马勒的电影并不色情。

16. Charles Sterling, *Still Life Painting from Antiquity to the Twentieth Century* (New York, 1981), 25.

17. 关于荷兰国立博物馆，见 "Search in Rijksstudio," s.v. "Still Life," https:// www. rijksmuseum.nl/en/search?q=%22still%20ife%22&v=&s=relevance&ii=0&p=1 ；关于卢浮宫，见 "Visitor Trails, Still Life Painting, Northern Europe," https:// www.louvre.fr/en/routes/still-life-painting。

18. 在我的同事 Carolina Mangone 指出之前，我一直没有发现这个简单而有决定性的事实。

19. 考虑到彼得斯的工作总体上质量非凡，令人惊讶的是，专门介绍她的文献仍然相对较少。有个值得注意的例外：Celeste Brusati, "Stilled Lives: Self-Portraiture and Self-Reflection in Seventeenth-Century Netherlandish Still-Life Painting," *Simiolus* 20 (1990–1991): 168–182，虽然其中只有一部分涉及彼得斯。专门介绍这位艺术家的唯一专著是 Pamela Decoteau, *Clara Peeters 1594–ca. 1640* (Lingen, 1992)。近期在普拉多美术馆有一个她的作品展；见目录，Alejandro Vergara, *The Art of Clara Peeters* (Antwerp and Madrid, 2016)。与本论点尤其有意义而且远远超出了彼得斯单一例子的是 Quentin Buvelot, ed., *Slow Food: Dutch and Flemish Meal Still Lifes 1600–1640*, 展览目录 (The Hague, 2017)，这也许是关于静物的作品中唯一一部承认食物中心地位的著作。

20. 关于这种特殊的食品——回溯到本书第四章中两位 20 世纪哲学家的讨论。见 Josua Bruyn, "Dutch Cheese: A Problem of Interpretation," *Simiolus* 24 (1996): 201–208。

21. 参见为荷兰国内和出口市场生产多种类型的腌樱桃的 Aarts Conserven。在 1654 年写给新尼德兰的信件中，Nicasius de Sille 赞扬了 "酸酸甜甜的樱桃十分丰盛"，几乎和国内的樱桃一样。见 A. J. F. van Laer, "Letters of Nicasius de Sille, 1654," *Quarterly Journal of the New York State Historical Association* 1 (1920): 98–108。

22. 关于早期历史，见 Clifford A. Wright, "Did the Ancients Know the Artichoke?" Gastronomica 9 (2009): 21–28。关于它后来在厨房和艺术中的出现，见 Paul Freedman, ed., *Food: The History of Taste* (Berkeley and Los Angeles, 2007), 197–199，包括 Abraham Bosse 描绘 "口味" 的绘画（约 1635 年）复制品，画中餐桌上的决定性物品是一个球形洋蓟。另见 Gillian Riley, *Food in Art* (London, 2015), 83, 207–208。很明显，对于 16 世纪初的伊萨贝拉·埃斯特而言，洋蓟

还是奢侈品。这种蔬菜后来就和 Catherine de Médicis 以及几十年后她把意大利烹饪带入法国的故事联系在一起。这个起源的故事受到了广泛质疑，但洋蓟通过这一途径来到法国的说法或许有一定道理。

23. 见 Inês Amorim, "Salt Trade in Europe and the Development of Salt Fleets," in *The Sea in History—The Early Modern World*, ed. C. Buchet and G. Le Bouëdec (London, 2017), 244–253。在低地国家，盐具有价值与其说是因为它是稀有的自然资源，不如说是因为腌制食物（尤其是鱼）是饮食中十分核心的部分。

24. 见 Quentin Buvelot, "Slow Food: On the Rise and Early Development of Dutch and Flemish Meal Still Lifes," in *Slow Food*, ed. Buvelot, 13–32。

25. 另见威廉·克莱兹·海达的几幅作品，包括位于纽约大都会博物馆的 *Still Life with Oysters, a Silver Tazza, and Glassware*，以及位于鹿特丹的博伊曼斯·范伯宁恩美术馆的 *Still Life with Oysters, a Rummer, a Lemon, and a Silver Bowl*。

26. 关于这些贵重物品和其他出现在这些画作中的物品，参见 Julie Berger Hochstrasser, *Still Life and Trade in the Dutch Golden Age* (New Haven, CT, 2007) 这部优秀作品。

27. 请注意，本·琼森在将伊尼戈·琼斯等同于厨师的诗句中说他"用不朽的面包皮筑起城墙"（见本书第四章中的这段诗句）；显然这一特定食物激发了军事上的思考。

28. 见 Buvelot, "Slow Food," 83。

29. 我之所以提供这种解读，是因为我受到 Jaś Elsner 在纽约大学美术研究所组织的一次会议的启发，这次会议的主题是"艺术史和描述的艺术"，堪称在智识上改变我的人生，我有幸与 Svetlana Alpers、Thomas Crow 和 Michael Fried 同台演讲。

30. 这个词可以追溯到罗兰·巴特（Roland Barthes）和"l'effet de Réel（现实效果或真实效应）"，在 *The Rustle of Language* (New York, 1986), 141–148，它被 Joel Fineman 在 "The History of the Anecdote: Fiction and Fiction," *The New Historicism*, ed. H. A. Veeser (New York, 1989), 61–62 中用来讲"真实效应"。它在各种应用场合中都表示绝对现实的姿态，这些姿态实际上是一种效应，而不是事实或乔装成事实的效应。

31. 当然，作为学者，我们理应想到，尤其是在我们唯物主义的时代，将视觉经验限制在真实的范围内是观看图片的普遍冲动，如果我们在任何博物馆偷听那些欣赏艺术但不从事专业分析的人的谈话，就可以明白这一点。无论墙上的艺术是世俗的还是神圣的，是肖像画还是历史画，是再现性的还是抽象的，在画框中再现模仿性现实的冲动似乎是基本的，而漠视这种情况是不明智的。

32. Arthur K. Wheelock Jr. et al., *Dutch Paintings of the Seventeenth Century*, NGA Online Editions, http://purl.org/nga/collection/catalogue/17th-century-dutch-paintings. 虽然我对他这里的结论有异议，但重要的是，要注意到 Wheelock 在他的作品中对静物画的问题——从最写实的到最抽象的——都表现出广泛而深刻的理解。见他的 "Still Life: Its Visual Appeal and Theoretical Status in the Seventeenth Century," *Still Lifes of the Golden Age*, ed. Wheelock, exhibition catalogue, National Gallery of Art (Washington, DC, 1989)。另外，在美国国家艺术馆的这份目录中，还可以看到 Wheelock 对 1660 年 Willem Kalf 一幅静物画的描述："从这样的画作来看，Kalf 的主要意图一定是创造出优雅奢华的物品的摆放方式，以满足其审美需求。与早期的哈勒姆静物画家相比，他似乎对在作品中灌输道德信息兴趣寥寥。"本书有可能将审美和味觉接受的概念传播得比 Kalf 这个特例更广一些。

33. 对传统模式下的虚空画主题的出色介绍见 Ingvar Bergström, *Dutch Still-Life Painting in the Seventeenth Century* (London, 1956), 154–190。

34. 关于这个主题有两篇有趣的文章：Robert Hahn, "Caught in the Act: Looking at Tintoretto's Susanna," *Massachusetts Review* 45 (2004–5): 633–647，及 Jennie Grillo, "Showing Seeing in Susanna: The Virtue of the Text," *Prooftexts* 35 (2015): 250–270。这是一个观众接受的问题，远远超出了苏珊娜一例。

35. 引自 Wheelock, *Dutch Paintings*, 562–563。我对普遍存在的虚空画主题的一些怀疑来自于对 Harry Berger Jr., *Caterpillage: Reflections on Seventeenth-Century Dutch Still Life Painting* (New York, 2011) 欣赏性的阅读。

36. Francis Bacon, "Of Studies," in *Essays* (London, 1906), 150.

37. 关于动词及吃的隐喻讨论，见本书第二章。

38. *Troilus and Cressida* 1.1.14–24. 本章中关于莎士比亚的内容引自 *The Norton Shakespeare*, ed. S. Greenblatt et al. (New York, 1997)。

39. 见 Beryl Rowland, "A Cake-Making Image in *Troilus and Cressida*," *Shakespeare Quarterly* 21 (1970): 191–194。

40. Shakespeare, *Henry IV*, Part 1, 5.4.85.

41. Marcel Proust, *In Search of Lost Time*, 英译本 C. K. Scott Moncrieff and Terence Kilmartin (New York, 2003), 60。见 Serge Doubrovsky, "The Place of the Madeleine: Writing and Phantasy in Proust," *Boundary* 24 (1975): 107–134 中对这一事件的优雅处理。

42. 关于本体和喻体的问题，见第一章，注释 22。

43. 法语原文引自 *A la recherche du temps perdu*, ed. J.-Y. Tadié (Paris, 1987), 44。

44. 对希伯来语《圣经》的引用源于新钦定版，见 https://www.biblestudytools.com/nkjv/。

45. 品味问题源于了解什么可以安全食用，见本书第一章中对康德的讨论；另见第一章注释 5。

46. 关于全面、有启发性的讨论，见 Robert Appelbaum, "Eve's and Adam's 'Apple': Horticulture, Taste, and the Flesh of the Forbidden Fruit in 'Paradise Lost,'" *Milton Quarterly* 36 (2002): 221–239。另见 James Patrick McHenry, "A Milton Herbal," *Milton Quarterly* 30 (1996): 45–119, s.v. "apple"。

47. Sigmund Freud, "Negation," *Standard Edition* 19: 235–239.

48. 见本书第一章关于康德的内容和本章注释 45。

49. 见 Appelbaum, "Eve's and Adam's 'Apple'"；另见 Karen Edwards, *Milton and the Natural World: Science and Poetry in* Paradise Lost (Cambridge, UK, 1999), 特别是第 8 章, "Naming and Not Naming"。

50. 关于画家，见 Appelbaum, "Eve's and Adam's 'Apple,'" 228；另见 James Snyder, "Jan van Eyck and Adam's Apple," *Art Bulletin* 58 (1976): 511–515。

51. 引自 *The Poems of John Milton*, ed. J. Carey and A. Fowler (London, 1968)。Michael C. Schoenfeldt 对《失乐园》这方面内容的解读尤其具有启发性，*Bodies and Selves in Early Modern England: Physiology and Inwardness in Spenser, Shakespeare, Herbert, and Milton* (Cambridge, UK, 1999), 131–168。

52. 这句名言出现在 William Blake, *The Marriage of Heaven and Hell* 第 6 页："弥尔顿之所以在书写天使和上帝的时候戴着镣铐，而在写魔鬼和地狱的时候自由自在，是因为他是真正的诗人，属于魔鬼一派而不自知。"

53. 见 Augustine, *On Christian Doctrine*, 第 1、2 卷，其中涉及符号和事物。

54. 关于这个午餐场景，见 Amy L. Tigner, "Eating with Eve," *Milton Quarterly* 44 (2010): 239–253; Jack Goldman, "Perspectives of Raphael's Meal in 'Paradise Lost,' Book V," *Milton Quarterly* 11 (1977): 31–37; 特别是还有 David B. Goldstein, *Eating and Ethics in Shakespeare's England* (Cambridge, UK, 2013), 171–204 的杰出论述。

55. 笑——在这里更为严肃——是从 Richard Bentley 开始的，他生活在 18 世纪，从学术角度解读弥尔顿可谓吹毛求疵，他拒绝接受天使生活中出现饮食的想法。对于所有被造物都需要进食的概念，他嗤之以鼻："这种学说在天堂可能会通过，因为那里琼浆玉液、珍馐美味很是丰富；但在地狱怎么可能呢？如果魔鬼需要食物，我们的作者在第二部中给了他们可怜的供应，在那里他们除了'地狱之火'外没有任何食物，也不用担心'食物凉了'。"J. H. Monk, *The Life of Richard Bentley* (London, 1833), 2:315.

56. 火还没有被发明：见 *Paradise Lost* 5.396 in *Poems of John Milton*, ed. Carey and Fowler 的注释。

57. 关于菜单的地理范围和精确度，见同上 5.339-341 的注释。关于弥尔顿和饮食的精彩描述，见 Denise Gigante, "Milton's Aesthetics of Eating," *Diacritics* 30 (2000): 88–112，其中她称，"在我国，以最大的兴致写下关于吃这一主题的诗人是弥尔顿"。

58. 关于这些与其他天使相遇的关系，见 Jason Rosenblatt, "Celestial Entertainment in Eden: Book V of 'Paradise Lost'", *Harvard Theological Review* 62 (1969): 411–427，以及 Beverley Sherry 的两篇文章，"Not by Bread Alone: The Communication of Adam and Raphael," *Milton Quarterly* 13 (1979): 111–114, 及 "Milton's Raphael and the Legend of Tobias," *JEGP* 79 (1979): 227–241。

59. 关于弥尔顿与《托比特之书》的关系，见 Raymond B. Waddington, *Designs and Trials in* Paradise Lost (Toronto, 2012), 128–150。关于《托比特之书》的整体地位，见 *Oxford Annotated Apocrypha* (Oxford, 2018), 11–33。

60. 在武加大译本《圣经》的另一个版本中，天使说他吃的是人类看不见的食物。"videbar quidem vobiscum manducare et bibere sed ego cibo invisibili et potu qui ab hominibus videri non potest utor."

61. 见 Gerald O'Collins, SJ, *Saint Augustine on the Resurrection of Christ* (Oxford, 2017), 12–16。

62. 关于这个有点令人惊讶的措辞，见 Marshall Grossman, "'Transubstantiate': Interpreting the Sacrament in 'Paradise Lost,'" *Milton Quarterly* 16 (1982): 42–47。关于消化的后期阶段，见 Kent Lehnhof, "Scatology and the Sacred in Milton's 'Paradise Lost'", *English Literary Renaissance* 37 (2007): 429–449。

63. 在关于圣餐仪式的大量文献中，我发现 Paul E. Bradshaw and Maxwell E. Johnston, *The Eucharistic Liturgies* (Collegeville, MN, 2012); Gillian Feeley-Harnik, *The Lord's Table: The Meaning of Food in Early Judaism and Christianity* (Washington, 1981); Maggie Kilgour, *From Communion to Cannibalism* (Princeton, 1990); 以及 Gary Macy, *The Theologies of the Eucharist in the Early Scholastic Period* (Oxford, 1984) 等作品特别有帮助，而且研究方法多样。William R. Crockett, *Eucharist: Symbol of*

Transformation (Collegeville, MN, 1989) 也同样很有帮助。

64. 见对这一问题的权威处理，Andrew McGowan, "Eating People: Accusations of Cannibalism against Christians in the Second Century," *Journal of Early Christian Studies* 2 (1994): 413–442。

65. 关于这种挑衅性的回应，见 Augustine, Tractate 27, in *Tractates on the Gospel of John* 11–27 (Washington, 1988), 277–288。

66. 见 Feeley-Harnik, *The Lord's Table*, 19 中非常有趣的论点，她认为逾越节庆祝活动的每一个关键元素在这个仪式中都被颠覆了。

67. 见 Bradshaw and Johnson, *Eucharistic Liturgies*, 48–50。

68. 同上，103。

69. Augustine, Sermon 272, Early Church Texts, https://earlychurchtexts.com/public/augustine_sermon_272_eucharist.htm.

70. 关于这场辩论，见 Bradshaw and Johnson, *Eucharistic Liturgies*, 222–225, 及 Crockett, *Eucharist*, 106–109。

71. *Book of Ratramn on the Body and Blood of the Lord* (Oxford, 1838), 40.

72. 见 John F. X. Knasas, "Aquinas' Ascription of Creation to Aristotle," *Angelicum* 73 (1996): 487–505 中对这种关系相对清晰的描述。

73. 关于这一发展，见 James F. McCue, "The Doctrine of Transubstantiation from Berengar through Trent: The Point at Issue," *Harvard Theological Review* 61 (1968): 385–430, 及 Joseph Goering, "The Invention of Transubstantiation," *Traditio* 46 (1991): 147–170。

74. 关于这一历史阶段，见 Bradshaw and Johnson, *Eucharistic Liturgies*, 233–271。

75. John Calvin, *Institutes* 4.17.26，引自同上，267。

76. 关于信徒早期的用餐习惯，见 Valeriy A. Alikin, *The Earliest History of Christian Gathering* (Leiden, 2010), 17–78, 及 Christopher P. Jones, *Between Pagan and Christian* (Cambridge, MA, 2014), 61–77。

77. 见 *The Alliance of Divine Offices Exhibiting All the Liturgies of the Church of England* (London, 1699)。

78. 这是一个较为含糊的学说，其起源有时被归于 9 世纪的神学家 Amalarius，但它似乎完全是用来反对信奉真实存在论的极端分子的武器。见 A. Gaudel, "Stercorianisme," *Dictionnaire de Théologie Catholique* 14 (1941): 2590-2612。它仍然出现在反天主教的传说中，重点攻击字面概念的圣餐，例如，"如果这些元素真的是基督、皮、毛、血、内脏和凝血，那么这将使我们的主基督、我们没有斑点或褶皱的祭品变成污秽。根据变体论，耶稣变成了粪！这可恶可憎且令人恶心，还是一个谎言。这只是罗马教会异端的另一个证明"。Larry Ball, *Escape from Paganism* (Victoria, BC, 2008), 189.

79. 见本书第三章。

80. 因此，阿弗尔萨主教吉特蒙说："我们毫无疑问地相信，主的身体决不会进入下水道。此外，我们不承认凡是进入口中的东西必被排入厕所。因为人们无法透彻理解主的这句话，除非是涉及为维持肉体凡胎而摄入的食物。因为甚至没有人敢思考救主在复活后吃了什么，或者思考在亚伯拉罕面前吃饭的天使。因此，正如当不朽者食用会腐烂的食物时，认为该食物受下水道法则的约束是不适宜的；同样，认为不会腐烂的食物即主的身体，被凡人食用后，必须经历厕所，也是一种亵渎。" *The Fathers of the Church, Medieval Continuation*, 英译本 Mark G. Vaillancourt (Washington, 2009), 137–138。

81. 见 Gary Macy, "Of Mice and Manna: Quid Mus Sumit as a Pastoral Question," *Recherches de Théologie Ancienne et Mediévale* 58 (1991): 157–166 中对这个问题的详尽处理。

82. 见 Bradshaw and Johnson, *Eucharistic Liturgies*, 227; 及 Enrico Mazza, *The Celebration of the Eucharist* (Collegeville, MN, 1999), 220-222。

83. 见 René Dirven and Ralf Pörings, *Metaphor and Metonymy in Comparison and Contrast* (Berlin and New York, 2003) 中的文章。另见 Harry Berger Jr., *Figures of a Changing World: Metaphor and the Emergence of Modern Culture* (New York, 2015) 中对这些问题迷人的文化处理。

84. 我目前找到了几十个回答这个问题的网站，如 "Chewing the Eucharist," Catholic Answers: Forums, https://forums.catholic.com/t/chewing-the-eucharist/16131。

85. 见 Christine Schenk, *Crispina and Her Sisters: Women and Authority in Early Christianity* (Minneapolis, 2017), 121–158，关于圣餐仪式的各种再现，见 Gertrud Schiller, *Iconography of Christian Art* (Greenwich, CT, 1972), 24–41; 及 Valerie Pennanen, "Communion," in *Encyclopedia of Comparative Iconography*, ed. H. E. Roberts (Chicago and London, 1998), 179–188。

86. 关于圣卡利斯托墓窟主题的鉴定，见 E. R. Barker, "The Topography of the Catacombs of S. Callixtus in the Light of Recent Excavations," *Journal of Roman Studies* 1 (1911): 107–127。关于普利西拉墓窟的鉴定，见 Schenk, *Crispina and Her Sisters*, 121-158。

87. 关于这个问题，见 Barry M. Craig, *Fractio Panis: A History of the Breaking of Bread in the Roman Rite*, Studia Anselmiana 151 (Rome, 2011)。

88. Creighton Gilbert, "Last Suppers and Their Refectories," in *The Pursuit of Holiness*, ed. C. Trinkaus and H. A. Oberman (Leiden, 1974), 371–402 中做了关于这种环境和主题结合的基础性研究。对这一现象有用的、较新的介绍是 Diana Hiller, *Gendered Perceptions of Florentine Last Supper Frescoes*, c. 1350–1490 (Abingdon, UK, 2014), 7–35。

89. 见本书第二章，关于庞贝的餐饮；第四章，意大利文艺复兴时期的豪华宴会厅。

90. 关于宗教改革时期的祭坛画及各种画作，见 Joseph Leo Koerner, *The Reformation of the Image* (Chicago, 2004) 的权威著作。又见 Schiller, *Iconography*, 40–41。

91. 见 William Hood, *Fra Angelico at San Marco* (New Haven, CT, 1993), 244-245。

92. 关于相邻卷轴上出现的具体经文，见 Schiller, *Iconography*, 29。

93. 关于这幅祭坛画，见 William S. A. Dale, "'Latens Deitas': The Holy Sacrament Altarpiece of Dieric Bouts," *Canadian Art Review* 11 (1984); 110–116。

94. 关于这幅作品和相关作品，见 H.D. Gronau, "The Earliest Works of Lorenzo Monaco, I," *Burlington Magazine* 92 (1950): 183-188。

95. 关于这件作品的背景，见 Hayden B. J. Maginnis, "Pietro Lorenzetti: A Chronology," *Art Bulletin* 66 (1984): 183-211。

96. British Library Add MS17280, f. 96v. 关于这份手稿，见 Janet Backhouse, "The So-Called Hours of Philip the Fair: An Introductory Note on British Library Additional MS 17280," *Wiener Jahrbuch für Kunstgeschichte* 46–47 (1994): 45–54。

97. 关于"最后的晚餐"吃什么的问题，有一个有趣的变体，即一种"以上皆非"的困惑。15 世纪初，吉贝尔蒂（Ghiberti）在佛罗伦萨洗礼堂的北门上描绘了这一场景；同一世纪中期，安德烈·德·卡斯塔格诺在圣阿波洛尼亚女修道院描绘了同一场景；17 世纪，法布里齐奥·博斯奇（Fabrizio Boschi）在佛罗伦萨的博尼法西奥医院（Ospedale Bonifacio）进行了创作，构图经过精心设计，从我们的视角无法看到桌子上的东西。换句话说，由于画家和雕塑家不会创作观众看不到的东西，所以桌子上其实什么都没有。无论这种构图选择能产生什么其他后果，这些作品使艺术家不必面对神学／美食学的两难。

98. 关于这一对等关系，见 Gedaliahu G. Stroumsa, "The Early Christian Fish Symbol Reconsidered" in *Messiah and Christos*, ed. I. Gruenwald, S. Shaked, and G. G. Stroumsa (Tübingen, Germany, 1992), 200–205; 及 Todd Edmondson, "The Jesus Fish: Evolution of a Cultural Icon," *Studies in Popular Culture* 32 (2010): 57–66。

99. 关于内里的《最后的晚餐》，见 "Edible Abstinence: Plautilla Nelli's *Last Supper and the Florentine Refectory Tradition*," https://www.academia.edu/35401648，在研究各种"最后的晚餐"的著作中，这篇文章罕见地将食物的问题放在核心位置，还特别关注它是大斋节的一顿饭。关于修复，见 C. Acidini et al., *Orate pro pictura/Pray for the Paintress* (Florence, 2009)。

100. 当然，这幅画催生了海量的研究，其中有两项相隔数十年的研究特别值得注意，Leo Steinberg: "Leonardo's *Last Supper*," *Art Quarterly* 36 (1973): 297–410 和 *Leonardo's Incessant Last Supper* (New York, 2000)。尤其是后者，在达·芬奇的绘画所处时刻的问题上，包括在犹大的背叛与圣餐制度问题上，在所有相关研究中最为深入。此外，我发现 Jack Wasserman 的文章特别有帮助，尤其是 "Rethinking Leonardo da Vinci's 'Last Supper,'" *Artibus et Historiae* 28 (2007): 23–35 及 "Leonardo da Vinci's Last Supper: The Case of the Overturned Salt Cellar," *Artibus et Historiae* 24 (2003): 65–72。

101. 关于副本的传统，见 Georg Eichholz, *Das Abendmahl Leonardo da Vincis: Eine Systematische Bildmonographie* (Munich, 1998); 及 Ludwig H. Heydenreich, *Leonardo: The Last Supper* (New York, 1974): 99–105。

102. 关于歌德和盐瓶，见 Heydenreich, *Leonardo: The Last Supper*, 85–90。关于鳗鱼，见 John Varriano, "At Supper with Leonardo," *Gastronomica* 8 (2008): 75–79。

103. 关于荷尔拜因和达·芬奇之间的关联，见 Oskar Bätschmann, "Holbein and Italian Art," *Studies in the History of Art* 60 (2001): 36–53。

104. 关于这个场景，见 Bincy Matthew, *The Johannine Footwashing as the Sign of Perfect Love* (Tübingen, Germany, 2018), 307。

105. 关于犹大和他在各种绘画中的呈现，见 Helene E. Roberts, ed., *Encyclopedia of Comparative Iconography* (Chicago, 1998), s.v. "Betrayal" and "Communion" 及 Almut-Barbara Renger, "The Ambiguity of Judas: On the Mythicity of a New Testament Figure," *Literature and Theology* 27 (2013): 1–17 中有趣的修正主义观点。

106. 见 Augustine, Tractate 62, *Tractates on the Gospel of John*, 第 4 卷, 英译本 J. W. Rettig (Washington, 1994)。

107. 审讯文件最早的英文版本出现在 *Watson's Art Journal*, 15 Feb. 1868, 233–234 中。我沿用了 Francis Marion Crawford, *Salve Venetia* (New York, 1905), 2:29-34 中出现的 Charles Yriarte 的翻译，并根据 Philipp Fehl 对意大利语原文的抄写做了一些修改。关于这个故事和这幅画本身最有启发性的描述，也是最早的描述之一，见 Philipp Fehl, "Veronese and the Inquisition: A Study of the Subject Matter

of the So-Called 'Feast in the House of Levi'", *Gazette des Beaux-Arts* 58 (1961):
325–354；其中有最可靠的记录誊本和极为宝贵的文本注释。(在这些注释中
出现的就是这个抄本和在此基础上进行的一些现代改写。) 关于这些事件的
有用分析，也可见 Edward Grasman, "On Closer Inspection—The Interrogation
of Paolo Veronese," *Artibus et Historiae* 30 (2009): 125–134，对围绕该文本的发现
及其解释史进行的史学研究进行了有价值的说明。另见 Brian T. D'Argaville,
"Inquisition and Metamorphosis: Paolo Veronese and the 'Ultima Cena' of 1573,"
RACAR 16 (1989): 43–48。

108. 关于这些作品的一些相关信息，见 Gianni Moriani, *Le fastose cene di Paolo Veronese*
(Crocetta del Montello, Italy, 2014) 。

109. 在审讯者提示前，委罗内塞只记得西门："还有很多其他人物，但我记不起
来了，我完成这幅画已经很久了。"

110. *Ei dictum; Che quadro è questo che avete nominato?*

R. Questo è un quadro della Cena ultima, che fece Gesù Cristo cum li suoi Apostoli in ca de Simeon.

Ei dictum: dov'è questo quadro?

R. In refettorio delli frati de S. Zuane Polo. . . .

Ei dictum: Dite quanti Ministri, et li effetti che ciascun di loro fanno.

R. El patron dell'albergo Simon: oltra questo ho fatto sotto questa figura un scalco, il qual ho finto chel sia venuto per suo diporto a vedere come vanno le cose della tola.

111. 《路加福音》7:36–50。在这个场景中，有罪的女人以敬畏之心对待耶稣，而
富有的法利赛人西门不仅对这个女人不屑一顾，而且也没有效仿她的典范，
对耶稣做出爱的姿态。

112. *Ei dictum: In questa Cena, che avete fatto in S. Giovanni Paolo che significa la pittura di colui che li esce il sangue dal naso?R. L'ho fatto per un servo, che per qualche accidente, li possa esser venuto il sangue dal naso.* 这个问题本身表明，委罗内塞的审讯者对这幅画的检查非常仔细，
今天人们站在美术学院画廊的这幅作品前细看也可以发现鼻血。

113. *Ei dictum: Alla tavola del Signor chi vi sono?*

R. Li dodici apostoli.

Ei dictum: Che effetto fa S. Piero, che è il primo?

R. El squarta [or possibly guarda] l'agnello per darlo all'altro

Capo della tola.

Ei dictum: Dite l'effetto che fa l'altro che è appresso questo.

L'ha un piatto per ricever qualche li dara S. Pietro

Dite l'effetto che fa l'altro che è appresso.

R. L'è uno, che ha un piron, che si cura i denti.

114. 这种从庄严崇高突降至平庸可笑的喜剧很早就开始了，在审讯一开始，当委罗内塞被问及他知不知道为什么被唤来时，他回答说："和狗有关吗？"似乎有一个他不知道名字的人想让他用抹大拉的马利亚取代画中的狗。他不想改变，因为他认为抹大拉的马利亚在那里不好看，"原因多种多样，如果给我机会，我可以说出来"。

115. "Pictoribus atque poetis / quidlibet audendi semper fuit aequa potestas." Horace, *Ars poetica*, lines 9–10. 这一点不仅被诗人（贺拉斯真正心中所想的人）所抓住，也被画家和那些正在进行绘画理论研究的人利用，例如在 Francisco de Hollanda's *Four Dialogues on Painting*（英译本 A.F.G. Bell［London, 1928］）中，这一箴言的一个版本由米开朗基罗之口说了出来。见 Judith Dundas，"The Paragone and the Art of Michelangelo"，*SixteenthCentury Journal* 21（1990）: 87-92。

116. "Noi pittori ci pigliamo la licenza che si pigliano i poeti e i matti."

117. "Io fazzo le picture con quella considerazione che è conveniente, che'l mio intelletto può capire."

118. *Rime* 151. 译文引自 Christopher Ryan, *Michelangelo: The Poems* (London, 1996)。无论是在当时还是后来，在米开朗基罗所有的诗歌中，这首诗被引用得最广。它构成了 Benedetto Varchi 在新成立的佛罗伦萨学院上第一次演讲的基础。见 Leatrice Mendelsohn, *Paragoni: Benedetto Varchi's Due Lezzioni and Cinquecento Art Theory* (Ann Arbor, 1982)。

119. 关于这一审查行为的简述，见 Giovanni Garcia-Fenech, "Michelangelo's Last Judgment-uncensored," Artstor, 13 Nov. 2013, https://artstor.blog/2013/11/13/michelange los-last-judgment-uncensored/。